Studium der Umweltwissenschaften

Hauptherausgeber: Edmund Brandt

Springer-Verlag Berlin Heidelberg GmbH

Studium der Umweltwissenschaften

Hauptherausgeber: Edmund Brandt

Ferdinand Müller-Rommel (Hrsg.)

Sozial-wissenschaften

Unter Mitarbeit von Holger Meyer

Mit 14 Abbildungen und 14 Tabellen

Springer

Hauptherausgeber:
Prof. Dr. Edmund Brandt
Universität Lüneburg
Fachbereich Umweltwissenschaften
Institut für Umweltstrategien
Scharnhorststraße 1
21335 Lüneburg
E-mail: *brandt@uni-lueneburg.de*

Bandherausgeber:
Prof. Dr. Ferdinand Müller-Rommel
Heinrich-Heine Universität Düsseldorf
Sozialwissenschaftliches Institut
Universitätsstraße 1
40225 Düsseldorf
E-mail: *muero@uni-duesseldorf.de*

ISBN 978-3-540-41081-2 ISBN 978-3-642-56772-8 (eBook)
DOI 10.1007/978-3-642-56772-8

Die Deutsche Bibliothek - CIP-Einheitsaufnahme
Studium der Umweltwissenschaften: Sozialwissenschaften / Hrsg.: Edmund Brandt; Ferdinand Müller-Rommel. - Berlin; Heidelberg; New York; Barcelona; Hongkong; London; Mailand; Paris; Singapur; Tokio: Springer 2001

http://www.springer.de

Ursprünglich erschienen bei Springer-Verlag Berlin Heidelberg 2001

Umschlaggestaltung: *design & production*, Heidelberg
Satz: Reproduktionsfertige Vorlage von Heike Wagner und Andreas Thewes
SPIN: 10771344 30/3130/xz - 5 4 3 2 1 0 - Gedruckt auf säurefreiem Papier

Vorwort

Das Thema Umwelt wird mehr und mehr auch zum Gegenstand von Studiengängen an Universitäten. Für diejenigen, die ein solches Studium beginnen, sei es als Grund- oder als Weiterbildungsstudium, stellt sich allerdings sofort ein großes Problem: Es gibt kaum geeignete Literatur, mit deren Hilfe die erforderlichen Basisinformationen und darauf aufbauend die erforderliche Handlungskompetenz erlangt werden kann, die es ermöglicht, auf wissenschaftlicher Grundlage qualifiziert an die Analyse und Bewältigung von Umweltproblemen heranzugehen.

Geeignete Literatur zur Verfügung zu stellen, bereitet auch in der Tat erhebliche Schwierigkeiten:

- Zunächst kann noch nicht zuverlässig gesagt werden, was genau zum Themenfeld Umweltwissenschaften dazugehört, wo die unabdingbaren Kernbereiche liegen, wo demzufolge zwingend die Gegenstände beherrscht werden müssen und wo demgegenüber Bereiche einer Zusatzqualifizierung bzw. Spezialisierung vorbehalten werden können.
- Die wissenschaftliche Durchdringung der einzelnen Teilbereiche ist unterschiedlich weit gediehen. Dies hängt mit der Beachtung zusammen, die einzelnen Problemfeldern geschenkt worden ist, aber auch mit dem Stellenwert, den die einzelnen Wissenschaftsdisziplinen Umweltproblemen haben zukommen lassen. Dementsprechend ist das, was an gesicherten Basisinformationen und Erkenntnissen weitergegeben werden kann, nicht einheitlich.
- Schließlich ist zu bedenken, daß ertragreiche Beschäftigungen mit Umweltfragen nur interdisziplinär stattfinden können. Die heute arbeitenden Wissenschaftlerinnen/Wissenschaftler sind aber durchweg disziplinär ausgebildet und geprägt. Von daher fällt es ihnen schwer, über den Tellerrand der eigenen Disziplin hinauszuschauen, Befunde aus anderen Disziplinen angemessen zu verarbeiten und schließlich auch in verständlicher Form weiterzugeben.

Dies ist der Hintergrund, vor dem die Schriftenreihe „Studium der Umweltwissenschaften" konzipiert ist: Sie soll denjenigen Studierenden, die einen ersten, aber zugleich fundierten Einstieg in die Kernmaterien der Umweltwissenschaften erreichen wollen, als Basislektüre dienen können. Die einzelnen Bereiche wurden dabei so gewählt, daß sie zumindest in einer weitgehenden Annäherung das erfassen, was sich in den Curricula umweltwissenschaftlicher Studiengänge mehr und mehr herauskristallisiert hat. Es handelt sich nicht um populär-, sondern durchaus um fachwissenschaftliche Darstellungen. Diese sind aber so angelegt, daß sie ohne spezifische Voraussetzungen angegangen werden können. Zielgruppen sind also eher Studierende im Grund- als im Hauptstudium, was selbstverständlich nicht ausschließt, daß die Bände nicht auch gute Dienste zur raschen Wiederholung vor Prüfungen leisten können.

Als Autorinnen/Autoren konnten ausgewiesene Experten gewonnen werden, die zugleich über langjährige Lehrerfahrung in interdisziplinär angelegten Studiengängen verfügen. Damit ist sichergestellt, daß hinsichtlich der verwendeten Terminologie und der Art der Darstellung ein Zuschnitt erreicht worden ist, der einen Zugang auch zu komplizierten Fragestellungen ermöglicht.

Die Arbeit mit den einzelnen Bänden soll ferner dadurch erleichtert werden, daß die Grundstruktur jeweils weitgehend gleich ist, durch Übersichten, Abbildungen und Beispiele Wiedererkennungseffekte erzielt und Voraussetzungen dafür geschaffen werden, daß sich Sachverhalte und Zusammenhänge viel leichter einprägen, als dies durch eine lediglich an die jeweilige Fachsystematik orientierte Darstellung der Fall wäre.

Ganz großer Wert wird darauf gelegt, daß die einzelnen Beiträge nicht beziehungslos nebeneinander stehen. Vielmehr werden immerzu Querverbindungen hergestellt und Verweisungen vorgenommen, mit deren Hilfe die disziplinären Schranken, wenn sie schon nicht ganz verschwinden, jedenfalls deutlich niedriger werden.

An dieser Stelle möchte ich Frau *Heike Wagner*, Studentin der Umwelt- und Wirtschaftswissenschaften, und Herrn *Andreas Thewes*, Student der Umwelt- und Sozialwissenschaften, beide Studierende an den Universitäten Lüneburg und Hagen, für ihre wertvolle und sorgfältige Arbeit bei der Koordination der Beiträge und bei der druckfertigen Gestaltung der Manuskripte sehr herzlich danken. Ganz wesentlich ist es auf ihr beharrliches Bemühen zurückzuführen, daß auch in der Detailausformung die großen Linien erhalten blieben und die Materialfülle gebändigt werden konnte. Mein Dank gilt weiterhin auch den Teilherausgebern und Autorinnen/Autoren, die sich bereitwillig auf ein Experiment eingelassen haben, das in vielfältiger Hinsicht durchaus neuartige Anforderungen stellt.

Bei einem publizistischen Unternehmen wie dem, mit dem wir es hier zu tun haben, sind die Autorinnen und Autoren, die Teilherausgeber und bin ich als Gesamtherausgeber der Reihe in besonderem Maße auf Rückmeldungen und Hinweise durch die Leserinnen und Leser angewiesen. Nur über einen intensiven kommunikativen Prozeß, der sowohl die Inhalte als auch Gestaltungsaspekte einbezieht, lassen sich weitere Verbesserungen erreichen. Dazu, an diesem Prozeß aktiv mitzuwirken, lade ich alle Leserinnen und Leser der einzelnen Bände ausdrücklich ein.

Lüneburg, Januar 2001 Edmund Brandt

Inhaltsverzeichnis

Autorenverzeichnis

Homburg, A., Dr.
Fachbereich Psychologie,
Philipps-Universität Marburg, Gutenbergstraße 18, 35032 Marburg

Jänicke, M., Univ.-Prof. Dr.
Leiter der Forschungsstelle für Umweltpolitik,
Freie Universität Berlin, Ihnestraße 22, 14195 Berlin

Jörgens, H., Dipl.-Pol.
Forschungsstelle für Umweltpolitik,
Freie Universität Berlin, Ihnestraße 22, 14195 Berlin

Koll, C., Dipl.-Pol.
Forschungsstelle für Umweltpolitik,
Freie Universität Berlin, Ihnestraße 22, 14195 Berlin

Matthies, E., Dr.
Fakultät für Psychologie, Arbeitseinheit Kognitions- und Umweltpsychologie,
Ruhr-Universität Bochum, 44780 Bochum

Meyer, H., Dipl.-Umweltwiss.
Sozialwissenschaftliches Institut,
Professur für Vergleichende Politikwissenschaft und Politikfeldanalyse,
Heinrich-Heine-Universität Düsseldorf, Universitätsstraße 1, 40225 Düsseldorf

Michelsen, G., Univ.-Prof. Dr.
Leiter des Instituts für Umweltkommunikation,
Universität Lüneburg, Scharnhorststraße 1, 21335 Lüneburg

Müller-Rommel, F., Univ.-Prof. Dr.
Sozialwissenschaftliches Institut,
Lehrstuhl für Vergleichende Politikwissenschaft und Politikfeldanalyse,
Heinrich-Heine-Universität Düsseldorf, Universitätsstraße 1, 40225 Düsseldorf

Prittwitz, V. von, PD Dr.
Fachbereich für Politik- und Sozialwissenschaften,
Freie Universität Berlin, Ihnestraße 21, 14195 Berlin

Renn, O., Univ.-Prof. Dr.
Leiter des Bereichs „Technik, Gesellschaft, Umweltökonomie“ an der Akademie für Technikfolgenabschätzung in Baden-Württemberg, Industriestraße 5, 70565 Stuttgart

Abkürzungsverzeichnis

AUGE	Aktionsgemeinschaft Umwelt, Gesundheit, Ernährung
BIBB	Bundesinstitut für Berufsbildung
BMBW	Bundesministerium für Bildung und Wissenschaft
BMU	Bundesministerium für Umwelt, Naturschutz und Reaktorsicherheit
BUND	Bund für Umwelt und Naturschutz e. V.
DVPW	Deutsche Vereinigung für Politikwissenschaft
EU	Europäische Union
FCKW	Fluorchlorkohlenwasserstoffe
INGP	International Network of Green Planers
ISSP	International Social Survey Program
KMK	Kultusministerkonferenz
NABU	Naturschutzbund Deutschland e. V.
NEPP	National Environmental Policy Plan der Niederlande
NGO	Non-Governmental Organization
OECD	Organization for Economic Cooperation and Development
ÖPNV	Öffentlicher Personennahverkehr
REC	Regional Environmental Center for Central and Eastern Europe
RIVM	Reichsministerium für Volksgesundheit und Umweltschutz der Niederlande
RRI	Resource Renewal Institute
SRU	Rat von Sachverständigen für Umweltfragen
UBA	Umweltbundesamt
UNCED	United Nations Conference on Environment and Development
UNESCO	United Nations Educational, Scientific and Cultural Organization
VN	Vereinte Nationen
WBGU	Wissenschaftlicher Beirat der Bundesregierung Globale Umweltveränderungen
WCED	World Commission on Environment and Development

Tabellenverzeichnis

Abbildungsverzeichnis

1 Einführung in die Sozialwissenschaftliche Umweltforschung

F. Müller-Rommel
Sozialwissenschaftliches Institut
Heinrich-Heine-Universität Düsseldorf

1.1 Entwicklung und Bedeutung der sozialwissenschaftlichen Umweltforschung

In ihrer Gesamtheit wird Umweltforschung auch heute noch in vielen westlichen Industrienationen sehr stark auf technisch-naturwissenschaftliche Forschungsgebiete und die dort gefundenen Lösungsansätze reduziert. Ausgehend von der Grundannahme, dass die vielfältigen lokalen und globalen Umweltprobleme einzig und allein „Nebeneffekte" des technologischen Fortschritts sind, wird dem Verursacherprinzip folgend oftmals ausschließlich den Ingenieur- und Naturwissenschaften ein hohes Problemlösungspotential zugeschrieben (vgl. Diekmann u. Jaeger 1996).

Die scheinbare Überlegenheit der technisch-naturwissenschaftlichen Umweltforschung im gesellschaftlichen Bewusstsein gegenüber sozialwissenschaftlichen Disziplinen rührt nicht von ungefähr und liegt vor allem darin begründet, dass Sozialwissenschaften im Allgemeinen und die sozialwissenschaftliche Umweltforschung im Besonderen vergleichsweise junge Wissenschaftsfelder sind (vgl. Nohlen 1994). Zwangsläufig musste die sozialwissenschaftliche Umweltforschung zu Beginn der Umweltdiskussion, bis auf wenige stark normativ geprägte Beiträge (vgl. Carson 1962; Meadows et al. 1972), dieses Feld ausschließlich den naturwissenschaftlichen und technischen Disziplinen überlassen, da sie selbst noch kaum Ableger aus den diversen sozialwissenschaftlichen Teildisziplinen gebildet hatte oder diese noch in den Kinderschuhen steckten. Ursächlich für dieses Forschungs- und Wissenschaftsdefizit war die Tatsache, dass die Nachkriegsjahre und der damit verbundene Wirtschaftsaufschwung in den westlichen Industrieländern zuallererst eine Grundsättigung der Bevölkerung mit materiellen Gütern bilden musste. Erst danach kristallisierten sich langsam politische und gesellschaftliche Kräfte heraus, die zunehmend den ökologischen Preis des erreichten Wohlstandes erkannten und die stark auf materielle Werte fixierten Lebensstile kritisch hinterfragten. Dadurch wurden zunehmend sozialwissenschaftliche Fragestellungen mit Umweltbezug aufgeworfen, denen sich dann Sozialwissenschaftler annahmen.

Aufgrund dieser zeitlichen Verzögerung war der Beginn der Umweltdebatte zunächst allein durch einfache technische Problemlösungen geprägt, die als Allheilmittel angepriesen wurden. Heutige sozialwissenschaftliche Fragestellungen nach der Wahrnehmung von Umweltproblemen durch Einzelpersonen und die Gesellschaft oder den zu schaffenden Anreizstrukturen für umweltfreundliches

Verhalten wurden bei der technischen Problemlösung nicht oder nur unzureichend berücksichtigt. Dem amerikanischen Leitsatz folgend *„Dilution is the solution to pollution!"* wurden oftmals nur Fabrikschornsteine erhöht, um einen Verdünnungseffekt zu erzielen. Später folgten gleichfalls weniger wenig effiziente End-of-the-pipe-Maßnahmen, wie der Einbau von Filteranlagen, die das Problem nicht ursächlich bekämpften, sondern lediglich wie im Falle der Schornsteinerhöhungen zu einer Problemverlagerung in den Bereich der sicheren Entsorgung von Filterstäuben beitrugen.

Obwohl eine stärkere Beachtung sozialwissenschaftlicher Fragestellungen sicherlich zu größerer Akzeptanz auf allen Seiten und oftmals auch zu kostengünstigeren Lösungen der mannigfaltigen Umweltprobleme geführt hätte, hat allein technische Innovation über lange Zeiträume hinweg den Strukturwandel in den meisten Industrieländern bestimmt. Sehr zu begrüßen sind dabei relativ neue Entwicklungen, die zu integrierten, umweltgerechten Produktionstechniken geführt und so ein ressourcenschonenderes und energieeffizienteres Wirtschaften ermöglicht haben.

Aber nicht nur die Natur- und Ingenieurwissenschaften entwickelten sich auf dem Gebiet der Umweltforschung weiter. Auch die Sozialwissenschaften haben sich mit dem Beginn der Umweltdebatte in den 1970er Jahren entfaltet und dabei ihren Beitrag zur Lösung ökologischer Probleme geleistet. Als erste Teildisziplinen in diesem Wissenschaftsfeld haben sich zunächst die Wirtschaftswissenschaften (vgl. dazu den Band Wirtschaftswissenschaften in dieser Buchreihe) und vor allem die Umweltökonomie profiliert. Dieser gelang es, basierend auf generellen volkswirtschaftlichen Modellen, Umweltproblemstrukturen aus ihrer Sichtweise heraus zu beschreiben und auch ökonomisch-orientierte Lösungsvorschläge anzubieten. Der umweltökonomischen Logik entsprechend, zielen bis heute primär die finanziellen Anreizstrukturen auf die Endlichkeit und Qualität der Umweltgüter ab.

Die Ausgangsbasis für weitere sozialwissenschaftliche Forschungsansätze brachte der kontinuierliche Bedeutungszuwachs des Umweltthemas in Politik und Gesellschaft mit sich. Initiativen, die offensichtliche Umweltprobleme ansprachen, kamen zuerst aus dem staatlichen System heraus, sodass die Ursprünge bundesdeutscher Umweltpolitik als *„Inside initiation"* (vgl. Jänicke et al. 1999a) verstanden werden können. Dabei gelten gemeinhin das Sofortprogramm zum Umweltschutz der sozial-liberalen Koalition aus dem Jahre 1970 und das darauffolgende Umweltprogramm aus dem Jahre 1971 als der Beginn moderner Umweltpolitik in der Bundesrepublik (vgl. Müller 1989). Dieser eher stark programmatisch und institutionell behaftete Ansatz bot der Politikwissenschaft ein genügend großes Betätigungsfeld, um die darin agierenden Akteure und Institutionen zu untersuchen und die den umweltpolitischen Erfolg fördernden bzw. hemmenden Faktoren ermitteln zu können.

Die eigentliche *„Karriere des Umweltthemas"* (vgl. de Haan u. Kuckartz 1996) und die Ausprägung von Umweltbewusstsein in der Bevölkerung fand aber erst am Ende der 1970er bzw. Anfang der 1980er Jahre durch die Mobilisierung der außerparlamentarischen Umweltopposition statt. Demonstrationen gegen den Neubau von Kernkraftwerken und die Wiederaufarbeitung in der Bundesrepublik

Deutschland, hitzige Debatten über die Problematik des Wald- und Robbensterbens bis hin zu der Reaktorkatastrophe von Tschernobyl schreckten weite Teile der Bevölkerung auf. In Umweltgruppen, wie etwa Greenpeace, dem BUND oder dem Vogelschutz Bund, heute NABU, organisierte sich die aufkommende Umwelt- und Naturschutzbewegung. Spätestens mit dem Einzug der Grünen in den Bundestag im Jahre 1983 (vgl. Müller-Rommel 1993) hatte sich das Thema „Umwelt" im politisch-administrativen System institutionalisiert. Damit wechselte die Initiative durch diesen Bedeutungszugewinn von der *„Inside initiation"* hin zu einem vielfältigen *„Agenda-setting"*, das auf das bestehende politische System erheblichen Druck ausübte und von unterschiedlichen gesellschaftlichen Ansprüchen geprägt ist.

Junge Ableger sozialwissenschaftlicher Disziplinen sind parallel zu dem skizzierten Entwicklungsverlauf entstanden. Während von je her die Anthropologie, die Erziehungswissenschaften, die Geschichtswissenschaften, die Politologie, die Psychologie, die Soziologie und die Sprachwissenschaften (vgl. Homans 1967) zu den klassischen Sozialwissenschaften zählen, haben sich neue Zweige dieser Wissenschaftsdisziplinen auf das Umweltthema spezialisiert. Obwohl dieser Prozess nichts ungewöhnliches darstellt, da er auch in anderen Themenfeldern, wie beispielsweise im Bereich der Medien stattfindet, sind gerade im Umweltsektor viele hochspezialisierte, sogenannte neuere Bindestrich-Wissenschaften entstanden. Diese sind die Umweltpolitologie, Umweltplanung, Umweltsoziologie, Umweltpsychologie, und Umweltbildung, -beratung und -kommunikation. Sie alle sind, wie sich leicht aus der Namensgebung ersehen lässt, Sprösslinge älterer sozialwissenschaftlicher Traditionen. Ihre große Chance, die ihnen allen zu eigen ist, besteht darin, die Defizite des rein technisch-administrativen Umweltschutzes, wie er lange Zeit in der Bundesrepublik und in vielen westlichen Industrieländern betrieben wurde, auszugleichen und somit das Repertoire an Umweltproblemlösungen in Theorie und Praxis zu erweitern.

Der einzig und allein auf technisch-administrative Instrumentarien ausgerichtete Ansatz, dem es lange Zeit zweifellos gelungen ist, erhebliche Erfolge im Umweltschutz zu erzielen, ist an seine Grenzen gestoßen. Die beim Durchlaufen des *„Policy-cycle"* auf der Stufe des *„Decision making"* (vgl. Windhoff-Heritier 1987) getroffenen Maßnahmen haben bisher zu einer schier unüberschaubaren Fülle von ordnungsstaatlichen Lösungsansätzen umweltmedialer Einzelprobleme geführt. Technisch und vor allem wirtschaftlich vertretbare Grenzwertfestlegungen in nationalen und internationalen Umweltnormen haben dennoch geholfen, eine Vielzahl von anthropogen in die Umwelt freigesetzten Schadstoffen erheblich zu reduzieren. Diese Tatsache hat zu einer wesentlichen Verbesserung wichtiger Umweltmedien beigetragen. Besonders auf dem Gebiet des Immissions- und Gewässerschutzes ist die Kombination ordnungsrechtlicher und technischer Komponenten sehr erfolgreich gewesen, obwohl auch hier auf der Stufe der Implementation zunächst gravierende Vollzugsdefizite festgestellt wurden (vgl. Mayntz 1978).

Jenseits dieser Erfolgsgeschichten für den Umweltschutz, die oftmals von der Umweltpolitikanalyse ländervergleichend dokumentiert und untersucht wurden, haben sich in anderen Bereichen wie beispielsweise dem Naturschutz eklatante

Missstände entwickelt. Das technokratisch-ordnungsrechtliche Modell konnte hier nur bedingt erfolgreich angewandt werden. Beispielsweise ist es bis heute nicht gelungen, den Artenschwund mit Hilfe dieses Instrumentariums aufzuhalten. Auch der in der Bundesrepublik Deutschland durch Siedlungs- und Straßenbau bedingte anhaltende Flächenverbrauch von ca. 120 ha pro Tag zeigt hier deutliche Defizite und entsprechenden Handlungsbedarf. Noch prekärer stellen sich bestimmte Entwicklungen im Bereich der individuellen, elementaren menschlichen Lebensbedürfnisse nach Mobilität, Konsum und Freizeit dar. Hierbei stehen den Bürgerinnen und Bürgern zur Befriedigung ihrer Bedürfnisse eine ungeheure Anzahl von Möglichkeiten zur Verfügung, deren Wahlfreiheit für die eine oder andere Option vor staatlichen Restriktionen weitgehend grundgesetzlich geschützt ist. Gerade hier ist der rein sektorale Lösungsansatz, der sich alleine auf die Natur- und Ingenieurwissenschaften beschränkt, vollends gescheitert.

Ein sehr gutes Beispiel für das Versagen allein technisch-administrativer Lösungskonzepte bietet der motorisierte Individualverkehr. Unbestritten ist die Tatsache, dass das Automobil aufgrund technischer Errungenschaften, wie der des geregelten Drei-Wege-Katalysators oder eines verbesserten Motormanagements, seit den 1980er Jahren pro gefahrenem Kilometer weniger umweltschädliche Abgase ausstößt. Auch die Verschärfung rechtlicher Rahmenbedingungen für PKW-Abgasgrenzwerte und die Besteuerung entsprechend der Motorhubraumgröße und der Abgasqualität bei gleichzeitig steigenden Kraftstoffpreisen trugen dazu bei, den Durchschnittsverbrauch der PKW-Flotte zu senken. Die abnehmenden Umweltbelastungen des einzelnen Automobils haben jedoch zu einer vermeintlichen Entwarnung geführt, die keinesfalls gerechtfertigt ist. Die Kraftfahrzeugflotte in Westeuropa und vor allem in den U.S.A ist auch heute noch eine der Hauptemittenten von klimaschädigendem Kohlendioxid und gesundheitsgefährdendem, bodennahem Ozon. Ursächlich dafür ist die Anzahl der Personenkraftfahrzeuge, die sich kontinuierlich erhöht hat und die Zunahme der vergangenen Jahre im Bereich des straßengebundenen Schwerlastverkehrs. Allein in der Bundesrepublik hat sich der Bestand in den letzten zwei Jahrzehnten auf nahezu 49 Millionen zugelassene Fahrzeuge verdoppelt. Dieser Verlauf einer zunächst durch technische Innovation und Normsetzung hervorgerufenen Umweltentlastung, die aber binnen kurzer Zeit durch eine Zunahme von Belastungsquellen kompensiert wird, ist als sogenannte ökologische Kuznets-Kurve (vgl. Grossmann u. Krueger 1994) bekannt geworden. Das Problem der Straßenverkehrsemissionen wurde in diesem Beispiel somit nur oberflächlich anhand der Symptome mit kurzfristigem Erfolg bekämpft. Sowohl das Problem des sauren Regens als auch der verkehrsbedingten Smogbildung schienen gelöst. Auf einer höheren Ebene treten sie jedoch erneut und sogar verstärkt um die zusätzliche Klimagefahr durch erhöhten Kohlendioxidausstoß und Gesundheitsbeeinträchtigungen durch bodennahes Ozon auf. Die Problemspirale ist damit durch den Einsatz allein technisch-administrativer Maßnahmen weitergedreht worden, ohne das Problem ursächlich zu lösen.

Die zunehmende Erkenntnis ist also, dass auch die Natur- und Ingenieurwissenschaften bei der Bewältigung vor allem vielschichtiger und diffuser Umweltprobleme nur *einen* Beitrag leisten können. Eine hinreichende und zufriedenstellende Gesamtlösung kann aber nicht ohne die Sozialwissenschaften erzielt werden.

Während die technische Innovation zwar den Handlungsspielraum erweitert, trägt dennoch der Mensch durch die Art und Weise, wie er seine Bedürfnisse befriedigt, dazu bei, dass dieser voll oder sogar über seine natürlichen Grenzen hinweg ausgeschöpft wird. Dieser letztere Zustand wird dann allgemein als Umweltproblem bezeichnet. Bezogen auf das obige Beispiel bedeutet dies, dass zwar der technische Fortschritt zunächst die mehr oder minder umweltkonforme Entwicklungsfreiheit für den weiter zunehmenden automobilen Straßenverkehr geschaffen hat, dieser Spielraum aber dadurch, dass keine Verhaltensänderung beim Gebrauch von Kraftfahrzeugen erfolgte, sehr schnell wieder aufgezehrt wurde. Darüber hinaus liegt damit die vom Straßenverkehr ausgehende Gesamtbelastung nun insgesamt höher, als vor der technischen Innovation.

Viel sinnvoller wäre es daher, die Sozialwissenschaften, hier die sozialwissenschaftliche Umweltforschung in all ihren Disziplinen, an der Problemlösung zu beteiligen, da diese sich mit dem Verhalten des Individuums und gesellschaftlicher Gruppen als originärem Untersuchungsgegenstand befasst. Sie vermag es, wesentliche Erkenntnisse zu liefern, die es ermöglichen, den entscheidenden Faktor Mensch und dessen Handeln nicht nur als maßgeblichen Teil der Problemursache zu identifizieren, sondern auch sein Verhalten zu erklären.

Hier hat die sozialwissenschaftliche Umweltforschung, allen voran die Umweltsoziologie und -psychologie Erklärungsmuster gefunden, warum beispielsweise in städtischen Ballungsräumen trotz gut ausgebauter Nahverkehrssysteme auf dem Weg zur Arbeit oder zum Einkaufen in die Stadt das Auto öffentlichen Personentransportsystemen vorgezogen wird. Nach der Klärung der Frage, welche Anreize vorhanden sind, eine bestimmte Handlung auszuüben, schließen sich dann Überlegungen an, wie diese am geeignetsten zu verändern sind, um zu einem möglichst umweltfreundlichen Lebensstil zu gelangen. In einer Konsumgesellschaft, deren Produkte sehr stark über die Assoziation mit bestimmten Bildern und Eigenschaften beworben werden, stellt sich hier anhand der geringen Akzeptanz des Öffentlichen Personennahverkehrs die Frage, wie die Attraktivität dieses Verkehrsmittels für eine große Bevölkerungsgruppe erhöht werden kann. Aufgrund des hohen Markenbewusstseins der Konsumenten (vgl. Meffert u. Kirchgeorg 1998) spielt hier sicherlich das schlechte Image öffentlicher Verkehrsmittel eine entscheidende Rolle, warum das Umsteigen auf diesen Verkehrsträger so schwer fällt. Die Umweltsoziologie hat dabei entdeckt, dass ein bestimmtes Umweltverhalten entweder dem *„Low-Cost-Verhalten“* oder dem *„High-Cost-Verhalten“* (Diekmann u. Preisendörfer 1991) zugeordnet werden kann. Diesen Erkenntnissen folgend fallen die Verhaltensfelder Energieverbrauch und Verkehrsmittelwahl in den *„High-Cost-Sektor“*, während andere Bereiche umweltrelevanten Verhaltens, wie der Umgang mit Abfall und der Konsum, insgesamt doch stärker im *„Low-Cost-Sektor“* anzusiedeln sind.

Die Aufgabe der Umweltpolitologie besteht darin, nach eingehender Untersuchung von Akteuren, Institutionen, Systemen und Netzwerken die Instrumente zu identifizieren, die in ihrer Wirkung am effektivsten und effizientesten sind. Welcher Akteur soll nun Handlungskompetenz zugunsten des Öffentlichen Personennahverkehrs zeigen? Welche Instrumente sollen eingesetzt werden? Ist die vielzitierte ökologische Steuerreform der richtige Weg, um ein Umdenken in der Gesellschaft zugunsten energiesparender Mobilität zu erreichen und damit die Wettbewerbsfähigkeit von Bussen und Bahnen zu erhöhen? Einerseits ist hier innerhalb der Umweltpolitologie die Umweltpolitikanalyse in der Lage sowohl die fördernden als auch die hemmenden politischen, soziokulturellen und ökonomischen Faktoren zu benennen. Andererseits ist die Umweltpolitikberatung ebenso gefragt, um die Erfolgschancen umweltpolitischer Programme schon im Vorfeld der Implementation zu erörtern und ggf. zu erhöhen.

Dem Nachhaltigkeitsgedanken folgend erarbeitet die Umweltplanung Umweltstrategien, die es ermöglichen, bestimmte Umweltziele innerhalb begrenzter Zeiträume zu erreichen. So kann beispielsweise das von der Bundesregierung verfolgte Ziel der Senkung von Kohlendioxidemissionen entsprechend der Kyoto-Vereinbarung um 25 % bis 2005 bezogen auf das Jahr 1990, als ein mittelfristiges, eine Senkung um 40 % bis 2020 bzw. um 80 % bis 2050 als ein langfristiges Umweltziel verstanden werden (vgl. Bundesministerium für Umwelt, Naturschutz und Reaktorsicherheit). Dieses ist natürlich nur zu erreichen, wenn auch der motorisierte Kraftverkehr, der eine Hauptemissionsquelle von Kohlendioxid darstellt, seinen Einsparungsbeitrag leistet. Von einer strategischen Umweltplanung kann hier aber keineswegs gesprochen werden, da die Ziele und deren Erreichungszeitpunkte zwar festgelegt worden sind, aber eine konkrete, mit allen wichtigen gesellschaftlichen Interessengruppen abgestimmte Planung, wie und über welche Zwischenschritte diese Zielvorgaben erfüllt werden sollen, nicht besteht.

Auf dem Gebiet der Erziehungs- und Kommunikationswissenschaften vermitteln die Umweltbildung, -beratung und -kommunikation einer möglichst großen Bevölkerungsgruppe die nötigen Umweltinformationen, um den Einzelnen überhaupt in die Lage zu versetzen, realistisch abschätzen zu können, welche Umweltfolgen das eigene Verhalten bewirkt. Dabei erhebt die Umweltbildung den Anspruch, auch komplexe und daher sehr schwierig durchschaubare Zusammenhänge und Umweltthemen für alle Altersgruppen und jedes Bildungsniveau klar und leichtverständlich darzustellen und somit ein häufig vorhandenes Wissensdefizit abzumildern. So sind viele Berufspendler, die regelmäßig mit dem Auto zur Arbeit fahren, nicht darüber informiert, welche alternativen Möglichkeiten ihnen offen stehen. Hier trägt die Wissensvermittlung dazu bei, die subjektive Wahlfreiheit des Einzelnen dahingehend zu erweitern, dass dieser überhaupt die Chance hat, sich für eine umweltentlastende Alternative zu entscheiden. Die Umweltberatung hat diesen Wissenstransfer soweit professionalisiert, dass daraus eine selbständige Dienstleistungsbranche entstanden ist, die ihr Beratungsprodukt sowohl einzelnen Bürgerinnen und Bürgern als auch Unternehmen anbietet. Der weite Begriff der Umweltkommunikation beschreibt nicht nur den gesellschaftlichen Kommunikationsprozess von Umweltthemen, sondern stellt auch einen selbständigen Forschungsansatz dar, der untersucht, wie Umweltthemen von den Medien in die Gesellschaft transportiert und von dieser aufgenommen bzw. diskutiert werden. Die Umweltkommunikation kann daher durch quantitative oder qualitative Studien Ergebnisse liefern, wie beispielsweise die Bevölkerung die Ökosteuer beurteilt und welche Mittel zielführend eingesetzt werden können, um deren Akzeptanz zu erhöhen. Als einsetzbare Instrumente sind hier eine wirkungsvolle Öffentlichkeitsarbeit und der damit verbundene glaubwürdige Transport von Umweltinformationen zu nennen. Umweltkommunikation wird dem Begriffsinhalt Kommunikation dadurch gerecht, dass eine Interaktion zwischen den verschiedenen Kommunikationspartnern besteht.

Allein diese kurze Darstellung der vielfältigen Forschungs- und Steuerungsansätze innerhalb der sozialwissenschaftlichen Umweltforschung anhand des obigen Beispiels zeigt deutlich, welches Problemlösungspotential innerhalb der Sozialwissenschaften oftmals noch verborgen liegt und nicht beachtet wird. Adäquate Problemlösungen der verschiedenen lokalen wie globalen Umweltprobleme, die bei den Ursachen, nämlich den Umweltverhaltensweisen der Bevölkerung, ansetzten und nicht nur die Symptome bekämpfen, geben Auskunft über die wahre Bedeutung sozialwissenschaftlicher Umweltforschung.

1.2 Die verschiedenen Ebenen sozialwissenschaftlicher Umweltforschung

Wie im obigen Abschnitt dargestellt untergliedert sich die sozialwissenschaftliche Umweltforschung in verschiedene Forschungsfelder. In diesem Band werden zur besseren Übersicht die Umweltpolitologie, Umweltplanung, Umweltsoziologie, Umweltpsychologie und Umweltbildung gleichgewichtig nebeneinander vorgestellt. Dieser Gliederungsversuch wird auch deshalb unternommen, weil sich die angewandten Forschungsmethoden und die erhobenen sowie berechneten Forschungsdaten auf unterschiedliche Ebenen beziehen. Zur besseren Klassifizierung werden dabei drei Bereiche, nämlich die *Mikro-, Meso- und Makroebene* gebildet, denen, wie in Tabelle 1.1 dargestellt, die verschiedenen Forschungsfelder zugeordnet werden. Eine scharfe Trennung ist dabei unmöglich, da sich in den einzelnen Forschungsfeldern wiederum verschiedene Forschungsrichtungen ausgeprägt haben, sodass es hier zwangsläufig zu Überschneidungen zwischen den einzelnen Ebenen kommt.

Tabelle 1.1. Mehrebenensystem sozialwissenschaftlicher Umweltforschung

Ebene	Forschungsfeld	Forschungsgegenstand
Makro	Umweltpolitologie	Policy-Output (Materielle Politikproduktion, z. B. nationale Umweltgesetze und -verordnungen, EU-Umweltrichtlinien und -verordnungen, Internationale Umweltabkommen)
Meso	Umweltplanung, Umweltpolitologie	Umweltpläne, Polity (Umweltinstitutionen, z. B. Ministerien, Umweltämter, Parteien, NGOs), Politics (z. B. Konfliktaustragung, Konsensbildung, Machterhalt und Machterwerb
Mikro	Umweltsoziologie, Umweltbildung, -beratung, und -kommunikation, Umweltpsychologie	Umweltverhalten von Individuen, sozialen Gruppen, Milieus und Gesellschaften, Wahrnehmungsformen der Umweltkrise, Auswirkungen der Umweltkrise auf das Individuum, Umweltbewusstsein, Risiko

Dem *Top-Down-Ansatz* folgend soll an dieser Stelle zunächst auf den Makrobereich, nämlich die *Umweltpolitologie* und insbesondere ihren Forschungsgegenstand, den *„Policy-output"*, eingegangen werden. Unter *„Policy-output"* (vgl. v. Prittwitz 1994b) werden dabei sowohl die umweltpolitischen Programme und Instrumente als auch ihre Ziele und Inhalte verstanden. Die Umweltpolitologie führt anhand dieser nationale Fallstudien ländervergleichende Wirkungs- und Prozessanalysen (vgl. Jänicke et al. 1999a) des umweltpolitischen Handelns durch. Hierbei werden oftmals Untersuchungsanordnungen gewählt, die darauf abzielen, die umweltpolitische Effektivität und weniger die Effizienz zu messen (vgl. Kern u. Bratzel 1996). So konnte ermittelt werden, wie in bestimmten Konstellationen politische, soziokulturelle und sozioökonomische Faktoren den umweltpolitischen Erfolg beeinflussen, wie erfolgreich also ein zuvor festgelegtes Umweltziel erreicht wurde. Die Frage nach der Effizienz, welcher Mitteleinsatz also dem zu erreichenden Ziel im Verhältnis mit den damit verbundenen Anstrengungen bzw. Kosten gegenübersteht, ist jedoch weit seltener gestellt worden (vgl. Bussmann et al. 1997). Bezogen die Datenbasis arbeitet die Umweltpolitologie mit Aggregatdaten. Diese entstehen durch verschiedene Zusammenfassungsformen von Individualdaten, beispielsweise durch die Bildung von Durchschnitts- oder Anteilswerten, und beziehen sich immer auf eine Gruppierung.[1]

Des weitern erstreckt die Umweltpolitologie ihr Arbeitsgebiet auch auf die Mesoebene. In diesen Fällen wendet sich die *Umweltpolitologie* nicht dem *„Policy-output"*, sondern der *„Polity"* zu, die in Form von Umweltinstitutionen, wie beispielsweise Ministerien, allgemeiner Umweltadministration, Parteien oder Nichtregierungsorganisationen, den Forschungsgegenstand darstellt. Kernthema sind in dieser Ausprägungsform die Umweltinstitutionen und der Institutionalisierungsprozess. Die dazu durchgeführten ländervergleichenden Untersuchungen zeigen, dass es hierbei durchaus Ähnlichkeiten, aber zum Teil auch substantielle Unterschiede zwischen den einzelnen Ländern gibt. Für den internationalen Vergleich konnten somit recht einheitliche Institutionalisierungsphasen und Entstehungsmuster ermittelt werden (vgl. Jörgens 1996). Im Bereich von *„Politics"* hat die Umweltpolitologie die Frage nach den Interaktionsmustern von Interessenvertretern in der Umweltpolitik zum Forschungsgegenstand gemacht. Generell wurde dazu festgestellt, dass durch Kooperation und Konsens hervorgebrachte Umweltproblemlösungen konfliktträchtigen gegenüber erfolgreicher sind. Neuere Forschungsarbeiten zu dem Themenkomplex der institutionellen Arrangements (vgl. v. Prittwitz 2000a) haben die Bedeutung des Forschungsgegenstandes *„Politics"* vergrößert.

Als sehr junges Forschungsfeld der Mesoebene hat sich die *Umweltplanung* etabliert. Dieser maßgeblich ländervergleichende Ansatz hat seit der Verabschiedung nationaler Umweltplänen am Ende der 1980er Jahre durch Vorreiterländer wie Dänemark, die Niederlande oder Finnland zu Beginn der 1990er Jahre einen erheblichen Entwicklungsschub durch die Beschlüsse von Rio de Janeiro und die dort von mehr als 170 Staaten verabschiedete Agenda 21 erfahren. In der Literatur

[1] Vgl. Internet-Lexikon der Methoden der empirischen Sozialforschung – ILMES (September 2000): http://www.lrz-muenchen.de/~wlm/ilmes.htm.

werden dazu im wesentlichen zwei Entwicklungsströme beschrieben, wobei die Umweltplanungen der westlichen Industrienationen einerseits, die Umweltplanungen der Entwicklungs- und Schwellenländer andererseits betrachtet werden. Maßgeblich für diese getrennte Betrachtungsform sind im wesentlichen die unterschiedlichen umweltpolitischen Kapazitäten, die vielfach in den weniger industriell entwickelten Ländern erst noch aufgebaut oder gestärkt werden müssen (vgl. Jänicke et al. 1997).

Die *Umweltsoziologie* hingegen befindet sich im Grenzbereich zur Meso- tendiert aber stärker zur Mikroebene. Zwar untersucht sie vornehmlich soziale Gruppen und Gesellschaften und liefert so Erklärungen für umweltrelevante Handlungen und deren Handlungsfolgen, stützt dabei ihre Erkenntnisse und Theorien aber auf gewonnene Individualdaten und nicht auf bereits aggregierte Datenquellen. So sind von der Umweltsoziologie vielerlei Studien zur Umweltberichterstattung und Lebensstilforschung, zu Umwelteinstellungen und zum Umweltbewusstsein durchgeführt worden (vgl. de Haan u. Kuckartz 1998). Als Forschungsmethode werden hauptsächlich sowohl theorietestende quantitative, qualitative und zielgruppenorientierte Studien als auch repräsentative Umweltberichterstattung und Experimental- bzw. Simulationsstudien angewandt. Während die theorietestenden quantitativen Studien dazu dienen, die von Umweltforschern aufgestellten theoretischen Konzepte und Hypothesen zu Themen wie „Umwelteinstellungen“ und „Umweltverhalten“ einer Überprüfung zu unterziehen, so zielen qualitative Studien stärker auf das subjektive Erleben ab, das durch aufwendige Interviewtechniken erkennbar wird und zu stärker deskriptiven Forschungsergebnissen führt. Zielgruppenorientierte Studien untersuchen das Umweltverhalten spezieller Berufsgruppen wie beispielsweise der Landwirte. Da der Forschungsgegenstand hierbei sehr stark auf eine bestimmte Zielgruppe beschränkt ist, kann diese natürlich nicht das leisten, was die im Gegensatz dazu sehr teure repräsentative Umweltberichterstattung an Ergebnissen hervorbringt. Hierbei wird von einer willkürlich ausgewählten kleinen Gruppe Befragter, der Stichprobe, auf eine sehr große, wie beispielsweise die der Bevölkerung der Bundesrepublik Deutschland geschlossen. Häufig werden dazu zufällig ausgewählte Befragte mit standardisierten Fragebögen konfrontiert, bei deren einzelnen „Items“ sie durch abgestufte Zustimmung oder Ablehnung ihre Meinung äußern sollen. Experimental- und Simulationsstudien entfernen sich vom Untersuchungsgegenstand, dem Individuum und dem von ihm ausgeübten umweltrelevanten Verhalten ein gutes Stück weit, da in Laboranordnungen oder Computersimulationen bestimmte Algorithmen durchlaufen werden, die zuvor festgelegt wurden. Einerseits senkt sich dadurch der Komplexitätsgrad, anderseits drohen aber in erheblichem Maße Informationen verloren zu gehen. Bedeutsames Kriterium der Abgrenzung von anderen Forschungsebenen ist, dass die Forschungsfeldern der Mikroebene Individualdaten erheben und bearbeiten.

Diesen Ansatz verfolgt auch die *Umweltpsychologie*, die in verschiedenen Arbeitsbereichen versucht, die Fragen nach der Wahrnehmung von Umweltkrisen, deren Auswirkung auf den Einzelnen und nach den Bedingungen umweltgerechten Verhaltens zu beantworten. Kognitionsstudien zum Umweltbewusstsein, Studien zum „Umweltalltagswissen“ und Beobachtungsreihen über die individuelle, also subjektive Bewertung von Umweltrisiken spielen dabei eine wesentliche Rolle. Maloney and Ward haben durch Ihre Studie von 1973 in dem Forschungsfeld Umweltpsychologie Pionierarbeit geleistet und durch eine von ihnen entwickelte *„Ecology scale"* den Begriff des Umweltbewusstseins entscheidend geprägt und erstmalig operationalisierbar gemacht. Der Umweltbewusstseinsbegriff ist seitdem mit den Schlagworten *„Affect"*, also der gefühlsmäßigen Betroffenheit, *„Knowledge"*, dem dahinter stehenden Umweltwissen des Individuums und *„Verbal"* und *„Actual commitment"* belegt, sodass nicht nur die verbal geäußerte, sondern auch die bereits praktizierten umweltgerechten Verhaltensweisen innerhalb der psychologischen Umweltbewusstseinsforschung berücksichtigt werden (vgl. Maloney u. Ward 1973). Alle weiterführenden Studien von Kley und Fietkau (1979), Winter (1981) und Schahn und Holzer (1990) bauen auf die von Maloney und Ward gelegten Grundlagen der kognitiven Umweltbewusstseinsforschung und setzen sich deshalb ebenso aus einem Mehrkomponentensystem zusammen (vgl. Matthies u. Homburg 1998). Die psychometrische Risikoforschung fragt hingegen nach den von Laien subjektiv wahrgenommenen Risiken bestimmter Technologien oder Tätigkeiten, die im Zusammenhang mit der Umweltproblematik stehen. Die Forschung um das von Laien bewertete Risiko, das oftmals nicht mit dem technisch bestimmten Risikobegriff (Schadenshöhe mal Schadenseintrittswahrscheinlichkeit) korreliert, wurde dabei maßgeblich von Fischoff, Slovic, Lichtenstein, Read und Comb durch ihre Studie aus dem Jahre 1978 vorangetrieben und 1993 durch Jungermann und Slovic ergänzt. Studien zur subjektiven Repräsentation bilden die dritte wesentliche Forschungsrichtung innerhalb der psychologischen Umweltforschung. Über zumeist qualitative Interviews wird hierbei das „Alltagsverstehen und -erklären der Umweltthematik ... nachvollzogen" (Homburg u. Matthies 1998), um die im Geist der Menschen vorhandenen Vorstellungen zur Umweltkrise erfassen zu können.

Abgerundet wird die Mikroebene durch das Arbeitsfeld *Umweltbildung, -beratung und -kommunikation*, in dem die Umweltbildungsforschung aufgrund des relativ längsten Wirkungszeitraums gegenüber den Forschungsergebnissen zur Umweltberatung und Umweltkommunikation deutlich dominiert. Daher soll ihr hier das Hauptaugenmerk der Betrachtung zukommen. Dieser Forschungskomplex ist stark in den Erziehungswissenschaften verwurzelt und bedient sich ebenso den oben beschriebenen Methoden, wobei sich ein besonderer Bedeutungsschwerpunkt im Bereich der quantitativen Umfragestudien und der qualitativen Interviews herausgebildet hat. Dieser Herkunft entsprechend setzten sich auch die Forschungsinhalte, die geographische Reichweite und das Forschungsthema zusammen (vgl. de Haan u. Kuckartz 1998). De Haan und Kuckartz haben bei ihren Untersuchungen zur Umweltbildungsforschungslandschaft festgestellt, dass bezüglich des Forschungsinhalts zu ca. 95 % das Umweltbildungsniveau von Personen abgefragt wird, die unmittelbar mit Schul- und Hochschulinstitutionen in Zusammenhang stehen. Hierbei überwiegt wiederum eindeutig die innerschulische Umweltbildungsforschung bei Jugendlichen und ihren Lehrern mit ca. 80 %. Bei der geographischen Reichweite der Studien ergibt sich eine relativ gleichmäßige Verteilung von lokaler, regionaler, nationaler und internationaler Umweltbildungsforschung, wobei erwartungsgemäß engräumige lokale Studien mit ca. 36 %

den größten Anteil einnehmen. Weitere von de Haan und Kuckartz durchgeführte Auswertungen von 43 Umweltbildungsforschungsvorhaben in Bezug auf die darin enthaltenen Forschungsfragen haben ergeben, dass zumeist das Umweltwissen und die Umwelteinstellungen der Befragten im Mittelpunkt des Interesses liegen.

Obwohl in diesem Abschnitt eine dreistufige Gliederung der sozialwissenschaftlichen Umweltforschung vorgenommen wurde, soll diese nicht dazu führen, einzelne Wissenschaftsrichtungen anderen als höherwertig voranzustellen oder gar eine Hierarchie innerhalb der sozialwissenschaftlichen Umweltforschung zu schaffen. Dieses ist eindeutig nicht das Ziel und die Absicht dieses Gliederungsversuches. Alle Teilbereiche leisten für die Sozialwissenschaft und die gesamte Umweltforschung wertvolle Dienste und treiben den Erkenntnisprozess voran. Die dreistufige Aufteilung der verschiedenen Forschungsfelder ist wie anfänglich angemerkt nicht immer trennscharf zu vollziehen. Vor allem bei der Umweltsoziologie und der Umweltpolitologie kommt es zu Überschneidungen zwischen der Makro- und Meso- bzw. zwischen der Meso- und Mikroebene.

Insgesamt soll dieses Dreiebenensystem daher nur einen Ansatz zur besseren Strukturierung des gesamten Wissenschaftsfeldes, bei gleichzeitig fließenden Grenzen und Übergängen, bilden.

1.3 „Harte“ und „weiche“ Instrumente der Umweltpolitik und ihre Anwendung

Ziel des vorangegangenen Abschnitts war es, einen Einblick in die theoretischen Grundlagen der sozialwissenschaftlichen Umweltforschung zu geben. Ebenso bedeutsam ist es aber neben der Theorie, auch die praktischen Eingriffs- und Steuerungsmöglichkeiten näher vorzustellen. Da die meisten Instrumententypen aus verschiedenen Disziplinen herrühren, soll an dieser Stelle vorab ein Überblick über diese gegeben werden. In Tabelle 1.2 sind dazu die bedeutsamsten Instrumententypen in zwei Hauptgruppen, nämlich die sogenannten *„harten“ und „weichen“ umweltpolitischen Instrumente*, aufgegliedert und in Ihren Vor- und Nachteilen gegenübergestellt.

In der Diskussion um die Lösung von wahrgenommenen Umweltproblemen hat die Frage nach der richtigen Instrumentenwahl große Bedeutung. Schließlich hängt es wie beim zuvor angeführten Beispiel des zunehmenden Kraftverkehrs von dem steuernd eingesetzten Instrument ab, ob ein Umweltproblem auch langfristig erfolgreich gelöst wird. Dabei sind einerseits die Mittel, andererseits aber auch die Handlungs- und Eingriffsmöglichkeiten der Akteure begrenzt. Zudem wird die Verantwortung für die Lösung von Umweltproblemen sowohl von Interessengruppen als auch von Einzelpersonen oftmals auf den Staat abgewälzt. Diesem obliegt es dann, wie er dem Schutz der natürlichen Lebensgrundlagen nachkommt und welche Instrumente er dazu aus der Gesamtheit der Maßnahmemöglichkeiten zur umweltpolitischen Steuerung einsetzt.

Tabelle 1.2. „Harte" und „weiche" Instrumente der Umweltpolitik

Anwendungsebene	„Harte" Instrumente			„Weiche" Instrumente	
	Ordnungsrecht	Planung	Ökonomie	Kooperation	Information
Einzelinstrument	- Internationale Abkommen und Gesetze (z. B. Washingtoner Artenschutzabkommen, Öko-Audit-Verordnung) - Nationale Gesetze und Verordnungen (z. B. Bundesnaturschutzgesetz, Großfeuerungsanlagen-Verordnung) - Verwaltungsakte (z. B. Gewässerbenutzungserlaubnis) - Rechtsprechung (Nassauskiesungsurteil des BGH)	- Staatliche Planung (z. B. Raumordnungspläne, Abfallwirtschaftspläne, Luftreinhaltepläne)	- Staatliche Abgaben (z. B. Ökosteuer, Abfallgebühren, Sonderabfallabgabe) - Steuervergünstigungen - Staatliche Subventionen - Zertifikate (z. B. handelbare Emissionsrechte)	- Formale und informelle Vereinbarungen zwischen Staat und Wirtschaft (z. B. Umweltpakt Bayern, Öffentlich-rechtliche Verträge) - Selbstverpflichtungs-Erklärungen der Wirtschaft (z. B. CO_2-Reduktion)	- Information, Aufklärung und Beratung durch Umweltbehörden und -verbände - Umweltberichterstattung - Produktkennzeichnung mit Umweltlabels
Vorteile	- Hohe staatliche Verhaltensdeterminierung - Eindeutige Regelungen	- Proaktiv - Festlegung von Umweltzielen	- Finanzielle Anreize - Beschleunigung der tech. Innovation	- Bürokratieabbau - Höheres Umweltschutzniveau	- Erhöhung des Umweltwissens der Bevölkerung
Nachteile	- Tendiert zum „umweltpolitischen Minimum" - Hoher Vollzugsaufwand - Reaktanz der Betroffenen - Fördert „end-of-the-pipe"-Technologien	- Hohe Durchsetzungsfähigkeit von Bauwirtschaftsinteressen	- Starker politischer Widerstand der Betroffenen - Implementationsprobleme	- Scheinverhandlungen um Zeit zu gewinnen - Missbrauch von Deregulierungsfreiräumen	- Nur geringe Beziehung zwischen Umweltwissen, -bewusstsein und -handeln

Eine Gliederung der unterschiedlichen Instrumente kann unter verschiedenen Gesichtspunkten erfolgen. Wesentliche Kriterien ergeben sich einerseits aus der Höhe der bereitgestellten öffentlichen Finanzen, andererseits aus dem Grad der staatlichen Verhaltensdeterminierung zwischen Zwang und Wahlfreiheit (vgl. Jänicke et al. 1999a). Auch die obige Auflistung der verschiedenen umweltpolitischen Steuerungsinstrumente folgt diesen Überlegungen, die gleichzeitig die mit der Anwendung dieser Instrumente einhergehenden Schwierigkeit erkennen lassen.

So sind die *„harten“*, häufig mit Zwangsmitteln und Konflikten beladenen, *Steuerungsansätze* größtenteils im Vorfeld durch langwierige Beratungs- und Abstimmungsprozesse gekennzeichnet. Trotz der vielfach von wirtschaftlichen Interessengruppen ausgehenden Widerstände bei der Ausformulierung von Umweltnormen, zeichnet sich jedoch dieses Instrument durch eine hohe Verlässlichkeit aus, da bei Verstößen zuvor festgelegte Sanktionen in Form von Geldbußen, Geldstrafen oder gar Freiheitsstrafen eintreten. Die Anwendung des ordnungsrechtlichen und auf Grenzwerten basierenden Regelungsmodells ist deshalb bei weniger komplexen Umweltproblemen und bei bereits praktikablen technischen Innovationen sinnvoll. Zusätzlich muss die Einhaltung von festgelegten Grenzwerten, und somit der Vollzug, sichergestellt sein. Nur wenige Ausnahmetatbestände sollten den Normadressaten von den getroffenen Regelungen entbinden. Der Grenzwert sollte so bestimmt sein, dass er stärker den ökologischen und nicht den wirtschaftlichen Bedürfnissen des Anlagenbetreibers entspricht. Dieses ist durch die entsprechende Einflussnahme der Wirtschaftsverbände oftmals nicht gegeben (vgl. Pehle 1998). Des weiteren unterstützt dieser Ansatz des kontrollierten und staatlicherseits geduldeten Ausstoßes von Schadstoffen in die Umwelt den nachgeschalteten Umweltschutz und verhindert so Investitionen in zukunftsweisende integrierte Umweltschutztechnologien, die Schadstoffe gar nicht erst entstehen lassen. Eine besondere Schwäche des Ordnungsrechts ist durch den hohen Vollzugsaufwand gegeben. Die Anzahl von den verschiedenen Behörden und Gewerbeaufsichtsämtern theoretisch zu kontrollierenden Anlagen übersteigt bei weitem deren personelle Kapazitäten, sodass Verstöße gegen die vorgegebenen Umweltauflagen lange Zeit unbemerkt bleiben können. Gerade ein konfliktorischer Politikstil fördert hier die Reaktanz der Gemaßregelten, bewirkt eine Abwehrhaltung gegen den Staat und führt so zu Vollzugsdefiziten. Dennoch bildet das öffentliche Umweltrecht auch heute noch die Grundlage des Umweltschutzes in allen westlichen Industrieländern.

Während das ordnungspolitische Instrument reaktiv, also erst dann eingesetzt wird, wenn ein Umweltproblem bereits eingetreten ist, werden Planungs- und Verfahrensinstrumente schon im Vorfeld angewandt, um im proaktiven Sinne Umweltprobleme zu vermeiden oder Eingriffe in den Naturhaushalt abzumildern. Besondere Bedeutung kommt dabei der Raum- und Flächennutzungsplanung zu, die in Deutschland sowohl auf Bundes- und Landes- als auch auf kommunaler Ebene durchgeführt werden. Ein Beispiel für die Planungen des Bundes ist der Bundesverkehrswegeplan. Auf Länderebene wäre hier beispielsweise das Raumordnungsprogramm und auf kommunaler Ebene der Flächennutzungsplan anzuführen, die alle wesentliche Auswirkung auf die Gestaltung der Landschaft und somit die Umwelt haben. Viele dieser Planungen sind gesetzlich vorgeschrieben, sodass auch dieses Instrument durch einen hohen Grad an staatlichem Einfluss bestimmt wird. Allerdings liegt die Ausgestaltung der kontinuierlichen Planfortschreibung, die Planungskompetenz, im Ermessen der Behörde. Diese Tatsache macht dieses Instrument ebenso wie die Grenzwertfestlegung im Bereich des öffentlichen Umweltrechts anfällig für die verstärkte Einflussnahme wirtschaftlicher Interessengruppen, insbesondere der Hoch- und Tiefbauwirtschaft. Hierin ist eine der Ursachen für die bereits im ersten Abschnitt benannte Versiegelungsproblematik der Landschaft zu sehen.

Ökonomische Instrumente, die auch als marktwirtschaftliche Instrumente bezeichnet werden, verfolgen allesamt das Ziel, umweltschädigendes Verhalten zu verteuern, um auf diesem Wege finanzielle Anreize für eine Umweltentlastung zu schaffen. Um dieses Ziel durch ökonomische Instrumente zu erreichen, kann der Staat einerseits das Steuermonopol einsetzen und knappe Umweltgüter, wie beispielsweise fossile Energieträger mit einer besonderen Steuer belegen. Diese spezielle Abgabe wird hinlänglich als Ökosteuer bezeichnet. Ihr Aufkommen hängt vom Verbrauch knapper Umweltgüter ab. Da sie durch die Verteuerung eines bestimmten Gutes eine Lenkungsfunktion ausüben soll, ist ihre fiskalische Verwendung zur allgemeinen Deckung des Staatshaushaltes meistens nur begrenzt möglich. Das Aufkommen verringert sich durch Einspareffekte im Laufe der Zeit. Der Staat kann daher gleichmäßige Einnahmen aus Ökosteuern nur erzielen, wenn er diese progressiv gestaltet, d. h. eine jährliche Erhöhung des Steuersatzes anstrebt. Neben der positiven Beeinflussung der staatlichen Steuereinnahmen kann die Ökosteuer des weiteren durch die systematische Verteuerung von Ressourcen zu Innovationseffekten in der gesamten Wirtschaft führen. Diese wirken sich durch veränderte Produktionsverfahren auch positiv auf andere Bereiche, wie beispielsweise das Abfallaufkommen, aus. Problematisch ist das Konzept der ökologischen Steuern deshalb, weil es erfahrungsgemäß besonders starken politischen Widerstand derjenigen gesellschaftlichen Gruppen hervorruft, die in besonderem Maße von dem Verbrauch endlicher Ressourcen abhängen.

Im Gegenzug zu der Anhebung von finanziellen Belastungen für umweltschädigende Faktoren, die als redistributive Maßnahmen bezeichnet werden, kann der Staat aber auch Steuervergünstigungen für umweltschonendes Verhalten gewähren. Ein Beispiel für solche distributiven Maßnahmen ist die zeitlich befristete Befreiung von der KfZ-Steuer für besonders abgasarme Verbrennungsmotoren. Da es dem Staat überlassen bleibt, wie er eingenommene Steuern verwendet, kann er nicht nur durch Steuersenkungen an anderer Stelle Entlastungen schaffen, sondern auch bestimmte Branchen durch Beihilfen gezielt fördern. Vor allem die durch die Bundesregierung aufgelegten Förderprogramme für den Ausbau regenerativer Energieträger sind Beispiele für dieses Subventionsinstrument. Bedauerlicherweise profitieren aber auch umweltschädigende Industrien, wie der Braunkohlenbergbau von Steuervergünstigungen und Subventionen, obwohl diese zusätzlich die Volkswirtschaft jährlich mit mehreren Hundertmillionen DM durch die von ihnen verursachten Umweltschäden belasten.

Umweltzertifikate zählen ebenfalls zu den ökonomischen Steuerungsinstrumenten. Im wesentlichen stehen diese für handelbare Umweltverschmutzungsrechte, die vom Staat ausgegeben werden (vgl. Gschwendtner 2000). Der Vorteil dieses Instrumentes liegt darin, dass die Verschmutzungsrechte immer dort zum Einsatz kommen, wo Umweltschutzmaßnahmen am teuersten sind. Hierdurch wird der Effizienzgedanke im Umweltschutz gestärkt. Wie bei allen anderen marktwirtschaftlichen Instrumenten droht aber die Gefahr des Marktversagens und der lokalen Konzentrierung von Umweltverschmutzern. Auch scheinen viele Fragen der Umsetzung und staatlichen Kontrolle noch nicht hinreichend geklärt zu sein. Weiterhin bestehen Probleme bei der Einbindung in das europäische und deutsche Umweltrecht, sodass dieses Instrument bisher nur im nordamerikanischen Raum Anwendung findet.

Gegenüber den „harten“ Instrumenten zeichnen sich die *„weichen“* durch eine geringe staatliche Determination und Abhängigkeit von öffentlichen Geldern aus. Mit dem Beginn der 1990er Jahre haben diese Steuerungsmöglichkeiten, die auf Kooperation und Information setzten, kontinuierlich an Bedeutung hinzugewonnen. Das Kooperationsprinzip, das schon seit den Anfängen der Umweltdebatte in den 1970er Jahren das Vorsorge- und Verursacherprinzip zu einem Prinzipientrias ergänzt, sieht dabei die möglichst weitgehende Beteiligung aller gesellschaftlicher Gruppen bei der Lösung von Umweltproblemen vor, um somit die Effektivität umweltpolitischer Maßnahmen zu erhöhen. Kooperation kann dabei in drei verschiedenen Ausprägungsformen praktiziert werden.

Als erste Möglichkeit sind formale und informelle Vereinbarungen zwischen dem Staat und Wirtschaftsunternehmen bzw. -verbänden zu nennen. Des weiteren können Absprachen aber auch zwischen Umweltverbänden und Wirtschaftsunternehmen bzw. -verbänden getroffen werden. Als dritte Option eröffnen sich Vereinbarungen, die zwischen Verbänden geschlossen werden.

Das derzeit erfolgreichste deutsche Beispiel für eine solche Vereinbarung zwischen Staat und Privatunternehmen bzw. Wirtschaftsverbänden ist der bereits seit dem 23. Oktober 1995 bestehende bayrische Umweltpakt.[2] Kernstück und Erfolgsgarant dieser Vereinbarung zwischen der bayrischen Landesregierung und der Wirtschaft sind gegenseitig verpflichtende Zusagen. Während die Wirtschaft über das Ordnungsrecht hinausgehende Umweltschutzmaßnahmen zusagt, verpflichtet sich der Staat zu freiwilligen Umweltfördermaßnahmen und zur Deregulierung staatlicher Umweltüberwachung bei den teilnehmenden Betrieben. Damit beide Seiten ihre angekündigten Leistungen auch tatsächlich erbringen und Außenstehende die Fortschritte nachvollziehen können, werden die Ergebnisse von einem Arbeitskreis, dem sowohl Mitglieder der Landeregierung als auch der bayrischen Wirtschaft angehören, dokumentiert und veröffentlicht. Gerade die Transparenz solcher Vereinbarungen erhöht auch deren Akzeptanz. Weitere Länder, wie Sachsen, Brandenburg, Baden-Württemberg und Berlin, sind dem bayrischen Vorbild bisher gefolgt. Während Umweltvereinbarungen in der Bundesrepublik Deutschland gerade erst als Novum gefeiert werden, haben andere Länder wie beispielsweise die Niederlande die Chancen dieses Instruments schon lange erkannt und es als zentrales Element der Umweltpolitik institutionalisiert (vgl. Glas-

---

[2] Vgl. Bayrisches Staatsministerium für Landesentwicklung und Umweltfragen (September 2000): http://www.bayern.de/STMLU/umw_pakt.

bergen 1998). Ebenso wird das Konzept der kooperations- und dialogorientierten Umwelt- und Industriepolitik zur Bewältigung der Umweltkrise schon seit den 1970er Jahren in Japan angewandt (vgl. Miyazaki 1996). Der internationale Vergleich zeigt, dass vor allem in den Ländern, in denen ein Interessenausgleich über korporatistische Prozesse erfolgt, das Modell der Umweltabsprachen zwischen Staat und Wirtschaft Früchte trägt. Vereinbarungen bergen aber auch die Gefahr, dass während der Aushandlungsphase wichtige Zeit verstreicht und durch eine schnelle politische Entscheidung eine weitere Schädigung der Umwelt hätte abgewendet werden können. Der Staat sollte sich daher in solchen Fällen immer die Option des Ordnungsrechts vorbehalten. Außerdem besteht die Missbrauchsgefahr von Deregulierungsfreiräumen durch einzelne Unternehmen der jeweiligen Branche.

Umweltpolitische Akteure gehen aber auch unter Ausschluss des Staates Vereinbarungen ein. So haben der BUND e.V. als einer der bedeutendsten Umweltverbände der Bundesrepublik und die Karstadt-Quelle AG eine strategische Umweltpartnerschaft begründet, deren Ziel es ist, den Konsum ökologisch erzeugter Lebensmittel und Produkte zu steigern und somit über das Konsumverhalten der Bevölkerung eine Umweltentlastung zu erzielen. Aber auch unterschiedliche Verbände, die teilweise gegensätzliche Umweltziele verfolgen, können durch gemeinsame Absprachen den Natur- und Umweltschutz stärken. Bedauerlicherweise sind dazu bisher die Ansätze der Verbandsspitzen wie im Beispiel der Vereinbarung zwischen dem Naturschutzbund Deutschland e.V. und dem Deutschen Jagdschutz-Verband e.V. gescheitert. Viel erfolgreicher hingegen ist die Zusammenarbeit zwischen den Verbandsgruppen auf lokaler Ebene, wo zum Beispiel Jäger und Naturschützer gemeinsam Biotopschutzprojekte betreuen.

Die sogenannten Selbstverpflichtungserklärungen der Wirtschaft fallen ebenso unter die weichen Kooperationsinstrumente. Darunter verstanden werden rechtlich unverbindliche Absichtserklärungen einzelner Wirtschaftsunternehmen oder -branchen, Umweltschutzmaßnahmen zu ergreifen. Beispiele für Selbstverpflichtungserklärungen in der Bundesrepublik sind die Zusagen der Wirtschaft, Asbest- und Faserzementprodukte vollständig zu substituieren, die FCKW-Produktion früher als weltweit vorgeschrieben zu beenden, den Mehrweganteil bei Getränkeverpackungen zu steigern und die Kohlendioxidemissionen bis zum Jahr 2005 um 20 % zu senken (Bezugsjahr 1990). Während die beiden erstgenannten Ziele von der Wirtschaft relativ schnell erreicht wurden, haben sich die beiden letztgenannten als sehr schwierig in der Umsetzung erwiesen. Sowohl bei der Frage der Mehrwegquote als auch der CO_2-Reduktion ist ein Scheitern abzusehen. Verallgemeinernd kann davon ausgegangen werden, dass freiwillig gesetzte Umweltziele leichter erreicht werden, wenn entsprechende technische Substitutionslösungen bereitstehen und der Kreis der Problemverursacher relativ klein ist. Diese Faktoren waren in den Erfolgsfällen gegeben. Es ist anzunehmen, dass das Scheitern der Mehrwegquote und der CO_2-Reduktion hingegen auf die Vielzahl und Heterogenität der Verursacher zurückzuführen ist (vgl. Meffert u. Kirchgeorg 2000). Selbstverpflichtungen der Wirtschaft bedürfen eines hohen Kontrollaufwandes und sollten nur mit kurzen Umsetzungsfristen akzeptiert werden, um im Falle des Versagens rechtzeitig durch andere Instrumente eingreifen zu können.

Als letztes „weiches" Steuerungsinstrument soll hier das der Umweltinformation vorgestellt werden. Umweltbildungsstudien haben gezeigt, dass ein erhebliches Wissensdefizit über Umwelt und Natur in der Bevölkerung vorliegt (vgl. de Haan u. Kuckartz 1998). Gerade komplexe Umweltthemen, wie das Ozonloch, der schleichende Artenschwund oder der Treibhauseffekt können nicht unmittelbar erlebt werden und sind nur schwer medial zu vermitteln. Daher verfügt der Durchschnittsbürger hier nur über ein „Halbwissen", bei dem im Extremfall aufgeschnappte Begriffe der Umweltdiskussion beliebig kombiniert werden. Die Vermittlung und zielgruppenspezifische Aufbereitung von Umweltinformationen bildet deshalb eine wichtige Aufgabe aller Umweltakteure. Unternehmen die umweltrelevante Informationen lange Zeit zurückgehalten haben, versuchen heute durch freiwillige, intensive Umweltberichterstattung das Vertrauen der Bevölkerung zurückzugewinnen. Interessierte Bürgerinnen und Bürger haben sogar die Möglichkeit auf der Basis des Umweltinformationsgesetzes bei Behörden Auskunft über Umweltdaten zu erhalten. Aufgabe des Staates ist es aber, nicht nur Umweltinformationen bereitzustellen, sondern im Rahmen der Umweltberatung Aufklärungsarbeit zu leisten und jeden einzelnen Bürger zum Umweltschutz zu animieren. Dieses kann einerseits durch Kampagnen zu bestimmten Umweltthemen andererseits aber auch durch die Vergabe von staatlichen Umweltzeichen erfolgen.

Die Bedeutung der Umweltinformation ist nicht zuletzt für das Handeln des Staates als einer der Hauptakteure im Umweltschutz von großer Bedeutung, da so sichergestellt wird, dass die Bürger die Notwendigkeit von Umweltschutzmaßnahmen nachvollziehen können (vgl. Jänicke et al. 1999a).

Ein wichtiger Anwendungsbereich dieses Instruments ergibt sich für den Verbraucherschutz. Beispielsweise bewirkt die Berichterstattung von Medien oder Umweltverbänden über gesundheitsschädliche Inhaltsstoffe, das Produkte binnen kürzester Zeit aus dem Handel genommen werden. So reagierten der Handel und die Hersteller sehr schnell auf eine Pressemeldung von Greenpeace, in der die von Weichmachern in PVC-Spielzeug ausgehenden Gesundheitsgefahren angeprangert wurden (vgl. Greenpeace 1997). Eine ordnungsrechtliche Maßnahme des Staates hingegen hätte sehr viel länger gedauert. Umweltverbände, die über eine generell hohe Glaubwürdigkeit verfügen, können durch Information und Kampagnen erheblichen Druck auf Umweltverschmutzer ausüben. Die Macht der Umweltverbände hat sich deutlich im Fall *„Brent Spar"* gezeigt. Die Greenpeace-Kampagne gegen die Versenkung der ausgedienten Ölspeicherplattform im Nordatlantik hat bei den Pächtern von Shell-Tankstellen zu erheblichen Umsatzeinbußen geführt und so über den ausgeübten ökonomischen Druck der Verbraucher zu einer Revidierung der Entscheidung bei der Shell AG geführt. Bedauerlicherweise haben die Bereitstellung und Vermittlung von Umweltinformationen als Einzelmaßnahme bei der Bevölkerung nur einen geringen Einfluss auf das praktizierte Umweltverhalten. Die erhoffte Wirkungskette, dass umfassendes Umweltwissen zunächst das Umweltbewusstsein und letztendlich das Umweltverhalten positiv beeinflusst, konnte auch in vielen Studien nicht eindeutig nachgewiesen werden (vgl. Preisendörfer 1999). Vielmehr muss nüchtern zur Kenntnis genommen werden, dass insbesondere zwischen dem Umweltbewusstsein und dem Umweltverhalten nur eine geringe Korrelation besteht.

Die Betrachtung sowohl der „harten“ als auch der „weichen“ Steuerungsinstrumente hat gezeigt, dass beide Typen sowohl Vor- als auch Nachteile haben. Das ideale Instrument gibt es nicht und wird es wohl auch nie geben. Der Erfolg ihres Einsatzes ist von der jeweiligen Umweltproblemstruktur abhängig. So kann es manchmal sinnvoll sein, in einem Fall auf „weiche“ Instrumente zu setzen, während in einem anderen den „harten“ der Vorzug gegeben werden sollte. Weiterhin ist es natürlich auch möglich beide Instrumententypen im Rahmen eines strategischen Vorgehens zu kombinieren. Der umweltpolitische Erfolg hängt aber nicht nur von der Wahl eines bestimmten Instrumententyps ab. Neuere Forschungsergebnisse weisen besonders auf die Bedeutung institutioneller Muster hin (vgl. v. Prittwitz 2000a). Das Konzept der institutionellen Arrangements relativiert daher die Frage nach dem richtigen Instrumenteneinsatz und zielt auf eine umfassende Regelstrukturanalyse ab. Dabei engt sich durch die Betrachtung des Beziehungsgefüges zwischen den einzelnen Akteuren und den zwischen ihnen bestehenden Verhaltens-, Ziel-, Verfahrens-, und Verteilungsregeln die Wahl des richtigen Instrumentes automatisch ein.

1.4 Zur Gliederung des Bandes

Entsprechend der Ausrichtung des Bandes, der sowohl als „Einstiegsliteratur“ für Studierende der Umweltwissenschaften als auch für andere an sozialwissenschaftlichen Umweltfragestellungen interessierte Zielgruppen gedacht ist, soll dieses Werk einen Überblick über die verschiedenen umweltrelevanten sozialwissenschaftlichen Disziplinen der sozialwissenschaftlichen Umweltforschung liefern. Die sich anschließenden fünf Autorenbeiträge decken daher den Großteil der sozialwissenschaftlichen Umweltforschung ab. Im einzelnen handelt es sich dabei um zusammenfassende Darstellungen zur Umweltpolitologie, Umweltplanung, Umweltsoziologie, Umweltpsychologie und Umweltbildung, -beratung und -kommunikation. Allen Beiträgen ist gemeinsam, dass sie die wesentlichen Begriffe in der sozialwissenschaftlichen Umweltdiskussion klarverständlich definieren und die bedeutendsten Theorien und Forschungskonzepte des jeweiligen Faches vorstellen. Die Abfolge der Beiträge ist nicht willkürlich gewählt, sondern entspricht dem im Abschnitt 1.2 angeführten Gliederungsversuch der verschiedenen Forschungsebenen.

Im ersten Beitrag geht Volker von Prittwitz auf den hier bereits mehrfach verwandten aber an anderer Stelle eher unbekannten Fachterminus *„Umweltpolitologie“* ein. Der inhaltlichen Klärung dieses Begriffes folgt ein Überblick über die verschiedenen Entwicklungsphasen der politikwissenschaftlichen Umweltforschung seit den Anfängen der Umweltdebatte in den 1970er Jahren. Vertiefend zu den bereits im Abschnitt 1.1 gemachten Bemerkungen stellt der Autor den aktuellen Stellenwert der Umweltpolitologie in der umweltwissenschaftlichen Diskussion ausführlich dar. Daran anschließend werden die theoretischen und methodischen Ansätze der Umweltpolitologie umfassend erörtert. Abschließend zieht von Prittwitz Bilanz über 25 Jahre politikwissenschaftliche Umweltforschung und skizziert mögliche Entwicklungslinien einer zukünftigen Umweltpolitologie.

Martin Jänicke, Helge Jörgens und Claudia Koll analysieren in ihrem Beitrag zur *Umweltplanung* nationale Steuerungsansätze für eine im Sinne der Agenda 21 nachhaltige Entwicklung. Dabei werden nicht nur die theoretischen Grundlagen einer möglichst erfolgreichen strategischen Umweltplanung, einer sogenannten Nachhaltigkeitsstrategie, aufgegriffen, sondern auch die Ausbreitung dieser umweltpolitischen Innovation im internationalen Kontext nachvollzogen. Abgerundet werden die Überlegungen zu den Konzepten und Inhalten nationaler Umweltpläne anhand von vier Praxisfällen. Dabei werden die Umweltpläne der Niederlande, Schwedens, Dänemarks und Süd-Koreas vorgestellt. Eine vorläufige Evaluierung nationaler Umweltpläne verschiedener OECD-Länder schließt diesen Beitrag ab.

Ausgehend von grundsätzlichen Überlegungen zum Verhältnis von Mensch und Natur benennt Ortwin Renn in seinem Beitrag die wesentlichen Ziele der *Umweltsoziologie.* In einem historischen Überblick beleuchtet der Autor die Umweltsoziologie im Licht ihrer zeitlichen Entwicklungsstufen und Strömungen. Bedeutende nationale wie internationale empirische Ergebnisse der Umweltsoziologie werden dabei vor dem Hintergrund wahrgenommener Umweltbilder bzw. Umweltbeeinträchtigungen, des praktizierten Umweltverhaltens und interkultureller Unterschiede im Naturumgang erläutert. Ortwin Renn rundet seinen Beitrag am Ende mit einem perspektivischen Ausblick ab, indem er vor negativen Entwicklungen in der umweltsoziologischen Forschung warnt und eine höhere Integrationsfähigkeit der Umweltsoziologie im Zusammenspiel mit anderen Wissenschaftsbereichen fordert.

Ellen Matthies und Andreas Homburg greifen in ihrem Überblick über die *Umweltpsychologie* drei wesentliche Kernfragen ihres Faches auf. Diese betreffen die Wahrnehmung der Umweltkrise, die daraus resultierenden psychischen Folgen und die Bedingungen, unter denen sich Menschen umweltgerecht verhalten. Die von den Autoren geführte Diskussion um die verschieden Forschungsmethoden zeigt, wie die Umweltpsychologie versucht, die kognitiven Strukturen des Umweltbewusstseins, die subjektive Repräsentation der Umweltthematik und die Einschätzung von Umweltrisiken zu ergründen. Bezugnehmend auf die im Beitrag eingangs aufgeworfenen Fragen, werden zunächst die Wirkungsebenen von Umwelteinflüssen und die auftretenden psychischen Folgen dargestellt. Die Analyse endet hier nicht, sondern führt über Interventionsmodelle zu Erklärungsversuchen für umweltrelevante Verhaltensformen. Abschließend weisen Ellen Matthies und Andreas Homburg auf die Ergebnisse von 20 Jahren psychologischer Umweltforschung hin, die aktiv dazu beigetragen hat, die vielen unbekannten Faktoren menschlichen Handelns aus psychologischer Sichtweise zu erhellen.

Das abschließende von Gerd Michelsen in diesem Band behandelte Themenfeld der sozialwissenschaftlichen Umweltforschung, besteht aus dem Trias *Umweltbildung, -beratung und -kommunikation* und wird vom Autor systematisch aufgearbeitet. Dabei wendet sich Gerd Michelsen am Anfang seines Beitrags der Umweltbildung zu und zeichnet sowohl die Entwicklung dieser Disziplin auf internationaler wie nationaler Ebene nach. Besondere Aufmerksamkeit widmet er dem

Leitbild der nachhaltigen Entwicklung, dass die Umweltbildung seit den 1990er Jahren stark geprägt hat. Der Bereich „Umweltberatung" wird ebenso in der Entwicklung von seinen Anfängen bis zum heutigen Stand nachvollzogen. Erstaunlich scheint dabei die Tatsache zu sein, dass sich innerhalb weniger Jahre aus einer Initiative des AUGE e. V. heraus eine neue Berufsbranche entwickelte, die sich durch die Gründung des Bundesverbandes für Umweltberatung e. V. im Jahre 1989 endgültig institutionalisiert hat. Im dritten Teil geht Gerd Michelsen auf den Bereich „Umweltkommunikation" ein, der derzeitig einen bedeutenden Forschungsschwerpunkt innerhalb der Umweltbildungsdebatte einnimmt. Der Autor unternimmt hier den Versuch, diesen sehr jungen Begriff der Umweltkommunikation zu definieren. Dabei verweist er auf die Parallelen, die sich über die Risikoforschung und -kommunikation zu der Umweltsoziologie ergeben. Als Handlungsfelder der Umweltkommunikation führt er die Umwelt-Öffentlichkeitsarbeit und den Umweltjournalismus an. Abschließend benennt er aus seiner Sichtweise die zukünftigen Herausforderungen an Umweltbildung, -beratung und -kommunikation.

In einem Ausblick greift Holger Meyer die wichtigsten, in den Beiträgen erwähnten, Forschungsansätze und bisherigen -ergebnisse auf und schließt den Band durch allgemeine perspektivische Überlegungen zur sozialwissenschaftlichen Umweltforschung ab.

Weder einzelne noch die Summe der Beiträge dieses Bandes können dem Anspruch gerecht werden, das weite Feld der Sozialwissenschaften so abzudecken, dass alle umweltrelevanten Wissenschaftsfelder absolut hinreichend und bis ins kleinste Detail erfasst werden. Dieses ist auch nicht der Anspruch des vorliegenden Handbuches für Studierende der Umweltwissenschaften und anderweitig interessierter Leser. Vielmehr soll es einen geeigneten Einstieg und die Möglichkeit bieten, die Grundlagen der Umweltpolitologie, Umweltplanung, Umweltsoziologie, Umweltpsychologie und Umweltbildung, -beratung und -kommunikation nachvollziehen zu können. Der sich ähnelnde strukturelle Aufbau der verschiedenen Kapitel und der unkomplizierte Schreibstil der Autoren tragen diesem Ziel ebenfalls Rechnung. Ein umfassendes Sachregister und Literaturverzeichnis erleichtern den Umgang mit diesem Band und ermöglichen einen schnellen Zugang zu der Thematik.

1.5 Reviewfragen

1. Welches sind die zentralen Untersuchungsgegenstände der sozialwissenschaftlichen Umweltforschung?
2. Wie lassen sich die sozialwissenschaftlichen Ansätze gegenüber den Ingenieur- und den Naturwissenschaften abgrenzen?
3. Welches Problemlösungspotential bietet die sozialwissenschaftliche Umweltforschung?
4. Welches sind die Vor- und Nachteile der „harten" und „weichen" Steuerungsinstrumente in der Umweltpolitik?

2 Umweltpolitologie

V. von Prittwitz
Otto-Suhr-Institut
FU Berlin

2.1 Einführung

Die Bezeichnung *Umweltpolitologie* ist bisher wenig verbreitet. Üblicher sind vielmehr Stichwörter wie *politikwissenschaftliche Umweltforschung, Umweltpolitik-Forschung oder politikwissenschaftliche Umweltberatung*. Wenn hier dennoch der Begriff der Umweltpolitologie in den Mittelpunkt gestellt wird, dann deshalb, weil er von umweltbezogen arbeitenden Politikwissenschaftlern informell verwendet wird, weil sich ihm eine Reihe gegebener Strukturen und Funktionen der umweltbezogenen Forschung, Politikberatung und wissenschaftlichen Lehre zuordnen lassen und er neue Forschungs- und Entwicklungsimpulse auslösen kann.

Umweltpolitologie zielt darauf ab, die Formen und Bedingungen erfolgreicher Umweltpolitik zu erfassen und damit sozialwissenschaftlich fundierte Beratungsleistungen erbringen zu können. Sie ist ein Teilgebiet der Policyforschung, in deren Mittelpunkt die Formen und Bedingungen erfolgreichen öffentlichen Handelns (Public Policy) stehen. Anders als in der älteren Tradition der sogenannten Policy Sciences, in der von vergleichsweise einfachen Steuerungsmodellen, vor allem dem Policy Cycle-Modell (Brewer u. de Leon 1983; u. a.), ausgegangen wurde, hat sich in der Umweltpolitologie entsprechend einem wachsenden Konsens in der allgemeinen Politikwissenschaft ein mehrdimensionales Politikverständnis durchgesetzt. Angemessenes umweltpolitisches Handeln wird demnach nicht nur anhand problembezogen-sachlicher Voraussetzungen und Handlungsprogramme (Policy-Dimension) analysiert, sondern auch anhand der politischen Konflikt- und Kooperationsprozesse (Politics-Dimension) sowie der institutionellen Regelungsbedingungen und Regelungsformen bei der Bildung solchen Handelns (Polity-Dimension). Hierbei können formell vereinbarte Regelungsmuster untersucht werden (Programmanalyse); letztlicher Beurteilungsrahmen sind aber faktisch wirkende Handlungs- und Verursachungspfade. Dementsprechend ist das behördenzentrierte Steuerungsdenken in Richtung eines weiteren Akteursspektrums einschließlich nichtgouvernementaler Akteure geweitet worden. Über die Analyse der sachlichen Bedingungen und Möglichkeiten erfolgreicher Umweltpolitik behandelt die Umweltpolitologie auch die soziopolitischen Entstehungsbedingungen von Umweltproblemen und ihrer Wahrnehmung.

In der Praxis ist die Umweltpolitologie häufig in interdisziplinäre Forschungs- und Beratungsanforderungen eingebunden. Nicht selten werden Umweltpolitologen auch als Träger bestimmter Leitideen oder gar als Renommeeträger, hierbei insbesondere zur Einbindung öffentlicher Kritik, eingesetzt. Die praktische Umweltpolitologie oszilliert daher zwischen spezifisch politikwissenschaftlichem Analyseprofil und interdisziplinär-praxisorientierten Beratungsanforderungen.

2.2 Entwicklungsphasen der Umweltpolitologie

Die Ökologieproblematik wurde von Beginn ihrer öffentlichen Wahrnehmung an (Carson 1962; Meadows et al. 1972) unter Berücksichtigung wissenschaftlicher Aussagen und politischer Aspekte thematisiert. Der öffentliche Aufstieg von Umweltthemen, der in einzelnen OECD-Ländern, so insbesondere den USA und Japan, bereits Mitte der sechziger Jahre eingesetzt hatte und seit dem Beginn der siebziger Jahre einen starken internationalen Trend bildete, spiegelte demzufolge auch eine wissenschaftliche Themenkonjunktur wider. Trendsetter waren hierbei allerdings die Naturwissenschaften und im Bereich der Sozialwissenschaften die Wirtschaftswissenschaften. Die umweltpolitologische Forschung im engeren Sinne entwickelte sich erst auf der Grundlage der öffentlichen Thematisierung der Ökologiekrise im Laufe der siebziger Jahre, eines Jahrzehnts, das mit einem furiosen Aufschwung des öffentlichen Umweltbewusstseins begann und nach der Wirtschafts- und Ölkrise 1973-75 durch den öffentlich-politischen Konflikt zwischen Ökonomie und Ökologie und den Beginn der alternativen Organisation grüner Ziele geprägt war.

2.2.1 Die siebziger Jahre

Im deutschsprachigen Raum war die Politikwissenschaft, beeinflusst durch die Studentenbewegung, zu Beginn der siebziger Jahre stark durch marxistische Denkfiguren beeinflusst. Ein spezieller politikwissenschaftlicher Zugriff auf die Ökologieproblematik ergab sich daher durch den Übergang von traditionellen marxistischen Gesellschaftsentwürfen und Gesellschaftskritiken *(Kapitalistische Systemkrise, Legitimationskrise des Spätkapitalismus)* zu ökologisch geweiteten Formen der Systemkritik (Jänicke 1978). Im Mittelpunkt stand hierbei unter Stichworten wie *Kritik des peripheren Eingriffs* (Doran et al. 1976) und *N-Kurven-Modell* (Jänicke 1979), die Kritik daran, dass unter den bestehenden soziopolitischen Rahmenbedingungen lediglich ökologische Symptombekämpfung betrieben wurde, anstatt die Umweltproblematik ursächlich anzugehen. Umweltpolitologie war in dieser Phase insofern ökologische Systemkritik, ein Ansatz, der von Peter Cornelius Mayer-Tasch und Mitarbeitern unter dem Leitwort *Politische Ökologie* (Mayer-Tasch 1986, 1993) und von Martin Jänicke unter dem Stichwort *Staatsversagen* (1979, 1986) weiter verfolgt wurde.

Ganz unabhängig von diesem Ansatz wurden allerdings bereits in den siebziger Jahren beschreibend-analytische Arbeiten vorgelegt, so zu Problemstellungen, Organisations- und Programmansätzen der Umweltpolitik in Westeuropa (Bungarten 1978). Das Stichwort *Internationale Umweltpolitik* besetzten vor allem Autoren, die den Gegenstand mit wirtschaftswissenschaftlichen Theorieansätzen analysierten (Buhne 1976). Relevant für die weitere politikwissenschaftliche Umweltforschung wurden allerdings die Implementationsforschung und die international vergleichende Umweltqualitäts-Bewertung: Ausgehend von Impulsen der angloamerikanischen Policydiskussion wurde auch in Deutschland die selbstverständliche Gleichsetzung von Politik mit politischer Willensbildung, sprich Programmbildung, durch die Fokussierung von Umsetzungsaspekten (*Implementation*) relativiert. In einer Aufsehen erregenden Studie untersuchte Renate Mayntz zusammen mit einem Kreis von Mitarbeitern unter dem Titel *Vollzugsdefizite der Umweltpolitik* Verwaltungsstrukturen und Koordinationsprozesse in der Luftreinhalte- und Gewässerschutzpolitik in ausgesuchten deutschen Bundesländern (Mayntz et al. 1978). Das hauptsächliche Ergebnis dieser Studie, die eigenständige Relevanz von Organisationsstrukturen der Steuerungsimplementation, deckte sich mit dem inzwischen erreichten Konsens der allgemeinen Implementationsforschung und regte weitere entsprechende Spezialuntersuchungen im Feld der Umweltpolitik an (Knoepfel u. Weidner 1980, 1985). Die *international vergleichende Umweltqualitäts- und Politikbewertung*, die Martin Jänicke bereits ab Mitte der siebziger Jahre mit seinen Mitarbeitern aufgenommen hatte, beschränkte sich zunächst auf Daten der Luftreinhaltepolitik in Ballungsräumen (Jänicke 1978). Diese allerdings wurden als Indikatoren genereller umweltpolitischer Defizite betrachtet.

2.2.2 Die achtziger Jahre

Angeregt durch die bisherigen Ergebnisse der Implementationsforschung und der vergleichenden Analyse von Luftreinhaltepolitik wurde Anfang der achtziger Jahre ein Vergleichsprojekt *SO_2-Luftreinhaltepolitik in sechs EG-Ländern und der Schweiz* durchgeführt (Knoepfel u. Weidner 1980, 1985). Dieses Projekt setzte weniger durch bestimmte inhaltliche Ergebnisse als durch seine großangelegte Vergleichskonzeption auf Länder-, Regional- und Kommunalebene, durch die parallele Analyse umweltpolitischer Implementation und umweltpolitischer Willensbildung und ein anspruchsvolles Forschungsmanagement Impulse. Im Umfeld dieses großangelegten Forschungsprojekts kam eine Studie zu Defiziten der Smogwarnung und Smogbekämpfung in der Bundesrepublik Deutschland zustande, die die Medien im Zeichen des sich rasch entwickelnden Umweltbewusstseins alarmierte (Prittwitz 1981).

Während bis zum Anfang der achtziger Jahre die Luftreinhaltepolitik in Ballungsräumen im Vordergrund der öffentlichen und wissenschaftlichen Aufmerksamkeit stand, traten in den kommenden Jahren, angeregt durch die öffentliche Wahrnehmung des Waldsterbens, die Probleme der weiträumigen grenzüberschreitenden Luftverschmutzung und darauf bezogene Handlungskonzepte in den Vordergrund. So löste das Konzept der *Umweltaußenpolitik*, mit dem besonders auf Defizite der strategischen Thematisierung und organisatorischen Verankerung internationaler Umweltschutzziele in den Nationalstaaten abgehoben wurde (Prittwitz 1983, 1984; Mayer-Tasch 1986), nicht nur politikwissenschaftliche Aktivitäten, sondern auch parteiprogrammatische und organisatorische Impulse, so im Auswärtigen Amt und dem Bundesinnenministerium, aus. Ab dem Ende der achtziger Jahre setzte sich dann gegenüber dem Umweltaußenpolitik-Konzept auch in der Umweltpolitologie das aus den USA aufgenommene *Internationale Regime-Konzept* durch (Prittwitz 1989, 1990; Strübel 1989). Daneben differenzierte sich, allerdings mit klar wirtschaftswissenschaftlichem Akzent, die Analyse europäischer Umweltpolitik weiter aus. Einen spezifisch politikwissenschaftlichen Akzent setzte Gerda Zellentin mit ihrer Analyse des europäischen Umweltleviathan im Anschluss an die neofunktionalistische Integrationstheorie (Zellentin u. Nonnenmacher 1979).

Ebenfalls stark durch eine andere Umweltdisziplin, die Umweltrechtswissenschaft, geprägt wurde zunächst die Diskussion um eine *präventive Umweltpolitik.* Ausgangspunkt dafür war die bereits in den siebziger Jahren stattgefundene Weitung des polizeirechtlichen Konzepts der Gefahrenabwehr zum Vorsorgeprinzip. Die Diskussion um präventive Umweltpolitik kreiste zunächst größtenteils um die rechtlichen und strategischen Folgerungen aus dem Vorsorgeprinzip (Simonis 1988; O'Riordan 1988; Jänicke 1988). Nach der heftigen öffentlichen Diskussion des Tschernobyl-Unfalls fand das bereits früher entwickelte Konzept des *Risikomanagements* Eingang in die umweltpolitologische Diskussion. Dieses wiederum wurde in das Modell eines umweltpolitischen Handlungssystems aus Gefahrenabwehr, Risikomanagement und *struktureller Ökologisierung* eingebunden (Prittwitz 1988, 1990). Nicht die Suche nach *dem* instrumentellen Präventionsinstrument sollte demnach die Umweltpolitik leiten, sondern situationsgemäße strategische Zielrealisierung – ein Handlungskonzept, das bis heute eine analytische Herausforderung darstellt.

Ein anderer Diskurszusammenhang bezog sich auf die Entwicklung von Umweltbewegung, Bürgerinitiativen und grünen Parteien. Diese Diskussion speiste sich einerseits aus einer allgemeinen Analyse neuer sozialer Bewegungen (Raschke 1988), zum anderen aus konkreten Erfahrungen mit der deutschen und europäischen Grünen- und Bürgerinitiativbewegung (Rucht 1987; Müller-Rommel 1993; Raschke 1993). Im zweiten Teil der achtziger Jahre beteiligten sich Umweltpolitologen aber auch am Aufbau neuer Umwelt-Managementformen, so von Umweltinformationssystemen (Prittwitz 1985; Zieschank u. Schott 1986). Einen eigenständigen Akzent der Umweltpolitologie setzte Otto Keck mit seinen spieltheoretischen Arbeiten zu Planung und vorläufigem Aufbau des Schnellen Brüters (Keck 1984, 1993).

2.2.3 Die neunziger Jahre

Während die achtziger Jahre den politischen Durchbruch der Umweltbewegung im nationalstaatlichen wie europäischen Rahmen brachten, also unter Umweltgesichtspunkten ein hochgradig politisiertes Jahrzehnt darstellten, markieren die neunziger Jahre die hochgradige Professionalisierung der Umweltforschung und Umweltberatung. Besonders einflussreiche Träger von Umweltexpertise und öffentlichen Stellungnahmen wurden nun neu gegründete Institute, so das Wuppertal Institut für Klima, Umwelt, Energie und das Potsdamer Klimaforschungsinstitut. Aber auch die Forschungsstelle für Umweltpolitik an der Freien Universität Berlin erweiterte ihr fachliches und öffentlich sichtbares Tätigkeitsspektrum. Das Wissenschaftszentrum Berlin (für Sozialforschung) gründete unterschiedliche umweltrelevante Organisationsteile. In Freiburg entstand das Institut für Europäische Regionalstudien, in dem einzelne Mitarbeiter mit umweltpolitologischem Profil arbeiteten. Schließlich operierten von nun an auch sich weiter professionalisierende Umweltschutzorganisationen wie Greenpeace oder der World Wildlife Fund und Umweltverbände, so der Bund Naturschutz Deutschland, mit politikanalytischen Kapazitäten.

Mit dieser anwendungsnahen Expertisierung korrespondierte in der deutschen Politikwissenschaft die Gründung eines umweltpolitologischen Diskursforums, des Arbeitskreises Umweltpolitik der Deutschen Vereinigung für Politische Wissenschaft, zu dem auch praxisnah arbeitende Politikwissenschaftler/innen Zugang haben.

Impulse für die systematische Analyse und Modellierung der Umweltpolitik gab das Buch *Das Katastrophenparadox. Elemente einer Theorie der Umweltpolitik* (Prittwitz 1990), in dem Umweltpolitik nach den Kriterien *öffentliches Handeln*, *politischer Prozess* und *institutionelles System* analysiert wird. Aus dem Text wurde vor allem die situative Interessenanalyse (Fischer 1992; Oberthür 1992, 1997; van der Wurff 1997; Hey 1998; u. a.) mit dem Prozess-Modell der Interessenspirale (Beck 1993, S. 246-248; Oberthür 1992) und die Wirkungsbemessung der Umweltpolitik nach den Kriterien Wirkungstiefe, Wirkungsbreite, Wirkungsgeschwindigkeit und qualitative wie quantitative Wirkungsschärfe (Hey u. Brendle 1994, S. 85; Westholm 1996) breit rezepiert. Auch der leitende Gedanke der kapazitätstheoretischen Erklärung der Umweltpolitik fand – in der praxeologischen Wendung des *Capacity Building* – Eingang in die umweltpolitologische Literatur (Jänicke u. Weidner 1997).

Im Mittelpunkt der *international vergleichenden Umweltpolitikforschung* standen die Umweltrelevanz des wirtschaftlichen Strukturwandels in Industrieländern sowie die Erfolgsbedingungen der Umweltpolitik. Die Analyse dieser Erfolgsbedingungen wurde im Laufe der neunziger Jahre zunehmend eindeutiger und systematischer als Analyse bestehender und aufzubauender umweltpolitischer Handlungskapazitäten gefasst (Jänicke 1990, 1993, 1999; Jänicke u. Weidner 1997). In Verbindung mit diesen internationalen Vergleichsanalysen und der Rezeption der deutschen wie internationalen Literatur entstanden schließlich auch qualitative Modellüberlegungen zur Umweltpolitikanalyse (Jänicke et al. 1999a).

Neben diesen spezifisch umweltpolitologischen Ansätzen der konzeptuell-theoretischen Analyse und ersten Modellierungsversuchen gewannen im Lauf der neunziger Jahre auch einige allgemeinere politikwissenschaftliche Ansätze für die Umweltpolitologie Bedeutung, so vor allem die Analyse internationaler Umweltregimes (Oberthür 1992, 1997; Breitmeier et al. 1993; Gehring 1995; Gehring u. Oberthür 1997; Loske 1996; Biermann 1998). Politisch höchst aktuell und durch einen gut strukturierten institutionellen Ansatz, die Regime-Analyse, vergleichsweise leicht analysierbar gewannen die bereits seit dem Ende der achtziger Jahre diskutierten Umweltregime, vor allem das Ozonschutz-Regime und das sich entwickelnde Klimaschutz-Regime, an fachlicher Aufmerksamkeit. Auch angeregt durch diesen Aufschwung der internationalen Verhandlungsanalyse entwickelte sich ab der Mitte der neunziger Jahre eine lebhafte Diskussion der umweltpolitischen Prozessformen *Aushandeln/Verhandeln und Argumentieren* (Saretzki 1996; Prittwitz 1996a, 1996c; u. a.). In Korrespondenz hiermit belebte sich schließlich die bereits früher begonnene Diskussion von Mediationsprozessen wieder (Zilleßen 1996, 1997; Lauer-Kirschbaum 1996; Weidner 1996a; Holzinger u. Weidner 1996, 1997).

Mit dem in den neunziger Jahren in der institutionalisierten umweltwissenschaftlichen und praxeologischen Diskussion klar dominierenden Konzept der *Nachhaltigkeit* tat sich die Umweltpolitologie allerdings schwer: Anders als die Soziologie, die den Nachhaltigkeitsdiskurs zwar nicht sehr orientierungssicher, aber doch energisch mit führte (Brand 1997), blieb die Umweltpolitologie in den neunziger Jahren gegenüber der Diskussion weitgehend abwartend-passiv. Einige analytische Beiträge zum Thema Nachhaltigkeit/Zukunftsfähigkeit wurden von Umweltpolitologen aber doch geliefert, so die einflussreiche Unterscheidung der drei Nachhaltigkeitskonzepte Suffizienz, Effizienz und Konsistenz (Huber 1995a, 1995b), die unter dem Stichwort *Zukunftsfähiges Deutschland* präsentierte Analyse von Konsummustern und Nachhaltigkeit (BUND u. Misereor 1996) und Überlegungen zu Nachhaltigkeitsstrategien im Rahmen der Lokalen Agenda 21 (Zimmermann 1998).

2.3 Aktueller Stellenwert der Umweltpolitologie in der umweltwissenschaftlichen Diskussion

Da die Umweltproblematik im Lauf der neunziger Jahre deutlich an öffentlich-politischer Aufmerksamkeit verloren hat, wäre zu erwarten, dass die Umweltpolitologie als Fachdisziplin des spezifisch Politischen der Umweltpolitik heute einen geringeren Stellenwert in der umweltwissenschaftlichen Diskussion besitzt als etwa zum Ende der achtziger Jahre. Im Unterschied zu einem festzustellenden Bedeutungsrückgang umweltpolitologischer Stellungnahmen in der Öffentlichkeit hat sich die Position der Umweltpolitologie innerhalb der umweltwissenschaftlichen Diskussion allerdings nicht verschlechtert. Im Gegenteil: Unter Bezeichnungen wie *politikwissenschaftliche Umweltforschung* oder *Umweltpolitikforschung* stellt die Umweltpolitologie inzwischen eine etablierte Disziplin in der interdisziplinären Umweltforschung und der umweltwissenschaftlichen Forschungsförderung dar. Politologisch inspirierte Fragen, etwa nach den politisch beeinflussten Kapazitätsbedingungen umweltpolitischer Entwicklung, nach der Bedeutung unterschiedlicher Akteursinteressen und Akteurssichten und den gezielt beeinflussbaren institutionellen Regelungsbedingungen, sind im Laufe der neunziger Jahre in Enquete-Kommissionen wie der Enquete-Kommission *Schutz des Menschen und der Umwelt* (Enquete-Kommission 1997), im Sachverständigenrat der Bundesregierung für Umweltfragen (Rat von Sachverständigen 1994, 1998b) und im Wissenschaftlichen Beirat der Bundesregierung für Globale Umweltveränderungen (WBGU 1996a, 1996b, 1998) verstärkt aufgegriffen worden. Auch in der Stiftungsförderung von Umweltforschung (VW-Stiftung, DFG, Thyssen Stiftung,

Bundes-Stiftung Umwelt) sind umweltpolitologische Fragen inzwischen regulär einbezogen. Äußerer Indikator für die anerkannte Stellung der Umweltpolitologie in der institutionalisierten Umweltforschung stellt die Tatsache dar, dass seit 1999 ein renommierter Umweltpolitologe (Martin Jänicke) Mitglied des Sachverständigenrats für Umweltfragen ist.

Allem Anschein nach ist die Umweltpolitologie inzwischen in der Lage, mit anderen Umweltwissenschaften ohne Aufgabe eines eigenen Profils zu kooperieren. Beispiele hierfür bilden die Forschungsstelle für Umweltpolitik an der Freien Universität Berlin, in der Umweltpolitologen mit Umweltjuristen und Wirtschaftswissenschaftlern zusammen arbeiten, das Wissenschaftszentrum Berlin für Sozialforschung, die Gesellschaft für Internationale und Europäische Umweltforschung (Ecologic), das Zentrum für Umweltkonfliktforschung und Umweltmanagement an der Carl von Ossietzky-Universität in Oldenburg und die Bonner Projektgruppe Recht der Gemeinschaftsgüter des Max-Planck-Instituts.

Trotz dieser positiven Entwicklung der interdisziplinären Zusammenarbeit werden die umweltpolitologischen Potentiale zur Bewertung und Erklärung umweltpolitischer Prozesse noch nicht voll genutzt. So tut sich das Umweltbundesamt schwer damit, politisch-prozessuale Aspekte in den Gegenstandsbereich seiner Forschung zu integrieren und auch in dem interdisziplinären *Global-Change-Forschungsschwerpunkt* der deutschen Forschungsgemeinschaft ist die Umweltpolitologie bisher untergewichtet. Ein Diskurs über Regelsysteme der interdisziplinären Forschungsförderung steht bisher aus.

2.4 Theoretische und methodische Ansätze der Umweltpolitologie

Umweltpolitologische Forschung weist ein Spektrum unterschiedlicher Ansätze auf. Hiervon sind theoretisch-modellanalytische Ansätze, Vergleichsuntersuchungen sowie Umweltmanagement-Ansätze hervorzuheben.

2.4.1 Theoretisch-modellanalytische Ansätze

In der deutschen Umweltpolitologie werden seit dem Ende der achtziger Jahre immer wieder Beiträge zu modelltheoretischen Grundlagen der Analyse umweltpolitischer Entwicklung und Erfolgsträchtigkeit geliefert (Jänicke u. Mönch 1988; Jänicke 1990, 1993, 1998, 1999; Jänicke u. Weidner 1997; Prittwitz 1990, 1993b, 1994a, 1994b, 1996a, 2000a; Oberthür 1992, 1997; Hey 1998; Blazejczak et al. 1999). Diese Beiträge waren teilweise theoriegebunden, so im Fall der anfänglichen Kapazitäts-Problemdruck-Diskussion, in der der Bezug auf die Theorie der kognitiven Dissonanz (Festinger 1957) und die Theorie des postmaterialistischen Wertewandels (Inglehart 1977) eine Rolle spielte, oder in der Diskussion internationaler Umweltregimes durch die Orientierung an der allgemeinen Internationalen Regime-Analyse (Krasner 1985; u. a.). Erheblichen Einfluss auf die modellanalytische Diskussion der Umweltpolitologie hatten und haben auch allgemeine Modelle der neueren US-amerikanischen Policy-Analyse (Brewer u. de Leon 1983; Sabatier 1999). Modellanalytische Überlegungen resultierten aber auch aus empirischen Forschungsergebnissen, teilweise aus einfachen Plausibilitätsüberlegungen. Dabei ist es zu einem weitgehenden Konsens darüber gekommen, dass sich Umweltpolitik am besten auf der Grundlage eines weit greifenden politikanalytischen Variablensets unter Berücksichtigung gesellschaftlicher Rahmenbedingungen verstehen lässt. Hierzu gehören neben Policy-Variablen öffentlichen Handelns politische Prozessvariablen und institutionelle Variablen, ergänzt durch sozioökonomische Strukturbedingungen und situative Variablen (Prittwitz 1990, 1994b; Jänicke u. Weidner 1997; Jänicke et al. 1999a).

2.4.1.1 Ein Überblicksmodell der Umweltpolitikanalyse

Eine anschaulich vereinfachte Darstellung dieser Konsensüberlegung liefert Martin Jänickes Modell der Umweltpolitikanalyse.

Als grundlegende Aspekte für die Analyse der umweltpolitischen Leistungs- und Erfolgsfähigkeit – im nationalen wie internationalen Rahmen – werden demnach die Problemstruktur, die Akteure, die Strategien, die systemischen und die situativen Handlungsbedingungen aufgefasst. Die Bezeichnung *Problemstruktur* wird dabei unter politischen Aspekten gefasst, so der Politisierbarkeit eines Problems (Sichtbarkeit, Eindeutigkeit und Zurechenbarkeit, Anzahl der Betroffenen), Machtstrukturen (Anzahl, wirtschaftliche Verflechtung und Staatsnähe der Verursacher) und Handlungsoptionen (Verfügbare technische Lösungen, Gewinner-Verlierer-Bilanz). Bei den *Akteuren* geht es erstens um die Kompetenz, Anzahl und organisatorische Stärke, insbesondere die materielle und personelle Ausstattung von Umweltinstitutionen und Umweltverbänden, zweitens um Akteurskonfigurationen – so wächst umweltpolitische Kapazität mit der Bündnisfähigkeit ökologischer Interessen und der Fähigkeit zum Dialog mit ihren Kontrahenten. Drittens geht es um die subjektive Entschlossenheit und Fähigkeit von Akteuren, objektive Möglichkeiten zu nutzen (Jänicke et al. 1999a, S. 83-84).

Die stabilen *systemischen Handlungsbedingungen* umfassen a) ökonomisch-technische, b) politisch-institutionelle und c) soziokulturelle oder auch kognitiv-informationelle Handlungsbedingungen. Hierbei bildet das Wohlstandsniveau eines Landes einen zentralen, allerdings höchst ambivalenten Erklärungsfaktor umweltpolitischer Leistungsfähigkeit (siehe auch 2.4.1.2). Zentrale politisch gestaltbare Variablen umweltpolitischen Erfolgs sind Umweltwissen und Bewusstsein. Die *situativen Handlungsbedingungen*, beispielsweise Regierungswechsel, Wahlerfolge bestimmter Parteien oder kurzfristige Veränderungen ökonomischer Rahmenbedingungen, werden zwar häufig als schicksalhaft hingenommen; sie können aber etwa durch die öffentliche Verarbeitung umweltpolitischer Akteure durchaus unterschiedlich auf den umweltpolitischen Prozess einwirken. Die umweltpolitische Leistungsbilanz hängt, allgemeiner gefasst, nicht nur von den angeführten Rahmenbedingungen, sondern gerade auch von umweltpolitischen Strategien zentraler Pro-Umwelt-Akteure ab. Als *Strategien* verstehen die Autoren dabei planmäßiges Handeln im Sinne einer langfristigen Zweck-Mittel-Optimierung, was Modifikationen als Folge von Lernprozessen einschließt. Strategien müssen für die flexible, taktische Nutzung situativer Handlungschancen offen sein. Auf strategisches Geschick sind die Träger von Umweltbelangen nicht zuletzt wegen ihrer Schwäche im Verhältnis zu mächtigen Verursacherinteressen angewiesen. Strategie schließt die systematische Verbesserung der eigenen Handlungsbedingungen, Kapazitätsbildung, ein (Jänicke et al. 1999a, S. 92-95).

Das Modell liefert eine Übersicht einiger als besonders wichtig erachteter Variablen und Einflussfaktoren der Umweltpolitologie. Es stellt allerdings kein ausgearbeitetes Struktur- oder gar Prozessmodell von Umweltpolitik dar. So ist die im Grundsatz geforderte dynamische Betrachtung nicht eingelöst, da ausgewiesene Wirkungs- und Prozessaussagen im Zeitablauf fehlen. Die Variablen und die Variablenbeziehungen sind in uneinheitlichem Grad definiert und operationalisiert. Trotz dieses geringen Ausarbeitungsgrades eignet sich das Modell gerade durch seine Anschaulichkeit als Anregung für die weitere modellanalytische Diskussion.

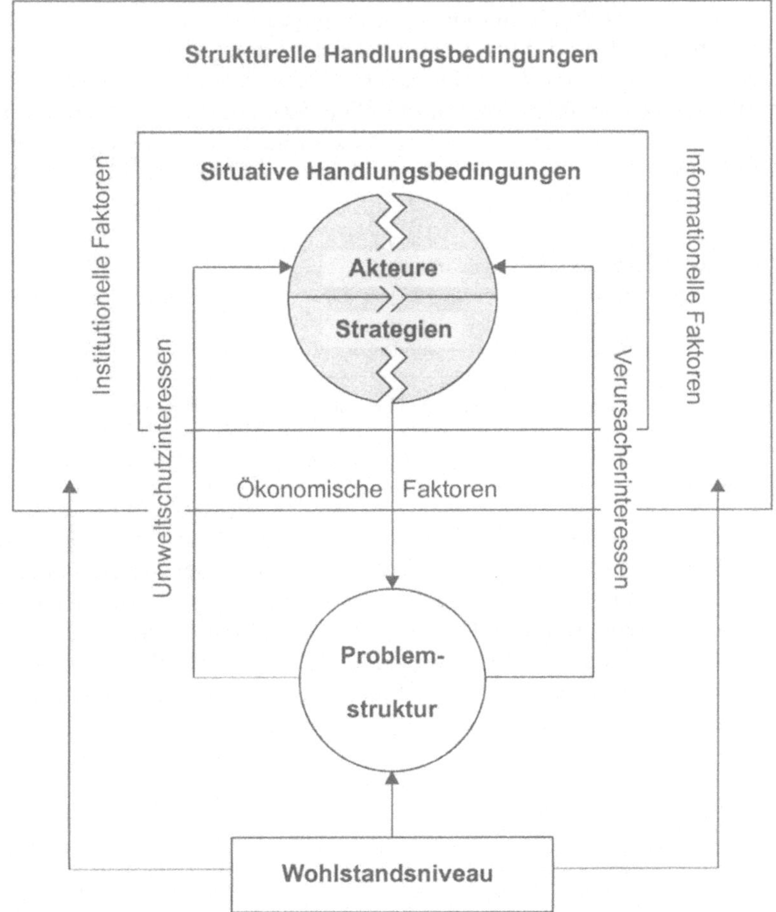

Abb. 2.1. Ein Modell der Umweltpolitikanalyse (aus: Jänicke et al. 1999a, S. 78)

2.4.1.2
Wohlfahrtsniveau und Umweltbelastung / Ressourcenverbrauch

Zur Modellierung des *Umweltbelastungsverlaufs* im Verhältnis zur Entwicklung des Wohlstandsniveaus hat Martin Jänicke bereits Vorschläge gemacht, die das in 2.4.1.1 dargestellte Überblicksmodell ergänzen beziehungsweise inhaltlich anreichern könnten. Dies ist zum einen das *N-Kurven-Modell der umweltpolitischen Entwicklung*, mit dem der Wiederanstieg von Umweltbelastung nach zeitweiser Dämpfung charakterisiert wird (Jänicke 1979). Bezogen wird dieses Modell auf nicht kausal angelegte Umweltverbesserungen (Symptombekämpfung), die ihre Wirkung im Zeitverlauf verlieren, wenn die Verursachungsfaktoren eine Wachstumsdynamik aufweisen. Zum zweiten ist es das Muster *linearer Verschlechterung bei wirtschaftlichem Wachstum,* so im Fall Grundwasserbelastung (Jänicke 1999) und zum dritten das Wandlungsprofil zyklischer Umweltveränderung nach dem Muster Anstieg-Rückgang im Prozess der Wohlstandsentwicklung, die sogenannte *Ökologische Kuznets-Kurve* (Grossmann u. Krueger 1994; Binder 1999). Je nach identifiziertem Problemtyp und Steuerungsansatz kann eine dieser Funktionen in ein umweltpolitisches Prozessmodell aufgenommen werden.

Eine ergänzende gehaltvolle Differenzierung zum Verhältnis zwischen ökonomischen Wohlstandsvariablen, soziokulturellen Kapazitäten und soziopolitischer Wahrnehmung von Umweltproblemen ergibt sich nach der Typologie *Reichtums- und Knappheitsökologie* (Prittwitz 1994a; Prittwitz 1994b, S. 135-138; WBGU 1996a, S. 79 – siehe Tabelle 2.1):

Tabelle 2.1. Reichtums- und Knappheitsökologie

		Wohlstandsniveau niedrig	Wohlstandsniveau hoch
Ökologische Werte	schwach	Ressourcenübernutzung	Ressourcenvergeudung
	stark	Knappheitsökologie	Reichtumsökologie

Während Reichtumsökologie wohlstands- und ökologisch wertbasiert ist, resultiert Knappheitsökologie aus der wertbasierten Schonung knapper natürlicher Ressourcen. Materieller Wohlstand ist demgegenüber kürzerfristig auch in der Form der Ressourcenvergeudung möglich. Schließlich zwingt materielle Knappheit nicht unbedingt zur Schonung der jeweils knappen Ressourcen; fehlt die ökologische Wertfundierung, kann es vielmehr zur ökologischen Selbstzerstörung durch Ressourcenübernutzung kommen.

2.4.1.3 Ressourcenkonflikt und Ökologische Diskriminierung

Während die Analyse reichtums- und knappheitsökologischer Handlungsansätze, der umweltpolitologischen Kernfrage entsprechend, zum Verständnis der Entstehungs- und Erfolgsbedingungen von Umweltpolitik beiträgt, sind die unter dem Stichwort *Umwelt und Sicherheit* kursierenden Analyse- und Modellierungsansätze konfliktanalytisch ausgerichtet (Bächler 1998; Carius u. Lietzmann 1998; u. a.). Im Mittelpunkt dieser Ansätze steht die Frage, unter welchen Bedingungen globale, regionale und lokale Umweltveränderungen zu gewaltsamen Auseinandersetzungen führen. Räumlicher Fokus dieser Forschung sind dabei die Entwicklungs- und Übergangsgesellschaften, die angesichts ihrer geringen Problemlösungskapazitäten von der anthropogenen Transformation der Umwelt mit besonderer Härte getroffen werden (Bächler 1998, S. 112). Diese Geographie der umweltverursachten Konflikte prägt auch die Typologisierung umweltinduzierter Konflikte. Unterschieden werden hier Zentrum-Peripheriekonflikte in Entwicklungsländern, ethnopolitisierte Konflikte, regionalistische Migrationskonflikte, grenzüberschreitende Migrationskonflikte, durch relative Überbevölkerung (demographisch) verursachte Migrationskonflikte, internationale Wasserkonflikte und Fernwirkungskonflikte (Konflikte aufgrund neo-kolonialistischen Ökoraubbaus). In seinem Umweltkonflikt-Modell stellt Bächler den unterschiedlichen Zugang zu Naturressourcen und dessen Niederschlag in machtrelevanten Differenzen von Handlungsoptionen unter dem Stichwort *Ökologische Diskriminierung* zentral. Hierbei legt er sieben miteinander verbundene Hypothesen zugrunde:

1. Je größer die ökologische Diskriminierung von Akteuren in einer Arena, desto wahrscheinlicher werden sie gegen die Quelle der Diskriminierung mobilisieren.
2. Je abhängiger Opfer ökologischer Diskriminierung von degradierten erneuerbaren Ressourcen sind, desto eher sind sie für kollektive Aktionen zu mobilisieren.
3. Je stärker die Gruppenkohäsion, desto eher lassen sich diskriminierte Akteure in marginalisierten Regionen mobilisieren.
4. Je schwächer die regulativen Mechanismen, desto eher sind diskriminierte Akteure für Aktionen zu organisieren.
5. Zwischen Bevölkerungsdruck und Mobilisierungsgrad besteht keine lineare Beziehung, da durch wachsenden Bevölkerungsdruck a) die Konkurrenz um knappe Ressourcen wächst (konfliktverstärkend), b) Vereinzelung eintritt (konfliktvermindernd).
6. Staat: a) Je schlechter die Staatsleistung, desto eher lassen sich diskriminierte Akteure für bewaffnete Maßnahmen gewinnen. b) Je mehr repressive Gewalt vorhanden ist, desto weniger wahrscheinlich sind bewaffnete Maßnahmen durch diskriminierte Akteure.
7. Außeneinwirkungen: a) Je niedriger die Gewaltschwelle im weiteren internationalen Umfeld, desto eher lassen sich diskriminierte Akteure für gewaltsame Maßnahmen mobilisieren. b) Je eindeutiger die Umweltdegradation durch in-

ternationale Akteure verursacht wird, desto eher lassen sich diskriminierte Akteure für gewaltsame Maßnahmen mobilisieren. c) Je prominenter die Rolle nichtgouvernementaler Organisationen (NGOs), desto weniger wahrscheinlich ist die Anwendung von organisierter Gewalt durch diskriminierte Akteure (Bächler 1998, S. 129-132).

In diesen Überlegungen werden soziale und politisch-staatliche Handlungsvariablen folgenreich einbezogen. Insofern hat das Modell stärker politikanalytischen Charakter als Ansätze wie der Syndrom-Ansatz (WBGU 1996b; Biermann 1998), die unter politisch-institutionellem Gesichtspunkt weitgehend unstrukturiert bleiben.

2.4.1.4 Ein integrativ-managerialistisches Innovationsmodell der Umweltpolitik

Eine Reihe ausgewiesener, untereinander konfigurierter Wirkungshypothesen enthält auch das *umweltpolitische Innovationsmodell* von Blazejczak et al. (1999).

Unter Umweltinnovationen werden dabei Neuerungen verstanden, die bei der Verringerung von ökologischen Schadenskosten zu einer günstigeren erwarteten Kosten-Nutzen-Bilanz führen als bisher. Damit werden nicht nur Innovationen einbezogen, die bei geringeren oder gleichen erwarteten Schadenskosten die Schadensvermeidungskosten reduzieren, sondern auch solche, die unter dieser Bedingung Kosten anderer Art (Material-, Energiekosten) reduzieren oder zu Erlösverbesserungen führen.

Im Mittelpunkt des Modells stehen drei Elemente innovationsfreundlicher Politikmuster, Instrumentierung, Politikstil und Akteurskonfiguration: *Innovationsfreundliche Instrumentierung* setzt ökonomische Anreize, kombiniert mehrere Instrumente, basiert auf strategischer Planung und Zielbildung, unterstützt Innovation als Prozess und berücksichtigt verschiedene Innovationsphasen. *Innovationsfreundlicher Politikstil* ist dialogisch und konsensual, kalkulierbar, verlässlich und kontinuierlich, entschlossen, proaktiv und anspruchsvoll, lernoffen, flexibel für den Einzelfall, managementorientiert und wissensbasiert. *Innovationsfreundliche Akteurskonfigurationen* begünstigen Politikintegration horizontal und vertikal, vernetzen Regulierungsinstanzen und Regulierungsadressaten unter sich und miteinander, beziehen *Stakeholder* in Akteursnetzwerke ein und machen dezentral vorhandenes Wissen und Motivation verfügbar (siehe am Beispiel Windenergie die Abbildungen 2.2 – 2.4).

Dieses Modell, für das die Autoren empirische Illustrationen anhand kleinerer Länder, so der Niederlande und Dänemarks, sowie anhand Japans anführen, das sie aber selbst als noch nicht repräsentativ getestet betrachten, kann als ein integrationistisch-managerialistisches Modell der Umweltpolitik bezeichnet werden: Umweltinnovation ist demnach grundsätzlich am ehesten von einer Umweltpolitik mit hohem Integrationsgrad und ausgeprägter strategischer Managementhaltung der Verantwortlichen zu erwarten.

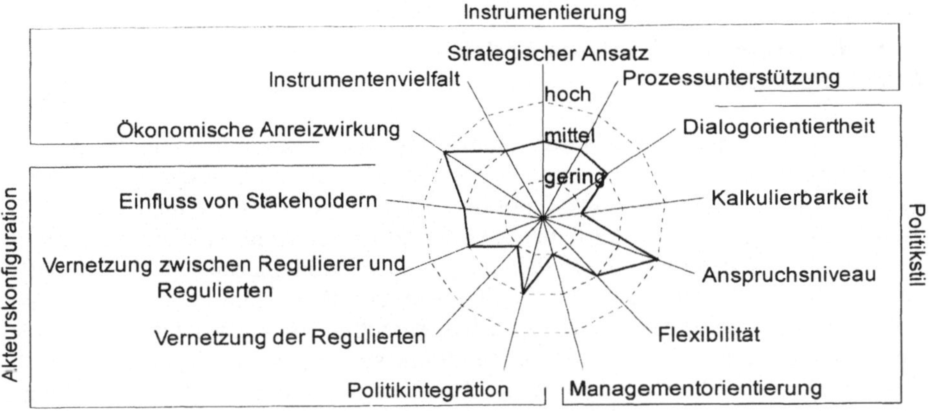

Abb. 2.2. Umweltpolitisches Innovationsmodell: Wind Deutschland (aus: Blazejczak et al. 1999)

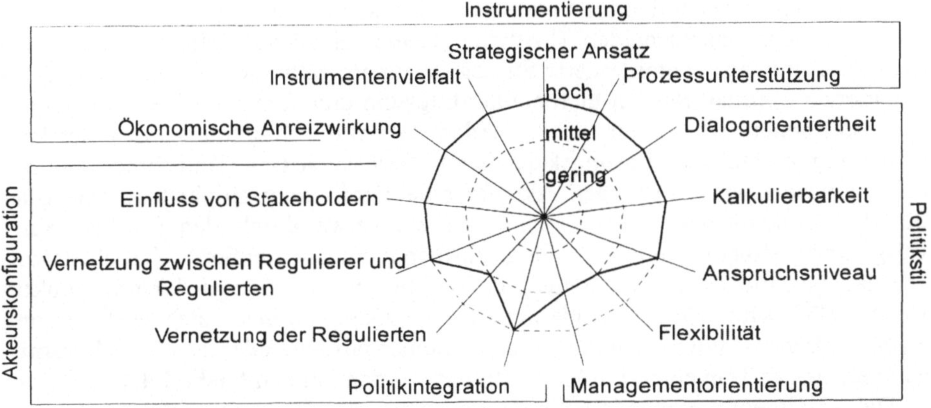

Abb. 2.3. Umweltpolitisches Innovationsmodell: Wind Dänemark (aus: Blazejczak et al. 1999)

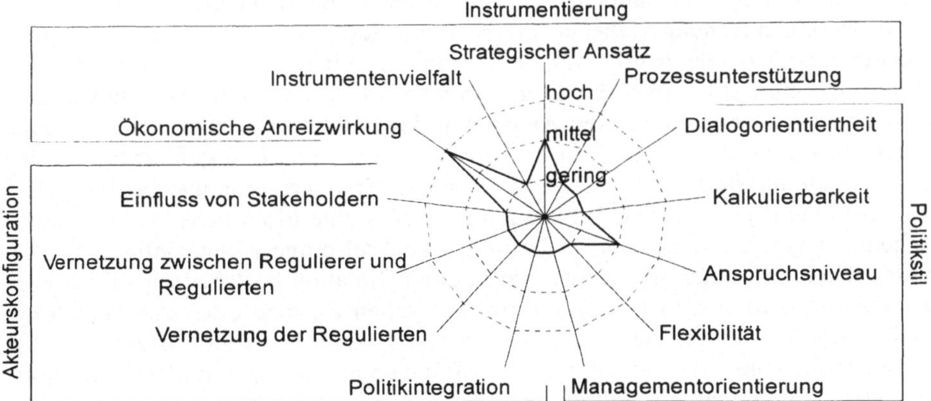

Abb. 2.4. Umweltpolitisches Innovationsmodell: Wind Großbritannien (aus: Blazejczak et al. 1999)

2.4.1.5 Spieltheoretische Situationsmodellierung und situative Interessenanalyse

Grundsätzliche, nicht situationsdifferenziert gefasste Modelle nach der Art des umweltpolitischen Innovationsmodells von Blazejczak et al. liefern wichtige Kapazitäts- und Zielhinweise umweltpolitischen Managements; sie tragen allerdings dem Einfluss spezifischer struktureller oder situativer Kontextbedingungen nicht Rechnung. Ein bereits traditioneller Zugang zur Modellierung solcher situativ-struktureller Bedingungen ist die *Spieltheorie*. Die Bezeichnung *Spiel* steht dabei im Unterschied zur didaktischen und alltagssprachlichen Verwendung des Wortes für jeweilige strategisch-interaktive Handlungssituationen, in denen sich für die Beteiligten unterschiedlich bewertbare Handlungsoptionen ergeben. Als Situationstypen mit wachsendem Konfliktgehalt lassen sich dabei reine Koordinationssituationen (gemeinsames Problemlösen), Koordinationssituationen mit möglichem Verteilungskonflikt, Koordinationssituationen mit unaufhebbarem Verteilungskonflikt, Gefangenendilemma-Situationen, Drohsituationen und reine Nullsummensituationen unterscheiden (Prittwitz 1996b, S. 54-65). Hierbei erscheinen dialogisch-managementorientierte Strategien zur Bewältigung von Koordinationssituationen optimal. Besteht hierbei allerdings ein unaufhebbarer Verteilungskonflikt, so können Erfolge nur erzielt werden, indem die Situation selbst unter Einbeziehung zusätzlicher Lösungskapazitäten verlässlich (mit Teilnehmerbindung) umstrukturiert wird. Verfolgen Akteure eine Droh- oder Boykottstrategie oder bestehen fundamentale Interessenunterschiede, etwa durch den Einfluss einer Bürgerkriegssituation, reichen dialogisch-management-orientierte Vorgehensweisen dagegen nicht aus oder können als alleinige Strategie sogar kontraproduktiv werden (Prittwitz 1996c). Gerade in solchen Situationen bietet sich der Übergang zu Mehrebenen-Systemen an, in denen gemeinschaftliche oder staatliche Ressourcen verstärkter Teilnehmerbindung aktiviert werden können (siehe 2.4.1.6).

Die spieltheoretische Modellierung operiert allerdings mit starken, oft nur schwer empirisch einlösbaren Situationsannahmen, so der Annahme, die Beteiligten seien über ihre Handlungsoptionen wechselseitig vollständig informiert und handelten durchgehend rational. Hieraus entstehen insbesondere bei wachsender Zahl der Untersuchungseinheiten rasch Anwendungsgrenzen; zudem sind spieltheoretische Modelle häufig mit dem Problem situativer Unentscheidbarkeiten (Mehrfachoptima) konfrontiert. Dementsprechend liegt es nahe, Situationen interessenbezogen ohne die starken Annahmen der Spieltheorie zu modellieren, eine Überlegung, die zum Ansatz der *situativen Interessenanalyse* geführt hat. Politische Handlungssituationen werden dabei nach der Interessenkonstellation in Bezug auf einen (potentiellen) Umweltkonflikt oder eine öffentliche Handlungsentscheidung typologisiert, ohne vollständige wechselseitige Akteursinformation zu unterstellen. Als Interessen gelten die in einer Situation bestehenden subjektiven Akteursdispositionen in Bezug auf ein Gut, einen Zustand oder eine Handlung. Dabei werden unmittelbare Konfliktinteressen, so miteinander konkurrierende umweltpolitische Verursacher- und Betroffeneninteressen, und mittelbar konfliktbezogene Interessen, so Helferinteressen oder mittelbare Konkurrenzinteressen, differenziert. Aus der jeweiligen Stärkekonstellation dieser Interessen ergeben sich charakteristische Situationstypen (Prittwitz 1990, S. 115-127; Prittwitz 1994b, S. 24-29; Oberthür 1992, 1997; Fisher 1992; Hey 1998; van der Wurff 1997; u. a.).

Situationstypen dieser Art können im zeitlichen Zusammenhang auch als *Situationsfolgen* modelliert werden. Ein übergreifendes Situationsfolgen-Modell ist das Modell der Interessenspirale (Prittwitz 1990, S. 203-208; Oberthür 1992; Beck 1993, S. 246-248). Demnach folgen in der Umweltpolitik einander üblicherweise Konfliktsituationen zwischen Verursacher- und Betroffeneninteressen und Situationen mit entfaltetem Interessendreieck aus Verursacher-, Betroffenen- und Helferinteressen. Bündnissituationen zwischen Helfer- und Betroffeneninteressen gehen allerdings oft in eine Dominanz der Helferinteressen über. Vermittelt über die Wandlung der (verkarstenden) Helferinteressen zu neuen Verursacherinteressen kann dann wieder eine neue Situationsfolge entstehen.

Nach diesem Modell entwickelt sich wirkungsvolle Umweltpolitik nur, wenn Konflikte offen ausgetragen, aber auch vermittelt über Helferkapazitäten und Helferinteressen konstruktiv beigelegt werden können (zu empirischen Bezügen siehe Oberthür 1992, 1993, 1997; Gehring u. Oberthür 1997; Nordbeck 2000; Mayer-Ries 2000).

2.4.1.6
Internationale Regimes und Institutionelle Arrangements

Ein bereits skizzierter institutionenanalytischer Ansatz, der Management- und Pluralismus-Anforderungen aufnimmt, ist die im Laufe der achtziger und neunziger Jahre entwickelte Analyse *internationaler Umweltregimes*. Demnach bilden sich umweltrelevante internationale Regelungskomplexe aus Prinzipien, Normen, Regeln und entscheidungsbezogenenen Verfahren in Entscheidungsprozessen zwischen grundsätzlich souveränen Akteuren. Die zustande gekommenen Regimes implizieren nicht nur sachliche normative Verhaltensorientierungen für die Regime-Adressaten, sondern auch Verfahrensfestlegungen für die weitere – Entwicklung selbst (Breitmeier et al. 1993; Oberthür 1997; u.v.a.). An dieses Konzept lässt sich das Konzept der *institutionellen Arrangements* anschließen, indem es anhand von Gestaltungs-, Prozess-, Kombinations-, Gültigkeits- und Flexibilitätsanforderungen konkretisiert wird (Prittwitz 2000b). Institutionelle Arrangements können einzelne internationale Regimes miteinander verbinden; andererseits sind sie auch im nationalen Rahmen sowie in Mehrebenensystemen möglich. Schließlich beziehen sie sich nicht nur auf materielle Regelkomplexe bestimmter Probleme oder Politikfelder, sondern auch auf reine Verteilungs- oder Verfahrensregelungen. Zusammen genommen stellen sie daher ein weitergreifendes und flexibleres Analysekonzept als das der internationalen Regimes dar.

Aus unterschiedlichen Regeltyp-Optionen, so Verhaltensregeln, Verteilungsregeln, Zielregeln und Verfahrensregeln, entsteht ein großes Spektrum institutioneller Arrangements. Hierzu gehören zum einen strategische Komplexe, die um bestimmte fokussierte Regeltypen herum aufgebaut sind, so verhaltenssteuernde, zielsteuernde, verteilungssteuernde oder verfahrenssteuernde Arrangements. Weitere Typen sind institutionelle Gleichgewichts-Arrangements, in denen ein funktionales und/oder politisches Gleichgewicht zwischen unterschiedlichen Regelkomplexen hergestellt ist, zeitliche und funktionale Staffelarrangements, in denen unterschiedliche Regeltypen zeitlich oder funktional aufeinander folgen, sowie subsystemische Mehrebenen-Arrangements.

Für die Analyse von Umweltpolitik und Nachhaltigkeit werden institutionelle Arrangementtypen vor allem durch jeweils spezifische Steuerungspotentiale relevant, die sich aus der situationsgerechten, unter Umständen innovativen Kombination von Regelformen ergeben. So konnten in den USA durch die Kombination von Wettbewerbsmechanismen (zwischen den Bundesstaaten) mit hierarchischen Steuerungsstrukturen gute umweltpolitische Innovations- und Diffusionserfolge erzielt werden (Kern 2000b). Ökologische, ökonomische und soziale Ziele mit dem Anspruch der Zukunftsfähigkeit oder Nachhaltigkeit dürften sich am ehesten über Arrangements optimieren lassen, in denen verfahrensorientier-pluralistischen und managementorientier-integrativen Anforderungen Rechnung getragen wird. Besondere Bedeutung dürften hierbei Staffelarrangements erlangen, so eine Abfolge aus tarierten Verhandlungen (Voß 2000), öffentlichen Diskussionsphasen und öffentlich legitimierter Verhaltensregelung. Die in verschiedenen europäischen Ländern, so Dänemark, den Niederlanden und beginnend auch Deutschland initiierten Regelungsprozesse zur materiellen Energieverbrauchsbeeinflussung zeigen in diese Richtung (Mez 2000).

2.4.1.7 Politiklernen

Eine wichtige Ergänzung zu den bisher dargestellten Modellierungsansätze der Umweltpolitik, so dem interessenanalytischen und dem strategisch-managementorientierten Ansatz, stellen Modellierungsansätze zum Politiklernen dar. Einen Integrationsansatz lerntheoretischer Überlegungen hat Niels C. Bandelow (1999) am Beispiel der Gentechnologie-Politik vorgestellt. Im Anschluss an das Advocacy-Coalitions-Modell (Sabatier 1993; Jenkins-Smith u. Sabatier 1994) und Lehren der interpretativen Lerntheorie (Nullmeier 1993) unterscheidet Bandelow (1999) systematisch zwischen politischem Lernen im Zeichen konsensualer und dissensualer Wahrnehmung sowie policybezogener Information und policyexterner Informationen. Hieraus ergeben sich Differenzierungen zwischen strategischem und taktischem Lernen sowie policybezogenem Impact und policyexternem Impact. Hierzu entwickelt er folgende Hypothesen, von denen sich die Hypothesen 1 bis 3 mit denen des Advocacy-Coalitions-Ansatzes decken:

1. Bei individueller Verarbeitung neuer Informationen werden abstrakte Normen und Überzeugungen politischer Eliten dauerhafter beibehalten als konkrete Überzeugungen und Einstellungen.
2. Das Spektrum konkreter policy-bezogener Überzeugungen und Einstellungen wird von den über Jahre weitgehend konstanten abstrakten Normen und Überzeugungen begrenzt. Die Wahrnehmung und Interpretation neuer Informatio-

nen erfolgt auf Grundlage der bestehenden abstrakten Normen und Überzeugungen.

3. Die abstrakten policy-bezogenen Normen, Überzeugungen und Einstellungen von Akteuren bilden die Grundlage für politikfeldspezifische Koalitionen und prägen somit den politischen Prozess.
4. Die Zugehörigkeit von Individuen zu politikfeldspezifischen Koalitionen führt zur kommunikativen Reproduktion und somit zur Beibehaltung der gemeinsamen Überzeugungen der Koalitionen. Daher werden die Überzeugungen, die einer Koalitionsbildung zugrunde liegen, auch bei scheinbar widersprechenden zusätzlichen Informationen von den Individuen, die stark in Advocacy-Koalitionen eingebunden sind, zunächst beibehalten. Daraus folgt, dass Mitglieder von Advocacy-Koalitionen ihre policy-bezogenen Kernüberzeugungen persönlich auch dann beibehalten, wenn sie aufgrund neuer Informationen in Widerspruch zu ihren noch allgemeineren Normen und Überzeugungen geraten.
5. Neue policy-bezogene Informationen beeinflussen kurz- und mittelfristig die Strategien politischer Koalitionen, führen aber nicht zu einem Wandel des Kerns politischer Programme.
6. Policy-bezogene Informationen, die auf der Grundlage des allgemeinen Denkmusters zentraler Akteure von diesen akzeptiert werden und einen Widerspruch zwischen ihren allgemeinen Normen und dem Kern ihres policy-bezogenen *Belief-System* erzeugen, führen nach langfristigen Prozessen, die mindestens ein Jahrzehnt in Anspruch nehmen, zu veränderten politischen Koalitionen und zu grundsätzlichem politischem Wandel. Diese langfristige Wirkung policy-bezogener Informationen auf politische Koalitionen und politischen Wandel erfolgt nach einem personellen Wechsel im Subsystem.
7. Umstrittene policy-externe Informationen beeinflussen die Taktik einzelner Akteure. Konsensual wahrgenommene policy-externe Informationen beeinflussen kurzfristig die Machtverhältnisse zwischen Advocacy-Koalitionen. Sowohl konsenual als auch dissensual wahrgenommene policy-externe Informationen führen zu kurzfristigen Abweichungen der Ergebnisse einzelner Aushandlungsprozesse von den policy-bezogenen Überzeugungen der Akteure aus der dominanten Koalition. Sie haben aber keinen Einfluss auf die langfristigen Grundlagen policy-bezogener Entscheidungen.

2.4.2 Vergleichsuntersuchungen und Vergleichsbewertungen

Auch wenn die umweltpolitologische Euphorie der groß angelegten internationalen Vergleichsstudien aus den frühen achtziger Jahren verflogen ist, kann der internationale und interkommunale Vergleich heute als etablierte Methode der Umweltpolitologie gelten. Vergleichsstudien werden zwar nicht mit dem Anspruch des Quasiexperiments (Berg-Schlosser u. Müller-Rommel 1997, S. 11) und entsprechend hohen methodischen Anforderungen (Aarebrot u. Bakka 1997) durchgeführt. Typisch sind vielmehr Fallstudiensammlungen. Diese Vergleichsstudien haben aber hinsichtlich ihrer Strukturierung und heuristischen Nutzbarkeit im Sinne von Best-Practice-Studien wie modelltheoretischen Überlegungen einen Standard erreicht, der sie im allgemeinen als nützlich erscheinen lässt.

Ein charakteristisches Beispiel hierfür ist der von Martin Jänicke und Helmut Weidner herausgegebene Band *National Environmental Policies. A Comparative Study of Capacity-Building* (1997). In diesem Band sind nach einer konzeptuellen Einführung in Kapazitätsaspekte des Politischen Systems (Jänicke 1997) Länderberichte zu den USA, Schweden, Japan, dem Vereinigten Königreich, den Niederlanden, Deutschland, Dänemark, der Schweiz, Korea, Chile, China, Nigeria und Russland zusammengestellt. Diese Länderberichte sind weitgehend parallel strukturiert nach Überschriften wie *Main Environmental Problems, Development and Main Characteristics of Environmental Policy, Main Actors, Capacity-Building* und *Policy Evaluation*. In einem zusammenfassenden Schlussartikel befassen sich die Autoren dann im Rückgriff auf die Länderstudien mit Fragen der umweltpolitischen Diffusionsentwicklung, dem ambivalenten Zusammenhang von Pro-Kopf-Bruttosozialprodukt und Umweltindikatoren, der besonderen Bedeutung nationaler Innovateure und nicht-gouvernementaler Organisationen sowie systemischen Ressourcen und Restriktionen umweltpolitischer Erfolge.

Vergleichsaspekte strukturieren auch die Diskussion institutioneller Arrangements. So wurden bei dem internationalen Vergleich von Umweltplanungsverläufen ein übereinstimmendes Muster in der Zielebene, jedoch unterschiedliche Ländergruppen in der Prozessebene festgestellt (Nordbeck 2000): In Ländern mit korporatistischen Beteiligungsstrukturen wird die Öffentlichkeit nur marginal beteiligt (so Dänemark und Südkorea) oder es werden bei starker Konsensorientierung konsistente Zielstrukturen ausgearbeitet und umgesetzt (Niederlande, Schweden). Die Planungsprozesse nationaler Umweltpläne in Ländern mit pluralistischer Struktur dagegen zeichnen sich durch breit angelegte Konsultationsprozesse mit direkter Beteiligung von Bürgern und gesellschaftlichen Gruppen aus (Australien, Großbritannien, Kanada). Dadurch sind die Zielstrukturen von Umweltplänen und Nachhaltigkeitsstrategien dieser Länder nicht annähernd so stringent; andererseits finden sich hier die innovativsten Ansätze intergouvernementaler Koordination.

Eine auf den ersten Blick paradox, auf den zweiten Blick aber folgerichtig erscheinende Entwicklung der vergleichenden Politikanalyse wird durch die *Analyse von Diffusionsprozessen umweltpolitischer und institutioneller Innovation* eingeleitet. Die internationale oder interlokale Diffusion von Überzeugungen und Mustern stellt die traditionelle Annahme der vergleichenden Politikanalyse, Vergleichseinheiten könnten unabhängig voneinander betrachtet und gerade dadurch miteinander verglichen werden, nämlich zumindest teilweise in Frage. Die umweltpolitologische Diffusionsanalyse wird dementsprechend zunehmend als Analyse von Mehrebenensystemen (Kern 1997, 2000a, 2000b), von Globalisierungs- oder Entgrenzungsprozessen (Jänicke u. Jörgens 1998; Jänicke 1999) durchgeführt. Eine Entgrenzung der Problematik ergibt sich dabei nicht nur unter räumlichem, sondern auch unter sachlichem Gesichtspunkt, da auch diagonale Diffusionsprozesse zwischen unterschiedlichen Politikarenen thematisiert werden. In der Konsequenz dieser Forschungsentwicklung sind auch und gerade in der Umweltpolitologie unterschiedliche politikwissenschaftliche Teilgebiete, so die politische

Systemlehre, die Komparatistik und die Theorie der internationalen Beziehungen, miteinander zu verbinden.

2.4.3 Umwelt-Managementansätze und Fallstudien

Neben modellanalytischen Ansätzen und Vergleichsanalysen haben in der Umweltpolitologie auch praxeologische Managementansätze und – meist praxisorientierte – Fallstudien ihren festen Platz. So sind *Organisationsfragen der Umweltverwaltung* ein bereits traditioneller Untersuchungsgegenstand von Umweltpolitologen (Müller 1986, 1999; Prittwitz 1990; Fichter 1996; Dose 1997; Pehle 1997). Dies gilt auch für *Mediationsverfahren*, so in den Bereichen Abfallpolitik, Verkehrspolitik und Landschaftsplanung (Holzinger u. Weidner 1997; Zilleßen 1997; Troja 1997). Ein neueres zentrales Managementthema mit umweltpolitologischem Akzent sind dagegen *Umweltplanung und strategische Zielbildung* (Jänicke u. Joergens 1999; Sandhövel 1996; Sandhövel u. Wiggering 2000). Die Beschreibung und Bewertung von Umwelt- und Nachhaltigkeitspolitik in einzelnen Ländern und Regionen, so in den Neuen Bundesländern (Huber 1994, 1995a, 1995b; Strübel 1999a), in der Bundesrepublik Deutschland im ganzen (Weidner 1999; Müller-Brandeck-Bouquet 1993) oder Japan (Weidner 1996b; Foljanty-Jost 1997), ist Gegenstand der Umweltpolitologie. Besonders hohen praxeologischen Stellenwert haben schließlich umweltpolitologische Arbeiten zu Umweltpolitikinhalten und -strukturen in der *Europäischen Union*, so zur Entwicklung und Arbeit europäischer Umweltverbände (Hey u. Brendle 1994), zur europapolitischen Beeinflussung von Mobilitätsstrukturen (Hey 1998), zu Formen der privaten Interessenregierung und Devolution in der Europäischen Union (Hey 2000) und der deutschen Umweltpolitik im europäischen Mehrebenensystem (Müller-Brandeck-Boquet 2000; Strübel 1999).

Nachhaltigkeitskonzepte sind ein weiterer, zunehmend an Bedeutung gewinnender Gegenstand umweltpolitologischer Managementansätze. So werden nachhaltigkeitsbezogene Kooperationsformen zwischen Kommunen im nationalen und internationalen Rahmen des Lokale-Agenda 21-Prozesses (Zimmermann 1998; Mayer-Ries 2000) sowie Wechselwirkungen zwischen Nachhaltigkeits- und Arbeitskonzepten unter besonderer Berücksichtigung gewerkschaftlicher Reformkonzepte untersucht (Kern 1999; Hildebrand 1999; Altvater et al. 1997). Der politologisch inspirierte Diskurs über Nachhaltigkeitskonzepte betrifft auch die Frage, wie soziale gegenüber ökologischer Nachhaltigkeit gewichtet werden soll und welche Grenzen Globalisierung hat (Altvater u. Mahnkopf 1997).

Institutionell-strategisch ausgerichtet ist dagegen ein neuerer praxeologischer Diskurs um die Frage, ob eine *globale Weltumwelt-Behörde* aufgebaut werden soll (Biermann 2000; Oberthür 2000). International angelegte Managementanalysen mit politikanalytischen Elementen beziehen sich ferner auf die Komplexe *Umwelt und Sicherheit* (Carius u. Lietzmann 1998), *Klimapolitik und Ozonschutzpolitik* (Oberthür u. Ott 1999), *Tourismuspolitik* (Kahlenborn et al. 2000) und *EU-Osterweiterung*. Politologisch inspirierte Umweltmanagementansätze reichen schließlich bis zu Fragen der *Umweltbildung* (Jörgensen 1998).

2.5 Bilanz und Perspektiven

Welche Bilanz ist nun, nach über einem Viertel Jahrhundert Entwicklungszeit, für die deutsche Umweltpolitologie zu ziehen? Hat sie ihre Forschungs- und Beratungspotentiale angemessen genutzt und so weiterentwickelt, dass sie den anstehenden Herausforderungen gerecht werden kann? Ist sie leistungs- und innovationsfähig?

Die Antwort hierauf muss angesichts des dargestellten Standes der Forschung gemischt ausfallen: Die Umweltpolitologie ist der selbstgestellten Herausforderung, die soziopolitischen Entstehungs- und Erfolgsbedingungen von Umweltpolitik zu bestimmen, zu einem beträchtlichen Teil gerecht geworden. Durch die modellanalytische Diskussion wie durch Vergleichsuntersuchungen und Fallstudien hat sich das Wissen über umweltpolitische Erfolgsbedingungen erweitert. Ernsthafte Bemühungen zur Analyse umweltpolitischer Zielbildung und Planungsprozesse, institutioneller Arrangements, politisch vermittelter Dialog- und Management-Ansätze oder der Diffusion umweltpolitischer Innovation zeigen die Entschlossenheit von Umweltpolitologen zu leistungsfähiger Forschung.

Auch unter begrifflichem und methodischem Gesichtspunkt können Fortschritte festgestellt werden: Während politikwissenschaftliche Stellungnahmen zu Umweltfragen noch in den siebziger Jahren oft lediglich Grundsatzkritik und den Hinweis auf die Wichtigkeit der Thematik transportierten, ist die Umweltpolitologie inzwischen zu einer wissenschaftlichen Teildisziplin geworden, die verschiedentlich Impulse auch in anderen umweltwissenschaftlichen Teildisziplinen und der Politikwissenschaft ausgelöst hat – siehe etwa die umweltpolitologische Katalysatorfunktion in der Internationalen Regimes-Forschung, der vergleichenden Politikanalyse oder der theorierelevanten Einführung des Kapazitätskonzepts. Dass Umweltpolitologen umweltwissenschaftlich von Lokalen Agenda-Institutionen bis zum Sachverständigenrat der Bundesregierung für Umweltfragen wahrgenommen werden, lässt sich als Indikator dieses Erfolgs werten. Hinzu kommt eine praxeologische Erfolgsentwicklung: Die Umweltpolitologie, die schon früh in Einzelfällen Einfluss auf die umweltpolitische Praxis ausüben konnte (siehe etwa die praxisanregende Formel *Ökologische Modernisierung* oder praktische Wirkungen implementationsanalytischer Studien zur Luftreinhaltung in den achtziger Jahren), ist in Form einzelner Forschungsinstitute und Persönlichkeiten zu einer regulär nachgefragten Adresse der Politikberatung geworden.

Diesen mit Ausrufezeichen zu versehenden Erfolgen der Umweltpolitologie stehen allerdings einige *Schwächen und Fragezeichen* gegenüber. So entspricht das von Umweltpolitologen abgedeckte *Themenspektrum* in räumlicher, zeitlicher und sachlicher Hinsicht noch nicht den Potentialen der Disziplin. Die Forschungsagenda der Umweltpolitologie blieb weitgehend an bereits breit bearbeiteten Themen wie der Klimaschutz-Problematik fixiert. Anstatt auch neue sachliche Problembereiche, beispielsweise die Problematik hormonbeeinflussender Stoffe, unter politikwissenschaftlichen Gesichtspunkten zu analysieren, wurde nur zu oft altbekanntes umweltpolitisches Gelände durchpflügt. Anstatt neue räumliche

Problem- und Handlungsstrukturen, beispielsweise Strukturen und Herausforderungen der umweltpolitischen Süd-Süd-Kooperation oder der Weltraum-Ökologie, zu thematisieren, wurden geradezu routinehaft klassische Untersuchungsländer wie die USA, Japan, Holland oder Dänemark untersucht. Anstatt in die weitere Zukunft, etwa an kumulative Umweltbelastungen oder potentielle Veränderungen des Mensch-Umwelt-Verhältnisses im Zusammenhang mit gen- und informationstechnologischen Zukunftsentwicklungen, zu denken, blieb die Umweltpolitologie weitgehend der sicher erscheinenden Analysewelt der jüngeren Vergangenheit verhaftet. Ein deutlicher Schwachpunkt der Umweltpolitologie ist auch ihre bisherige Haltung zu den originären Fragen, die mit den Stichworten *Nachhaltigkeit* und *Zukunftsfähigkeit* verbunden werden. Anstatt energisch nach lohnenden Teilthemen einer politikwissenschaftlichen Analyse zukunftsfähigen Handelns zu suchen, kapriziert sich die etablierte Umweltpolitologie bisher weitgehend auf die ihr wohlvertrauten Termini und Fragestellungen der Umweltpolitikanalyse im eindimensional ökologischen Sinn. Schließlich ist bisher die Dynamik von Modellierungsfortschritten trotz einzelner bemerkenswerter Modellierungsansätze gering geblieben.

Werden diese Schwächen auf ein *Kommunikationsdefizit* unter Umweltpolitologen zurückgeführt, so könnten häufigere Treffen oder die Intensivierung elektronischer Kommunikation Abhilfe schaffen. Hierzu wären die kollektiven Organisationsansätze der Umweltpolitologie, so der Arbeitskreis Umweltpolitik der DVPW, zu stärken und auszubauen. Da über den Arbeitskreis bereits technische Kommunikationsmöglichkeiten angeboten werden, kann ein Mangel an technisch-organisatorischen Kommunikationsvoraussetzungen allerdings nur ein marginaler Grund der aufgetretenen Defizite sein. Tiefliegendere Gründe hierfür dürften in *ökonomischen und institutionellen Kapazitätsschwächen der Disziplin* liegen: Bisher ist es nämlich nicht gelungen, nennenswerte ökonomische Kapazitäten innerhalb der deutschen Politikwissenschaft für die Umweltpolitologie zu sichern: Diejenigen Hochschullehrer, die sich heute als Umweltpolitologen verstehen, sind nicht als solche berufen worden, und reguläre Hochschulstellen für Umweltpolitologen sind nach dem bisherigen Stand der Diskussion kaum absehbar. Die Umweltpolitologie ist daher auf die Umwidmung sonstiger Stellen und vor allem auf Drittmittelfinanzierung angewiesen.

Eine dynamischere Forschungsentwicklung der Umweltpolitologie dürfte zum anderen dadurch behindert werden, dass jüngere, oft besonders innovative Umweltpolitologen/innen nur Qualifikationsvorhaben (Promotion, Habilitation), nicht aber eigenständige Forschungsprojekte zur Förderung bei der Deutschen Forschungsgemeinschaft, der VW-Stiftung und ähnlichen Einrichtungen beantragen können. Dieser institutionell vorgegebene Engpass wird durch die Existenz vereinzelter privatrechtlicher Existenzgründungen nur modifiziert, da entsprechende Unternehmen üblicherweise stark von der Auftragsvergabe durch behördliche Auftraggeber abhängig sind und daher zum großen Teil behördlichen Forschungsvorgaben folgen müssen.

Angesichts dessen ist ein spürbarer Aufschwung der umweltpolitologischen Forschung erst in dem Maße zu erwarten, in dem die ökonomischen und institutionellen Kapazitäten der Umweltpolitologie verbessert werden können. So sollten alle bisher geltenden Beschränkungen der Beantragung von Forschungsmitteln aufgehoben werden, so dass endlich auch jüngere, hochgradig innovative Forscher/innen eine reelle Chance zur selbstbestimmten Forschung erhalten.

Unter *inhaltlichem Gesichtspunkt* hat die Umweltpolitologie voraussichtlich dann die besten Erfolgschancen, wenn sie ihre spezifischen Fragestellungen und Ansätze weiter entwickelt, dabei aber kommunikationsfähig bleibt. Ausgangspunkt dafür können die in den letzten Jahren zustande gekommenen Management-, Vergleichs- und Modellierungsansätze sein. Diese sollten aber über den gegenwärtigen Stand hinaus deutlich weiter entwickelt werden. So empfiehlt es sich, Teilmodelle (Module) der Umweltpolitik für unterschiedliche strukturelle und situative Rahmenbedingungen auszuarbeiten und in unterschiedlichen Kontexten empirisch zu testen.

Vergleichende Umweltpolitik-Analysen sollten neben klassischen Untersuchungsländern wie Schweden, Dänemark, Niederlande, Deutschland und Großbritannien auch andere EU-Länder sowie die Aufnahmekandidaten der EU einbeziehen. Globale Umweltpolitikanalysen sollten – typologisch verfeinert – verstärkt Länder und Regionen einbeziehen, die bisher weniger stark oder gar nicht thematisiert wurden. Schließlich steht angesichts beginnender Verteilungskämpfe um Grenzen der Umweltbelastung des Weltraums die ernsthafte Beschäftigung mit einer politischen Weltraumökologie an. Auch unter zeitlichem Gesichtspunkt empfiehlt sich eine erweiterte Sicht der Umwelt- und Nachhaltigkeitsanalyse. So wäre systematischer zwischen Belastungsformen und Politikansätzen mit Bezug auf viele Generationen und kürzerfristig relevanten Formen des Ressourcenverbrauchs, der Umweltbelastung, aber auch des Umwelthandelns zu unterscheiden.

Grundsätzlich sollte sich die Umweltpolitologie, ausgehend von allen ihr zur Verfügung spezifischen Kenntnissen, der analytischen Herausforderung zukunftsfähiger Entwicklung konstruktiv stellen. Dabei wäre unter dem Gesichtspunkt notwendiger Handlungs- und Entwicklungskapazitäten wie optimaler Strategien gerade nach politisch-prozessualen Bindegliedern zwischen ökonomischer, ökologischer und sozialen Zielen zu forschen. Spezifische Themen unter dieser Fragestellung könnten zum Beispiel die Problematik zukunftsfähigen Welthandels, umweltpolitische Anforderungen und Chancen der informations- und gentechnologischen Entwicklung oder die Formen und Bedingungen zukunftsfähiger Haushalts- und Finanzpolitik sein.

2.6 Reviewfragen

1. Welche Entwicklungsphasen hat die Umweltpolitologie durchlaufen?
2. Wie lassen sich die sieben zentralen theoretischen Ansätze der umweltpolitologischen Forschung zusammenfassend beschreiben?
3. Welchen Nutzen haben ländervergleichende Studien in der Umweltpolitologie?
4. Ist die Umweltpolitologie leistungs- und innovationsfähig?

3 Nationale Umweltplanung

M. Jänicke, H. Jörgens, C. Koll
Forschungsstelle für Umweltpolitik
FU Berlin

3.1 Einführung

Die Umweltpolitik der 90er Jahre ist zunehmend vom Leitbild der Nachhaltigen Entwicklung gekennzeichnet. Damit einher geht ein weitreichender Wandel des umweltpolitischen Steuerungsansatzes. Im Zentrum dieses neuen umweltpolitischen Ansatzes steht eine strategische Umwelt- bzw. Nachhaltigkeitsplanung, wie sie in der Agenda 21 skizziert und in einer Vielzahl von Industrie-, Schwellen- und Entwicklungsländern bereits in der einen oder anderen Form praktiziert wird. Wichtige Elemente strategischer Umwelt- und Nachhaltigkeitsplanung sind die Formulierung langfristiger umweltpolitischer Prioritäten und Ziele sowie konkreter Handlungsvorgaben auf breiter gesellschaftlicher Basis, eine stärkere Einbeziehung von Zielgruppen in die Programmimplementation und die möglichst weitgehende Integration umweltpolitischer Aspekte in die Entscheidungsfindung anderer, umweltrelevanter Ressorts.

Im Folgenden wird dieser vergleichsweise neue umweltpolitische Ansatz sowohl auf der Basis der einschlägigen Fachliteratur als auch unter Berücksichtigung aktueller empirischer Daten umfassend behandelt. Der Beitrag beginnt mit einer Darstellung des Konzepts der strategischen Umweltplanung. Die potentiellen Stärken dieser neuen umweltpolitischen Steuerungsstrategie sind Gegenstand des zweiten Abschnittes. Eine zentrale Innovation strategischer Umweltplanung betrifft die Erstellung eines Systems differenzierter und aufeinander abgestimmter Umweltziele. Hierauf wird im dritten Teil eingegangen. Der vierte Teil skizziert auf empirischer Grundlage die internationale Diffusion strategischer Umweltplanung. Anhand von vier ausgewählten Beispielen nationaler Umweltplanung werden im fünften Teil unterschiedliche Varianten strategischer Umweltplanung näher dargestellt. Abschließend wird eine vorläufige Bilanz nationaler Umweltpläne und Nachhaltigkeitsstrategien in OECD-Ländern gezogen.

3.2 Zum Konzept der strategischen Umweltplanung

Nationale Umweltpläne und Nachhaltigkeitsstrategien sind mit breiter gesellschaftlicher Partizipation erstellte staatliche Handlungsentwürfe, die medien- und sektorübergreifend langfristige Ziele und Prioritäten einer wirtschafts- und sozialverträglichen Umweltpolitik festlegen (Jänicke 2000; Meadowcroft 2000).[3] Sie sind insbesondere durch folgende Merkmale charakterisiert (Dalal-Clayton 1996; OECD 1995; RRI 1996; Jänicke et al. 1997; Jänicke u. Jörgens 1997; SRU 1998a):

- umfassende Darstellung der vorrangigen, bislang ungelösten Umweltprobleme (Problemorientierung),
- einvernehmliche Formulierung langfristiger Umweltziele (Konsens),
- Ableitung dieser Ziele vom Prinzip der Nachhaltigkeit,
- Einbeziehung wichtiger Politikfelder in die Zielformulierung und in die Implementation (intersektorale Politikintegration),
- Beteiligung der Verursacher an der Problemlösung (Zielgruppen- bzw. Verursacherbezug),
- Beteiligung wichtiger gesellschaftlicher Interessen an der Ziel- und Willensbildung (Partizipation),
- Berichtspflichten über die Umsetzung der Ziele (Monitoring).

In der Literatur wie auch bei den existierenden nationalen Strategien variieren die Begriffe „Umweltplan", „Nachhaltigkeitsstrategie" und „Nachhaltigkeitsplan". Allen Strategien ist gemein, dass sie sich auf das Leitbild der nachhaltigen Entwicklung beziehen. Konkrete Ziele und Maßnahmen betreffen jedoch vorrangig den Umweltbereich. So zeigen international vergleichende Untersuchungen zu Umweltplänen und Nachhaltigkeitsstrategien, dass auch diejenigen Ansätze, die sich ausdrücklich auf das Leitbild der nachhaltigen Entwicklung berufen, soziale und wirtschaftliche Aspekte nur am Rande thematisieren (Meadowcroft 2000; Dalal-Clayton 1996, S. 17). Im Folgenden werden daher die Begriffe Umweltplanung und Nachhaltigkeitsstrategie weitgehend synonym verwendet.

3.3 Potentiale der Umweltplanung

Eine Reihe von Argumenten können für den oben knapp skizzierten Wandel hin zu einer strategischen Umwelt- oder Nachhaltigkeitsplanung angeführt werden. Unterscheiden lassen sich insbesondere politische und ökonomische Vorteile dieses Politikansatzes.

---

[3] Zu den unterschiedlichen Charakteristika von traditioneller sektoraler Umweltplanung, die bereits zu Beginn der siebziger Jahre entstand, und des neuen Typs der nationalen, integrativen Umweltplanung s. z. B. Tabelle in Selman 1999, S. 168.

3.3.1 Umweltplanung als Modernisierung von Umweltpolitik

Im Hinblick auf eine Effektivierung der Formulierung und Implementation von Umweltpolitik durch strategische Umweltplanung können insbesondere die folgenden Aspekte hervorgehoben werden:

3.3.1.1 Planung für ungelöste Umweltprobleme

Die Umweltpolitik der siebziger und achtziger Jahre konnte in den Bereichen der Luftreinhaltung, des Gewässerschutzes oder der Abfallbeseitigung beachtliche Erfolge vorweisen. Diese Erfolge wurden insbesondere dort erzielt, wo eine hohe Wahrnehmbarkeit der Umweltbelastungen mit dem Vorhandensein nachgeschalteter Umweltschutztechnologien (*End-of-pipe*-Technologien) einher ging. Im Gegensatz hierzu stellen die vorrangigen Umweltprobleme der neunziger Jahre – Bodenbelastungen, Flächenverbrauch, Artenverlust, Ressourcenverbrauch oder Klimawandel – einen neuen Problemtypus dar. Als „schleichende" Umweltverschlechterungen sind sie nur selten direkt wahrnehmbar, ihre politische Thematisierung kann daher nur in geringem Maße auf die Ressource der öffentlichen Mobilisierung zählen. Darüber hinaus stößt das bisher in der Umweltpolitik vorherrschende ordnungsrechtliche Instrumentarium an seine Grenzen, da technische Standardlösungen – wie beispielsweise Kläranlagen oder Rauchgasentschwefelungs-Technologien – für diesen neuen Problemtypus oft nicht vorhanden sind.

Nationale Umweltpläne und Nachhaltigkeitsstrategien tragen dieser veränderten Problemstruktur in mehrfacher Hinsicht Rechnung. Durch eine umfassende, wissenschaftlich basierte Darstellung der wichtigsten bisher ungelösten Umweltprobleme können sie zur Stärkung des öffentlichen Problembewusstseins beitragen (Jänicke et al. 2000, S. 224 f.). Die auf einer solchen Problemanalyse basierende Formulierung konkreter Umweltqualitätsziele verdeutlicht dann das – trotz bisheriger Umweltschutzerfolge – weiterhin enorme Aufgabenpensum einer am Leitbild der nachhaltigen Entwicklung ausgerichteten Umweltpolitik. Schließlich kann eine flexible, die Verursacher von Umweltproblemen stärker einbeziehende Politikimplementation dort neue Potentiale erschließen, wo die Möglichkeiten der bisherigen, eher präskriptiven und technikorientierten, Politik begrenzt sind. Die im Klimaschutz vielfach zu beobachtende Kombination einer Formulierung quantifizierter, mit konkreten Umsetzungsfristen versehener CO_2-Reduktionsziele mit einem flexiblen, auf Selbstverpflichtungen oder ökonomische Anreize setzenden Instrumentarium, sind ein Beispiel für diesen neuen Steuerungsansatz.

3.3.1.2 Einbindung gesellschaftlicher Akteure

Die Einbindung der wichtigsten Verursacher von Umweltproblemen in den Politikprozess ist in vielerlei Hinsicht von Bedeutung. So trägt der Widerstand gut organisierter und einflussreicher Verursachergruppen zu einem nicht unerheblichen Teil zum Misserfolg bei der Lösung von Umweltproblemen, vor allem des oben skizzierten neuen Problemtyps, bei. Insbesondere den Sektoren Verkehr, Energie, Bau und Landwirtschaft, die starken Rückhalt in der Wirtschaft sowie in Politik und Gesellschaft haben, ist es bisher vielfach gelungen, öffentliche Forderungen nach Umweltschutz zu ignorieren oder abzuwehren (Jänicke u. Weidner 1997). Die in einer Reihe von Umweltplänen verankerte Zielgruppenpolitik (*target-group policy*) ermöglicht es, wichtige Verursachergruppen schon frühzeitig in den Politikprozess einzubinden und auf diese Weise spätere Entscheidungsblockaden zu antizipieren. Zugleich kann durch eine solche Verursacherorientierung der spezifische Sachverstand der Zielgruppen im Hinblick auf Problemlösungen stärker genutzt werden. Durch eine stärkere Beteiligung weiterer gesellschaftlicher Akteure – etwa von Umwelt- oder Verbraucherverbänden – sowohl bei der Planerstellung als auch im Zuge der Umsetzung können darüber hinaus strategische Allianzen für schwer zu realisierende Langzeitziele gebildet werden.

3.3.1.3 Umweltplanung und Zielbildung als Verwaltungsentlastung

Umweltpläne und Nachhaltigkeitsstrategien können zur Entlastung der nationalstaatlichen Umweltpolitik beitragen. Durch die vorrangige Konzentration auf eine einvernehmliche Zielbildung auf breiter Basis kann die Umsetzung der Zielvorgaben in stärkerem Maße auf nichtstaatliche Akteure delegiert werden. In solchen Fällen kann sich der Staat auf flankierende Maßnahmen und die Rolle einer „letzten Instanz" beschränken, die erst eingreift, wenn dezentrale Maßnahmen sich als unzulänglich erweisen. Dezentrale Aktionen etwa von Unternehmen oder Wirtschaftssektoren bedürfen aber notwendig der nationalen Umweltplanung als Orientierungsrahmen.

Darüber hinaus ist der Ansatz der strategischen Umweltplanung häufig direkt mit Verwaltungsreformen verbunden. Interessanterweise haben insbesondere solche Länder eine nationale Umwelt- oder Nachhaltigkeitsstrategie eingeführt, die bereits bei der Reform des öffentlichen Sektors hervorgetreten sind. Dies gilt nicht nur für die skandinavischen Länder (siehe Beispiel) und die Niederlande, sondern auch für Neuseeland, Großbritannien und Japan. Darüber hinaus ging in Neuseeland und den Niederlanden der Prozess der Planerstellung mit einer Zusammenlegung einer Vielzahl zuvor weitgehend unkoordinierter umweltrelevanter Einzelgesetze einher. Auch im Rahmen des neuen schwedischen Ansatzes wurden etwa 15 verschiedene Umweltgesetze und mehr als 50 umweltrelevante Bestimmungen aus anderen Gesetzen in einem neuen Umweltgesetzbuch zusammengefasst (Kahn 2000, S. 36).

3.3.1.4 Planungsintegration und Policy Monitoring

Industrieländer wie die Bundesrepublik verfügen über ein breites Spektrum umweltrelevanter Fachplanungen (Buchwald u. Engelhardt 1996): Beispiele sind die Raumordnung, Landschaftsplanungen, Abfallwirtschafts- und Entsorgungspläne,

Gewässerschutz- und Luftreinhaltepläne oder auch das Klimaprogramm der Bundesregierung. Diese Pläne sind untereinander meist unkoordiniert. Ein Gesamtrahmen, der die Beiträge der einzelnen Bereiche zur Erreichung übergreifender umweltpolitischer Ziele zusammenfasst und aufeinander abstimmt, fehlt weitestgehend. Eine integrative, an prioritären Umweltproblemen und -zielen orientierte Sicht, wie sie im Konzept der Umwelt- und Nachhaltigkeitsplanung angelegt ist, könnte vor diesem Hintergrund nicht zuletzt zu einer sachlichen Aufwertung der einzelnen Fachplanungen beitragen.

Das „Gedächtnis" der Politik für die von ihr selbst formulierten Ziele ist oft so kurz wie die Transparenz der Zielformulierung gering ist. So sind die in Industrieländern bereits vorhandenen Zielvorgaben selbst in den zuständigen Verwaltungen häufig nicht bekannt und müssen dort mitunter durch spezielle Gutachten ermittelt werden. Umweltpläne hingegen ermöglichen einen systematischen und leicht zugänglichen Überblick über die in Gesetzen, Verordnungen, Programmen oder internationalen Abkommenden festgelegten Umweltziele. Auf diese Weise bilden Umweltpläne eine wichtige Informationsbasis für ein breites Spektrum von politischen und gesellschaftlichen Akteuren. Beispiele für diese Funktion strategischer Umweltplanung sind etwa der österreichische Nationale Umweltplan oder der japanische Umweltrahmenplan (Payer 1997; Foljanty-Jost 2000).

Ein weiterer Vorteil von strategischer Umweltplanung ist die Integration umweltpolitischer Aspekte in andere Politikbereiche. Dadurch können umweltpolitische Belange bereits in der Phase der Politikformulierung und Entscheidungsfindung anderer Ressorts Berücksichtigung finden.

3.3.2 Umweltplanung als ökonomische Modernisierung

Neben den politischen können jedoch auch eine Reihe ökonomischer Gründe für eine strategische Langzeitplanung angeführt werden. In Vorreiterländern wird der strategischen Umweltplanung ausdrücklich eine ökonomische Modernisierungsfunktion zur Steigerung der Wettbewerbsfähigkeit des Landes beigemessen. Dabei geht es vor allem um kostendämpfende Effizienzsteigerungen beim betrieblichen Ressourceneinsatz, um neue Märkte und *first-mover-advantages* für umweltfreundliche Technologien und Produkte.[4] Verwiesen sei in diesem Zusammenhang auf die neuere umweltökonomische Innovationsdebatte (vgl. Porter u. van der Linde 1995; Wallace 1995; Klemmer 1999). Nationale Umweltplanung kann hier insbesondere folgende Funktionen haben:

- Mittel- und langfristige Zielvorgaben verringern das Investitionsrisiko für umweltbewusste Pionierunternehmen. Umweltpolitik wird hierdurch für Investoren langfristig kalkulierbar, unberechenbare Veränderungen der politischen

[4] Die Tatsache, dass in der Bundesrepublik knapp 40 % der Betriebskosten eines Industrieunternehmens Materialkosten (und nur 25 % Personalkosten) sind, zeigt, welche Bedeutung z. B. allein Effizienzsteigerungen beim betrieblichen Ressourceneinsatz haben können. Wachsende Märkte für „grüne" Produkte – bei weltweiter Ausbreitung des Eco-Labelling – wären ein anderes Beispiel.

Prioritäten und Zielsetzungen, z. B. als Folge veränderter Parteienkonstellationen, werden weniger wahrscheinlich.
- Eine zielorientierte Umweltplanung kann zusätzliche Anreize, Orientierungen, Informationen und Kommunikationskanäle für technische Innovateure schaffen.
- Sie ist häufig eine systematische Strategie, Ressourcen effizient und kostengünstig zu verwenden, Umweltkosten zu senken und auf dem Weltmarkt der durch Umweltkennzeichen und ähnliches geprägten Produkte Wettbewerbsvorteile zu erringen.
- Sie ist – im Gegensatz zur eher reaktiven Umweltpolitik der 70er und 80er Jahre – in der Lage, langfristig unvermeidbare Umweltschutzmaßnahmen wirtschaftsverträglich zu gestalten oder mit wirtschaftlichen Vorteilen zu verbinden (sog. *Win-win*-Lösungen).
- Sie kann eine vorsorgliche Strategie gegen ökologische Standortverschlechterungen, unbezahlbare Schadenskosten (Beispiel Altlasten) und folgenschwere Verluste an Naturkapital sein.

Langfristige und zielorientierte Umweltplanung ist schließlich eine stetige Erinnerung der eigenen Volkswirtschaft an die einfache Erkenntnis, dass eine wachsende Weltbevölkerung und eine ständig steigende globale Güterproduktion bei begrenzter ökologischer Belastbarkeit der Erde zu ständig höheren Umweltansprüchen an Technologien und Produkte führen müssen. Wer die Globalisierung der Wirtschaft zum Argument gegen den Umweltschutz macht, übersieht das Ausmaß, in dem der Weltmarkt heute bereits durch eine Globalisierung des Umweltschutzes bestimmt wird (Jänicke u. Weidner 1997).

3.4 Die Bedeutung von Umweltzielen

Einer der wichtigsten Aspekte nationaler Umweltplanung ist die Formulierung mittel- und langfristiger Umweltziele, die das Leitbild der Nachhaltigkeit konkretisieren und operationalisieren. Klar formulierte Umweltziele stellen eine zentrale Erfolgsbedingung von Umweltplänen dar (Jänicke et al. 1997, S. 7). Zwar nimmt die Auseinandersetzung mit Zielen in der Literatur zur Umweltplanung bisher einen vergleichsweise geringen Stellenwert ein.[5] In der allgemeinen umweltpolitischen Diskussion wird dem Steuerungspotential von Zielen jedoch zunehmend mehr Beachtung geschenkt. Erkenntnisse dieser Diskussion sind durchaus auch für die Frage der Zielfindung in nationalen Nachhaltigkeitsstrategien von Bedeutung.

---

[5] Dem Planungsprozess wird tendenziell mehr Bedeutung beigemessen als dem Inhalt eines Planes (s. z. B. OECD 1995, S. 39).

3.4.1 Stand der Forschung und Zielkategorien

Die Zieldiskussion in der international vergleichenden Literatur zur Umweltplanung beschäftigt sich vorwiegend mit der Konkretisierung und den Funktionen von Zielen. Der Grad der Konkretisierung von Umweltzielen wird in der Regel daran gemessen, ob ein Plan quantitative, überprüfbare Ziele enthält (Jänicke u. Jörgens 1998; RRI 1996). Auch die OECD (1995) sieht die Notwendigkeit von konkreten Zielen und zeitlichen Vorgaben, von klaren „*performance goals and (if possible) quantitative targets*" und nennt die Existenz von quantitativen Zielen als Erfolgsbedingung für Umweltpläne. Ein Plan sollte allerdings auch nicht überfrachtet sein mit quantitativen Zielen; in jedem Fall müssen aber die wesentlichen Indikatoren, die Fortschritte messbar machen, mit Zielen versehen sein (OECD 1995). Auch eine zeitliche Konkretisierung der Ziele wird als notwendig erachtet. Die meisten Autoren nennen hier lang- und kurzfristige Ziele. So unterscheiden Carew-Reid et al. (1994) zwischen Umweltzielen, die eine langfristige Vision nachhaltiger Entwicklung entwerfen (Zeitrahmen: z. B. 20 Jahre oder eine Generation), und Zielen, die auf einen kurzfristigen Zeithorizont zugeschnitten, aber mit der langfristigen Vision konsistent sind (Carew-Reid et al. 1994, Ch. 7, S. 6; vgl. RRI 1996). Die OECD (1995) fordert kurz-, mittel- und langfristige Ziele mit jeweils klar formuliertem Zeitrahmen, um die Ziele operationalisierbar zu machen (OECD 1995, S. 52). Weitere wichtige in der Literatur formulierte Ansprüche sind die Reichweite der Ziele (sind sie relevant oder bleiben wichtige Umweltprobleme unerwähnt?) und die Frage danach, ob die Ziele realistisch sind (haben sie eine wissenschaftliche Basis und wurden die Kapazitäten der Zielgruppen und des politischen Systems bei der Zielsetzung berücksichtigt?).

Zwei wichtige Funktionen von Zielen sind es, die Richtung zu weisen sowie Fort- oder Rückschritte sichtbar zu machen: Sie können klar beschreiben, was wann erreicht werden soll, und senden die Botschaft der Notwendigkeit von Veränderungen an Akteure (OECD 1995, S. 52, Carew-Reid et al. 1994, Ch. 7, S. 6).

In Deutschland wird die Diskussion um Umweltziele vorrangig um Definitionen unterschiedlicher Zielarten sowie um den Aufbau eines stringenten hierarchischen Zielsystems, bei dem sich untergeordnete Ziele von übergeordneten ableiten lassen, geführt. Diese Diskussion ist zunächst unabhängig von nationaler Umweltplanung, wird aber auch auf sie bezogen. Zusammenfassend kann man folgende Unterscheidungen von Zielarten nennen, die miteinander in folgendem Verhältnis stehen (z. B. SRU[6] 1998a, Tz.9, S. 66, 74; UBA 1996; UBA 1997, S. 325 f.; Sandhövel 1996; Ewers u. Rennings 1996; Huckestein 1999):

- *Leitbilder* sind übergeordnete, sehr allgemeine Zielvorstellungen (z. B. Nachhaltigkeit), aus denen sich
- *Leitlinien* ableiten lassen. Allgemein akzeptierte Leitlinien zur Umsetzung des Leitbildes der Nachhaltigkeit sind (vgl. SRU 1994, Tz. 136; BMU 1998a, S. 9;

[6] Der SRU beschäftigt sich mit dem Thema Umweltziele vorrangig in seinem 1994er und 1998er Gutachten (SRU 1994, Tz. 129-142; SRU 1998a, Tz. 1-12, 59-141, 234-248).

Pearce u. Turner 1990, S. 43 ff.; Ewers u. Rennings 1996, S. 423; Sandhövel 1996, S. 76):

1. Die Nutzung einer erneuerbaren Ressource darf ihre Regenerationsfähigkeit (oder, bei nichterneuerbaren Ressourcen, die Rate der Substitution ihrer Funktionen) nicht übersteigen,
2. die Emission von Stoffen darf nicht größer sein als die Aufnahmefähigkeit der Umweltmedien,
3. Gefahren und nicht vertretbare Risiken für die menschliche Gesundheit durch anthropogene Einwirkungen müssen vermieden werden.

- *Umweltqualitätsziele* werden aus Leitbildern und Leitlinien abgeleitet und geben angestrebte Zustände oder Eigenschaften (Sollwerte) der Umweltgüte an. Die gewünschten Umweltzustände sollten räumlich, zeitlich und sachlich konkretisiert sein und die maximalen Belastungen angeben. Sie beziehen sich auf ein Objekt, ein Medium oder ein System und sind eher langfristig formuliert. (*Beispiel: Erreichung der biologischen Gewässergüteklasse II für alle Gewässer*).
- *Umwelthandlungsziele* sollen die Schritte angeben, die zur Erreichung der Umweltqualitätsziele notwendig sind. Sie sind auf Belastungsfaktoren (Belastungsminderung) ausgerichtet und somit aktivitätsorientiert. Sie sollten quantifiziert und messbar sein. (*Beispiel: Reduktion der CO_2-Emissionen*).
- *Umweltstandards* können sowohl aus Umweltqualitäts- als auch aus Umwelthandlungszielen abgeleitet werden. Es handelt sich um quantitative Festlegungen zur Begrenzung anthropogener Einwirkungen auf den Menschen oder die Umwelt (Immissions- oder Emissionswerte) mit unterschiedlicher Rechtsverbindlichkeit, z. B. als Bestandteil von Verordnungen.

Betrachtet man die konkrete Ausgestaltung ausgewählter Umweltpläne, so ist der niederländische NEPP hervorzuheben, der den genannten Ansprüchen an Ziele im Vergleich mit anderen nationalen Umweltplänen am ehesten gerecht wird. Das übergeordnete Ziel, innerhalb einer Generation eine nachhaltige Gesellschaft zu werden, wird auf vielen weiteren Zielstufen konkretisiert. Der NEPP beinhaltet sowohl Umweltqualitätsziele für prioritäre Umweltprobleme als auch Handlungsziele für die wichtigsten Verursachergruppen. Beide Zielarten sind häufig für den kurz-, mittel- und langfristigen Zeithorizont formuliert (Koll 1998).

3.4.2 Ziele als Steuerungsinstrument der Umweltpolitik und -planung

Der hohe Stellenwert von Zielen in der gegenwärtigen umweltpolitischen Diskussion ist zurückzuführen auf die Erkenntnis der Begrenztheit einer Umweltpolitik, die sich mit überwiegend emissions- und technikbezogenen Lösungen und Standards eher am technisch Machbaren als an zu erstrebenden Umweltqualitätszuständen orientiert. Diese Erkenntnis lässt die Tatsache, dass viele Erfolgsfälle nationaler Umweltplanung im Zusammenhang mit einer Reform des öffentlichen Sektors stehen, die sich meist an *New Public Management*-Ansätzen orientiert, verständlicher erscheinen. Damit ist eine breite strukturelle Reformtendenz hin zu ziel- und ergebnisorientierten Ansätzen der Politik, zum Konzept des *Management by Objectives*, gemeint (Naschold u. Bogumil 1998; Damkowski u. Precht 1995), die zwar nicht nur die Umweltpolitik betreffen, in ihr aber ein häufig bevorzugtes Anwendungsfeld des Reformkonzeptes gefunden haben. Dabei geht es u. a. um den Übergang von einer Politiksteuerung über allgemeine Regeln hin zu einer Politiksteuerung durch zielorientiertes Management: Anstatt wie bisher vage Ziele mit konkreten Instrumenten (beispielsweise Vorschriften nach dem Stand der Technik) umzusetzen, versucht die strategische Umweltplanung, konkrete und quantifizierte Ziele mit flexiblen Mitteln zu erreichen (Jänicke 2000; Fiorino 2000). Der schwedische Ansatz, bei dem konkrete Umweltziele vom Umweltamt in Zusammenarbeit mit einer Reihe von sektoralen Fachbehörden entwickelt und vom Parlament verabschiedet werden und gleichzeitig die für die Umsetzung der jeweiligen Umweltziele zuständigen Fachressorts benannt werden (Kahn 2000), bietet ein anschauliches Beispiel für diesen Zusammenhang.

Allerdings markieren Umweltziele nicht nur den Handlungsrahmen für staatliche Akteure. Sie setzen gleichermaßen Signal- und Orientierungswerte für Selbstregulierung und Selbstverantwortung von Wirtschaft und Gesellschaft (Rehbinder 1997, S. 316). Ein einvernehmlicher Zielbildungsprozess unter Beteiligung eines breiten Spektrums problemrelevanter gesellschaftlicher Akteure kann darüber hinaus die Bedingungen für die Umsetzung der Ziele (und somit von Umweltpolitik) entscheidend verbessern (u. a. Lehrack 2000; Bulmahn 2000; Schuster 2000), da alle an der Zielformulierung Beteiligten auch Verantwortung für die Umsetzung tragen. Darüber hinaus kann die Motivation der Verursacher erhöht werden, da sie mehr Freiheiten haben, ihren Weg zur Zielerreichung zu wählen. Zudem kann man davon ausgehen, dass die Adressaten die volkswirtschaftlich kostengünstigste Methode suchen werden, um angestrebte Umweltziele zu erreichen (Masberg 1992, S. 21). Die breite Kommunikation über Ziele, die Verstetigung und bessere Kalkulierbarkeit der Umweltpolitik, die kooperative Suche nach ökonomisch vorteilhaften, innovativen Lösungen sind Aspekte einer umweltpolitischen Neuorientierung mit Hilfe von Zielen. In diesem Zusammenhang kann man beispielsweise in der japanischen Tradition der Langfristplanung nahezu aller Politikbereiche auch eine generelle Erhöhung der Strategiefähigkeit des politischen Systems erkennen, die sich insbesondere am Beispiel der Erfolge japanischer Industriepolitik eindrucksvoll illustrieren lässt (Foljanty-Jost 2000).

Ein weiteres Merkmal des Einsatzes von Zielen im Rahmen von Reformbestrebungen auch im Umweltpolitikbereich ist eine klare Zuordnung von Zielen an Adressaten: an den Verwaltungsapparat, aber auch an andere Akteure, insbesondere an die Verursacher von Umweltproblemen. Im Sinne einer Auftraggeber-Auftragnehmer-Konstellation (*principal-agent*) werden somit die Verantwortlichkeiten (gemeinsame Zielsetzung unter Federführung der Politik und unter Einbeziehung der Wissenschaft, Umsetzung auf Seiten der Verwaltung oder anderer Adressaten, Kontrolle auf Seiten der Politik) klar zugewiesen.

Eine an konkreten, quantifizierten und zeitlich befristeten Zielen ausgerichtete Umweltpolitik leistet weiterhin einen wichtigen Beitrag zur Konkretisierung und Vergegenwärtigung des – angesichts eines fragmentierten und oft nur an Einzelproblemen ansetzenden Umweltschutzes – in den Hintergrund getretenen eigentlichen umweltpolitischen Aufgabenpensums (Jänicke 2000). Darüber hinaus verbessern klare Zielvorgaben die Überprüfbarkeit der umweltpolitischen Performanz (Wiggering u. Sandhövel 2000). Schließlich wird die potentiell innovationsfördernde Wirkung dieses Ansatzes von vielen Autoren betont (z. B. Fiorino 2000; Bulmahn 2000, Hustedt 2000, Fülgraff 2000; Masberg 1992).

Um die hier knapp skizzierten Potentiale einer zielorientierten Steuerungsstrategie zu realisieren, müssen Umweltpläne und Nachhaltigkeitsstrategien Prioritäten setzen (z. B. Jänicke et al. 2000, S. 225 f.). Eine realistische Fokussierung der Aufgabenstellung ist von entscheidender Bedeutung, da sonst die Gefahr einer Überforderung und Überschätzung der Strategiefähigkeit des politischen Systems besteht. Die oben skizzierte Problemdiagnose (Abschnitt 3.3.1.1) kann hierzu den wissenschaftlichen Input liefern. Problemdarstellung und Zielsystem sollten daher eng aufeinander bezogen sein. Darüber hinaus sollten sie als Orientierungsrahmen für dezentrale Aktivitäten (lokale, regionale Agenda 21, freiwillige Vereinbarungen) dienen. Die Beiträge der wichtigsten Verursachersektoren an den dargestellten zentralen Problemfeldern sollten in einer Matrixstruktur verdeutlicht werden. Insbesondere die Umweltpläne der Niederlande und der Europäischen Union stellen systematisch den Bezug zwischen Umweltproblemen und -zielen und Verursachern her (Luitwieler 2000; Donkers 2000). In den Niederlanden setzen die Umweltpläne den Orientierungsrahmen für Aktionspläne auf kommunaler und Provinzebene sowie für freiwillige Vereinbarungen mit den Verursacherindustrien (*covenants*) (Luitwieler 2000, vgl. Abschnitt 3.6.1).

Nachteile bestehen v.a. darin, dass Umweltziele schwieriger als beispielsweise Ge- und Verbote unmittelbar auf die kleinste verursachende Einheit, also die unmittelbare Emissionsquelle, ausrichtbar sind (Koll 1998, S. 17).[7] Zudem gilt es, die Schwachstellen früherer Planungserfahrungen zu berücksichtigen, die darin bestanden, dass man sich zu stark auf die Zielformulierung konzentrierte und die Frage der Umsetzung vernachlässigte, was zu Vollzugsdefiziten führte (Rehbinder 1996, S. 2). Umweltziele müssen demnach mit Umsetzungsstrategien und konkreten Maßnahmen verknüpft sein (Bunke et al. 1995, S. 4; vgl. SRU 1998a, Tz. 75).[8] Vereinzelt wird darauf verwiesen, dass der Einsatz von konsensual erarbeiteten Zielen vor allem der Konfliktvermeidung diene: Partizipation und Kooperation, Diskussionsforen, runde Tische, Verbandsbeteiligung und freiwillige Selbstverpflichtungen als Bestandteil der jüngeren Umweltpolitik würden eine umweltpolitische Trendwende hin zu mehr Umweltqualitäts- und Handlungszielen befördern. Dies wiederum basiere auf der Logik einer stimmenmaximierenden und konfliktminimierenden Politik (Huckestein 1999, S. 56). Auf weitere Nachteile und Gefahren, die insbesondere von Rechts- und Wirtschaftswissenschaft thematisiert werden, wird im folgenden Abschnitt eingegangen.

---

[7] Auf die generelle Problematik „Qualitätsorientierung versus Emissionsorientierung" wird im folgenden Abschnitt näher eingegangen.

[8] An dieser Stelle sei erwähnt, dass auf nationaler und internationaler Ebene bereits eine Vielzahl von Zielsetzungen existiert (Aufzählung s. Huckestein 1999, S. 49 ff.; und Bunke et al. 1995, Anhang A), die jedoch häufig die genannten Umsetzungsschwächen aufweisen. Zudem ist der Adressat der Ziele ausschließlich der jeweilige Staatsapparat bzw. die Staatengemeinschaft der UN / EU).

3.4.3 Unterschiedliche disziplinäre Betrachtungsweisen

Neben der Politikwissenschaft setzen sich auch die Rechts- und Wirtschaftswissenschaften mit Funktionen sowie Vor- und Nachteilen von Umweltzielen auseinander.

RechtswissenschaftlerInnen, die sich nicht speziell auf Ziele in nationalen Umweltplänen beziehen, sondern auf Umweltziele allgemein, nehmen tendenziell eine eher skeptische Haltung gegenüber deren Einsatz ein. So besteht beispielsweise die Befürchtung, die Umweltzieldebatte diene dazu, das Umweltrecht auszuhebeln und zu ersetzen durch Selbstverpflichtungen der Wirtschaft oder durch Übereinkünfte zwischen Staat und Verursachern (Köck 1997a, S. 80; Jänicke et al. 1999, S. 198). (Verfassungs-) Rechtliche Bedenken bestehen zudem hinsichtlich zielgruppenspezifischer Handlungsziele: Wenn der Staat einer Zielgruppe besonders hohe Opfer, die nicht im Verhältnis zu ihrem Anteil an der Verursachung des Problems stehen, abverlangt, weil er andere Zielgruppen nicht adressieren kann oder will, oder wenn es zu Wettbewerbsverzerrungen zwischen Zielgruppen kommt, kann dies verfassungsrechtlich fragwürdig sein (Rehbinder 1997, S. 326).

Ein gewichtiger Kritikpunkt bezieht sich auf die Debatte um Umwelt*qualitäts*ziele. Bislang wurde in Deutschland vorwiegend das Minimierungskonzept angewandt, welches eine Emissionsbegrenzung an der Quelle gemäß den technischen Möglichkeiten („Stand der Technik") der Vermeidung von Umweltbelastungen vorsieht. Das Minimierungskonzept hat den Vorteil, dass das, was technisch machbar ist, einfacher zu bestimmen ist als die notwendige ökologische Qualität, die, wenn überhaupt, nur äußerst schwer zu definieren ist, da immer auch kognitive Unsicherheiten und Wertungskonflikte bestehen (Rehbinder 1997, S. 320). Hier besteht (nicht nur in der Rechtswissenschaft, vgl. Huckestein 1999, S. 48) die Befürchtung, dass das Minimierungskonzept zugunsten des Qualitätskonzeptes aufgegeben werden könnte, bei dem Emissionsgrenzen je nach Einzelfall, lokalen bzw. regionalen Besonderheiten und anhand qualitätsbezogener Immissionswerte festgelegt werden müssen. Es sei zu befürchten, dass qualitätsorientierte Regelungen es ermöglichen könnten, bislang unbelastete Räume bis an die zulässige Grenze „aufzufüllen", obwohl es den Emittenten technisch zuzumuten wäre, sich um eine stärkere Vermeidung zu bemühen (Köck 1997a, S. 80, 83; Huckestein 1999, S. 53). Dies könne sich zudem negativ auf die Verteilungsgerechtigkeit auswirken, da zukünftige Emittenten nicht mehr an der Umweltnutzung teilhaben können, wenn das Nutzungspotential bereits bis an die Grenze ausgeschöpft wurde. Diese Bedenken führten in der Rechtswissenschaft bis zu der Auffassung, dass Umweltqualitätsziele das Vorsorgeprinzip schwächten (Rehbinder 1997, S. 316; vgl. Huckestein 1999, S. 53). Diese Argumentation zeigt, dass das Vorsorgeprinzip oftmals gleichgesetzt wird mit dem Minimierungsprinzip.[9] Viele Autoren kommen zu dem Schluss, dass das Qualitäts- und das Minimierungskonzept miteinander verbunden werden sollten, um sich gegenseitig abzusichern (z. B. Köck 1997a,

[9] Ein ähnlicher Streit um Qualitäts- versus Minimierungskonzept wurde bereits in den siebziger Jahren um die Gewässerschutzpolitik der EG geführt (Huckestein 1999, S. 53).

S. 86). Ähnlich argumentiert auch der Rat von Sachverständigen für Umweltfragen: Eine qualitätsorientierte, an den Imperativen der Nachhaltigkeit orientierte Strategie kann heute noch keine Lockerung der an technischen Möglichkeiten orientierten Emissionsstandards bedeuten, sondern wird im Gegenteil zumeist eine Verschärfung beinhalten (SRU 1994, Tz. 140).

Vorteilhaft erscheint aus Sicht der Rechtswissenschaft hingegen, dass durch Umweltziele die Zeitdimension, also die Notwendigkeit einer langfristigen Nachhaltigkeit der Umweltpolitik, stärker in Erinnerung gerufen werden kann (Köck 1997a, S. 81; Rehbinder 1997, S. 316). Ziele können und dürfen das Umweltrecht nicht ersetzen, sie können aber eine sinnvolle Ergänzung zum Umweltrecht darstellen.

Damit verbunden ist die Frage der Verrechtlichung von Umweltzielen. Sie sei hier nur stichwortartig angerissen: Gegen eine Verrechtlichung spricht, dass flexibles Reagieren auf veränderte Umstände (in Form einer Modifizierung oder Verschärfung der Ziele) möglich bleiben muss, sowie, dass sie bei den Adressaten Widerstände auslösen könnte und somit die gewünschten Lenkungseffekte ausbleiben. Dafür spricht der Wunsch, Zielfestlegungen Verbindlichkeit zu geben und (insbesondere bei zielgruppenbezogenen Handlungszielen) im Falle der Nichterfüllung rechtlich legitimiert andere Maßnahmen greifen zu lassen (vgl. Rehbinder 1997, S. 317). Ein Beispiel bieten die niederländischen *covenants*, die Bestandteil der nationalen Umweltplanung sind: Hierbei handelt es sich um freiwillige Vereinbarungen mit den Verursacherindustrien, die privatrechtliche Verträge darstellen (van den Broek 1999).

Die Wirtschaftswissenschaften konzentrieren sich in der umweltpolitischen Diskussion sehr stark auf Analyse und Diskussion von Instrumenten: Das Thema Umweltziele spielt eher am Rande eine Rolle (Huckestein 1999, S. 43 f.; Ewers u. Rennings 1996, S. 414). Hinsichtlich der Instrumentierung von Politik herrscht in der Umweltökonomie Einigkeit darüber, dass marktwirtschaftliche Instrumente gegenüber ordnungsrechtlichen zu bevorzugen sind (s. z. B. Masberg 1992, S. 21). Streitgegenstand ist vor allem die Frage, wie der Markt gestaltet sein müsste bzw. in welchem Ausmaß staatliche Rahmenbedingungen gegeben sein müssen, um ökologisch sinnvolles Verhalten zu stimulieren. Es geht – sehr kurz gefasst – im Wesentlichen darum, wie *erstens* eine Internalisierung bislang externer (Umweltschadens-) Kosten möglich ist. Eine Auseinandersetzung mit Zielen findet hier insofern statt, als dass durch eine Monetarisierung der Umweltschädigung im Rahmen einer Kosten-Nutzen-Analyse das Ausmaß von Umweltschutz errechnet wird, bei dem die Gesellschaft ihre Wohlfahrt maximiert (z. B. Masberg 1992, S. 21) – es findet also eine Abwägung zwischen Kosten von Umweltschutzmaßnahmen und dem volkswirtschaftlichen Nutzen statt (Ewers u. Rennings 1996, S. 414). *Zweitens* stellt sich die Frage, ob und in welcher Form die Zuweisung von Eigentumsrechten (*property rights*) an der Natur einen ausreichenden Schutzstandard gewährleisten kann. Diese Position betrachtet das Setzen von Zielen durch die Politik als überflüssig, da sie durch Verhandlungen der um Umweltressourcen konkurrierenden Gruppen ausgehandelt werden können (Huckestein 1999, S. 43 f.). *Drittens* gibt es Überlegungen, ob stärkere staatliche Eingriffe notwendig sind. Erwähnenswert für diese Position ist hier vor allem das Konzept des Ökologischen Rahmens. Er soll in Form von gesetzlichen Auflagen und konkreten Zielwerten extern vorgegeben werden und den Markt vergleichbar umspannen wie der soziale Rahmen (Ewers u. Rennings 1996, S. 413). Die von der Politik in diesem Falle festzulegenden Umweltqualitätsziele sind nach Ansicht der Ökonomie nicht objektiv ermittelbar, sondern stellen immer einen politischen Kompromiss aus der Abwägung ökonomischer und ökologischer Aspekte dar, was weiteres Konfliktpotential in sich bergen kann (Masberg 1992, S. 21).

3.5 Die internationale Diffusion von Umweltplanung

Seit Ende der achtziger Jahre hat sich der Ansatz der strategischen und langfristigen Umweltplanung sehr schnell in Industrieländern, aber auch in Schwellen- und Entwicklungsländern ausgebreitet (Abbildung 3.1). Innerhalb eines Jahrzehnts seit Verabschiedung der ersten nationalen Umweltpläne (Dänemark 1988, Niederlande 1989) haben mehr als zwei Drittel aller OECD-Länder (Tabelle 3.1) und ca. 80 % der Industrieländer nationale Umweltpläne oder Nachhaltigkeitsstrategien verabschiedet. Dasselbe gilt für viele Schwellen- und Entwicklungsländer (Kern et al. 1999; OECD 1995; Jänicke u. Jörgens 1998; Jörgens 1996; REC 1995; Dalal-Clayton 1996a; Jänicke et al. 1997; Johnson 1997; Lampietti u. Subramanian 1995; Schemmel 1998). Dabei ist anzunehmen, dass der Ansatz der strategischen Umwelt- und Nachhaltigkeitsplanung keinesfalls eine kurzfristige Modeerscheinung ist. Zehn Jahre nach Verabschiedung des ersten und vielbeachteten niederländischen Umweltplans hat dieser Ansatz vielmehr einen festen Platz auf den nationalen und internationalen umweltpolitischen Agenden eingenommen.

Tabelle 3.1. Umweltpläne und Nachhaltigkeitsstrategien in OECD-Ländern (Quelle: Jänicke u. Jörgens 1998)

Land	Umweltplan	Jahr
Dänemark	- Action Plan for Environment and Development	1988
	- Nature and Environment Policy	1995
	- Sektorale Aktionspläne, z. B. Energy 21	1990/96
Norwegen	- Report to the Storting No. 46 (Environment and Development)	1988/89
	- Report to the Storting No. 13	1992/93
	- Report to the Storting No. 58 (Environmental Policy for a Sustainable Development)	1996/97
Schweden	- Environmental Bill	1988
	- Environmental Bill	1991
	- Environmental Policy for a Sustainable Sweden (Swedish Government's Bill 1997/98)	1998
Niederlande	- National Environmental Policy Plan (NEPP)	1989
	- NEPP plus	1990
	- NEPP 2	1993
	- NEPP 3	1997

Fortsetzung Tabelle 3.1:

Finnland	- Sustainable Development and Finland	1990
	- Finnish Action for Sustainable Development	1995
	- Finnish Government Programme for Sustainable Development	1998
Frankreich	- Plan National Pour L'Environnement/Plan Vert	1990
Großbritannien	- This Common Inheritance: Britain's Environmental Strategy	1990
	- Sustainable Development: The UK Strategy	1994
	- A Better Quality of Life: A Strategy for Sustainable Development for the United Kingdom	1999
Kanada	- Canada's Green Plan for a Healthy Environment	1990
	- Guide to Green Government	1995
Mexiko	- 1990-1994 National Programme for Environmental Protection	1990
	- 1995-2000 National Programme for Environmental Protection	1995
Neuseeland	- Resource Management Act	1991
	- Environment 2010 Strategy	1995
Polen	- National Environmental Policy (NEP)	1991
	- National Environmental Action Programme	1995
Südkorea	- Medium-Term Plan for the Environment 1992-1996	1991
	- Korea's Green Vision 21	1995
	- Medium-Term Plan for the Environment 1997-2001	1997
Tschechische Republik	- Rainbow Programme	1991
	- State Environment Policy	1995
Ungarn	- Short and Medium-Term Environmental Action Plan	1991
	- Hungarian Environmental Protection Programme	1997
Australien	- National Strategy for Ecologically Sustainable Development	1992
Europäische Union	- Fifth Environmental Action Programme „Towards Sustainability"	1992
Japan	- The Basic Environment Plan	1995
	- Action Plan for Greening Government Operations	1995
	- Fortschreibung des Basic Environment Plan (vorbereitet)	2000
Österreich	- Nationaler Umweltplan (NUP)	1995
Portugal	- National Environmental Policy Plan	1995
Irland	- Sustainable Development – A Strategy for Ireland	1997
Schweiz	- Strategie Nachhaltiger Entwicklung in der Schweiz	1997
Luxembourg	- Plan National pour un Développement Durable	1998

Auch in jüngster Zeit wächst die Gruppe der Länder, die eine offizielle Nachhaltigkeitsstrategie entwickelt haben, noch an. Innerhalb der Gruppe der OECD-Länder kamen alleine in den Jahren 1997 und 1998 Irland (1997), die Schweiz (1997) und Luxemburg (1998) hinzu. Darüber hinaus haben mit den Niederlanden, Schweden, Norwegen, Dänemark, Finnland, Großbritannien, Kanada, Südkorea und Mexiko eine beachtliche Anzahl von OECD-Ländern bereits einen oder mehrere Folgepläne vorgelegt (Jänicke et al. 2000). In Japan ist eine Fortschreibung des Umweltrahmenplans von 1995 bereits in Bearbeitung (Foljanty-Jost 2000) und auch in Deutschland werden nach der Veröffentlichung des Entwurfs eines umweltpolitischen Schwerpunktprogramms durch die konservativ-liberale Regierung im Jahre 1998 (BMU 1998a) nun erste Schritte zur Erarbeitung einer nationalen Nachhaltigkeitsstrategie auch unter der neuen Regierung eingeleitet.

Die rasche internationale Verbreitung dieses Ansatzes wurde einerseits von einzelnen, international stark beachteten Umweltplänen mit Modellcharakter getragen (z. B. niederländischer Umweltpolitikplan, Fünftes Umweltaktionsprogramm der EU). Andererseits spielte auch eine Reihe internationaler Organisationen eine zentrale Rolle bei der internationalen Diffusion von Umweltplanung. So untersucht die OECD in ihren Umweltprüfberichten (*Environmental Performance Reviews*) inzwischen auch explizit das Vorhandensein eines umfassenden Umweltplans. Das 1992 gegründete *International Network of Green Planners* (INGP) hat als Diskussionsforum und Informationsbörse die Verbreitung strategischer Umweltplanung entscheidend mitgeprägt. Der weltweit vertretene Umweltverband *Friends of the Earth* hat für die Niederlande und die Europäische Union eigene Entwürfe einer Nachhaltigkeitsstrategie vorgelegt. Darüber hinaus bildet das Fünfte Umweltaktionsprogramm der Europäischen Union, das insbesondere die Integration umweltpolitischer Aspekte in alle Fachpolitiken betont, einen Orientierungsrahmen für die strategische Umweltpolitik der EU-Mitgliedsstaaten (Jänicke et al. 2000). Schließlich spielt die Weltbank eine bedeutende Rolle für die Diffusion von Umweltplanung in Schwellen- und Entwicklungsländern, indem sie die Existenz nationaler Umwelt- und Nachhaltigkeitsprogramme zur Bedingung für die Kreditvergabe macht (so wurde z. B. ein eigener Leitfaden für die Erstellung von Nachhaltigkeitsstrategien herausgegeben). Die OECD und das *Regional Environmental Center for Central and Eastern Europe* unterstützen darüber hinaus die Verbreitung von Umweltaktionsprogrammen in Mittel- und Osteuropa (OECD 1998; REC 1995).

Auf der Umweltkonferenz der Vereinten Nationen 1992 in Rio de Janeiro und verstärkt auf der Nachfolgekonferenz 1997 in New York wurde die Formulierung nationaler Umweltpläne und Nachhaltigkeitsstrategien zum verbindlichen Ziel der internationalen Umweltpolitik erklärt. So fordert die Agenda 21 das von fast allen Teilnehmerstaaten der Rio-Konferenz unterzeichnete Aktionsprogramm:

> Governments (...) should adopt a national strategy for sustainable development. (...) National Plans for Sustainable Development (...) should build upon and harmonize the various sectoral, economic, social and environmental policies and plans that are operating in the country. (Kap. 8.7)

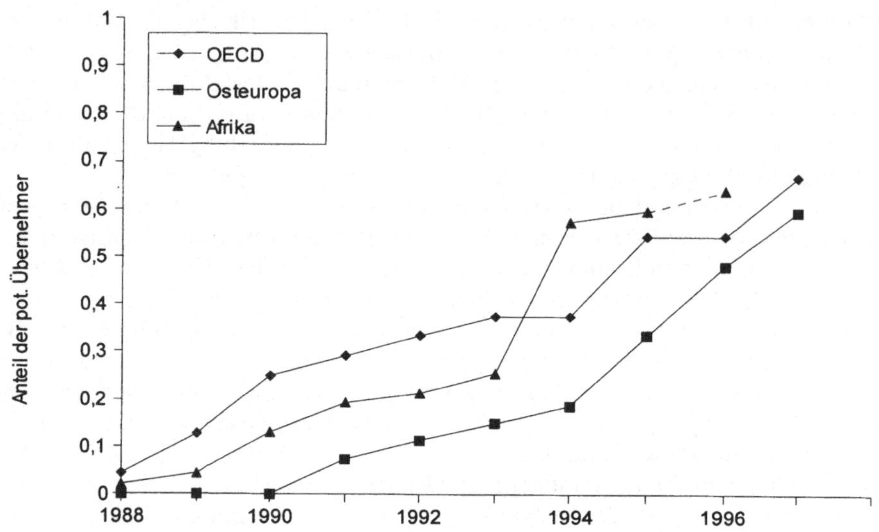

Abb. 3.1. Diffusion nationaler Umweltpläne in OECD-Ländern, in Osteuropa und in Afrika (Quelle: Kern et al. 1999, S. 22)
OECD ohne osteuropäische Mitgliedstaaten (Polen, Ungarn, Tschechische Republik), Mexiko und die Türkei. *Osteuropa* einschließlich aller Nachfolgestaaten der Sowjetunion. *Afrika* ohne Nordafrika (Marokko, Algerien, Tunesien, Libyen, Ägypten, Sudan).

Diese Strategien müssen bis spätestens 2002 vorgelegt werden. Aufgrund dieser Verpflichtung haben auch Nachzüglerstaaten, wie etwa Deutschland, mit der Erstellung nationaler Umweltpläne und Nachhaltigkeitsstrategien begonnen.

3.6 Vier ausgewählte Fälle nationaler Umweltplanung

Umweltpläne und Nachhaltigkeitsstrategien folgen keinem einheitlichen Modell. Vielmehr weisen die bisherigen Reaktionen der Länder auf die in der Agenda 21 festgelegte Vorgabe zur Formulierung einer nationalen Nachhaltigkeitsstrategie erhebliche Unterschiede auf (s. z. B. OECD 1995). Viele der Umweltpläne sind nur ein erster Schritt hin zu einer verbindlichen Programmierung der Politik auf langfristige Umweltziele und beschränken sich weitgehend auf die Darstellung von Problemen und Optionen sowie auf eher allgemeine Absichtserklärungen. Andere Pläne zeichnen sich durch eine differenzierte Zielstruktur und wirksame Mechanismen der Umsetzung aus. Aber auch hier sind die Ansätze oft sehr unterschiedlich. Im Folgenden werden vier Beispiele entwickelter Umweltplanung näher dargestellt.

3.6.1 Niederlande

Der Nationale Umweltpolitikplan der Niederlande von 1989 (NEPP), der 1993 und 1997 fortgeschrieben wurde (NEPP 2 und 3), ist nach Zielqualität, Verbindlichkeit und gesellschaftlicher Beteiligung der weitestgehende. In vieler Hinsicht ist er international zum Modell geworden. Die wissenschaftlichen Grundlagen – insbesondere eine umfassende und differenzierte Problemdiagnose (Jörgens 1997) – wurden insbesondere vom nationalen Umweltamt (RIVM) erarbeitet. Der Plan selbst, der 200 meist quantifizierte und zeitlich befristete Einzelziele enthält, wurde vom Umweltministerium konzipiert und durchgesetzt und von wichtigen Ministerien (Verkehr, Wirtschaft, Landwirtschaft) mitgetragen. Die Zielbildung erfolgte konsensual und auf breiter gesellschaftlicher Basis. Die Fortschreibung des Umweltplans im vierjährigen Rhythmus ist seit 1993 gesetzlich vorgeschrieben (Luitwieler 2000).

Eine Besonderheit des niederländischen Planungssystems ist die Unterfütterung durch ein System freiwilliger, aber verbindlicher und zu überprüfender Vereinbarungen (*covenants*) mit einer Reihe von Industrieverbänden. Diese Zielgruppen- oder Verursacherorientierung beruht auf einer im Umweltplan angelegten systematischen Zuordnung von Verursachergruppen zu den von ihnen maßgeblich mitverursachten Umweltproblemen in Form einer „Matrix-Struktur" (Jänicke 1997, S. 17). Im Jahr 1998 waren bereits rund 90 % des industriellen Energieverbrauchs und 80 % der thematisierten industriellen Umweltbelastungen in Form von verursacherbezogenen Selbstverpflichtungen geregelt (Luitwieler 2000).

Ersten Evaluationen zufolge wurden die Ziele der niederländischen Umweltplanung in einer Reihe von Fällen erreicht oder sogar übererfüllt. Die deutlichen Misserfolge insbesondere bei CO_2- und NO_x- Emissionen, die zu großen Teilen auf den Verkehrssektor zurückzuführen sind, zeigen aber auch die Grenzen einer streng verursacherorientierten Steuerungsstrategie auf. So hat sich der Zielgruppenansatz insbesondere bei homogenen und gut organisierten Akteursgruppen mit einer geringen Mitgliederzahl bewährt. Bei diffusen Belastungsstrukturen und einer Vielzahl von schwach organisierten Verursachern (wie beispielsweise Verkehr) bringt diese Strategie jedoch keine Vorteile. Der 1997 verabschiedete dritte Nationale Umweltplan setzt in diesen Bereichen daher stärker auf generelle Maßnahmen, insbesondere ökonomische Instrumente. Die ökologische Steuerreform soll weiter ausgebaut und die Energie-/CO_2-Steuer erhöht werden (Jänicke 2000, S. 7 f.).

3.6.2 Schweden

Schweden verfolgt einen Ansatz, der nicht ausdrücklich als Planung bezeichnet wird. Im Kern handelt es sich um die parlamentarische Verabschiedung umfangreicher Umweltzielkataloge, die zuvor von der schwedischen Umweltbehörde und dem Umweltministerium vorbereitet wurden. Bereits in den Jahren 1988 und 1991 wurden in Form solcher programmatischer Parlamentsbeschlüsse insgesamt etwa

170 Umweltziele verabschiedet.[10] 1993 wurde vom Umweltamt darüber hinaus die Strategie „Enviro '93" vorgelegt, die sektorale Programme für wichtige Verursacherbereiche (Industrie, Energie, Verkehr, Land- und Forstwirtschaft, Wasserver- und -entsorgung) enthielt (Jänicke 2000, S. 8).

1998 verabschiedete das Parlament zusammen mit einem neuen Umweltgesetzbuch (*Environmental Code*) eine neue übergreifende Zielstruktur (*Environmental Bill*). Danach soll Schweden *„a driving force and a model of ecologically sustainable development"* werden, zudem soll die Umweltstrategie auch zur Modernisierung der Industrie beitragen.[11]

Mit dem *Environmental Bill* wird ein neuer Mechanismus für die Ausarbeitung und Umsetzung von Umweltzielen auf der Basis eines Systems des *„management by objective and results"* formuliert: Die Regierung hat nun das Recht, (regionale oder nationale) Umweltqualitätsziele festzulegen, die von den zuständigen Zentral- oder Kommunalbehörden umgesetzt werden müssen (Regeringskansliet 1998). Ein mehrstufiges Verfahren unter Beteiligung mehrerer Ebenen und Institutionen sieht die Entwicklung von Umweltqualitätszielen, Umwelthandlungszielen und Maßnahmen vor. In einem ersten Schritt wurden insgesamt 15 übergreifende Qualitätsziele formuliert, die zukünftige Prioritäten des Umweltschutzes beschreiben. Natur- und Gesundheitsschutz spielen hier eine herausragende Rolle. Auf Basis dieser Qualitätsziele soll bis Ende des Jahres 2000 ein detaillierter Ziel- und Handlungskatalog mit dem Zeithorizont einer Generation (2020-25) vorgelegt werden. Diese Vorgaben sollen als „Orientierungswerte (*benchmarks*) für die Definition von Zielen und Strategien in unterschiedlichen Sektoren und auf unterschiedlichen Handlungsebenen" verstanden werden (Ministry of the Environment 1998, S. 3; Kahn 2000; Lundqvist 1999). Zusätzlich sind zur Verbesserung der Rahmenbedingungen flankierende Maßnahmen in der Finanz-, Technologie- und Wirtschaftspolitik vorgesehen. So sind sogar im Haushaltsgesetz von 1998 Umweltziele vorgesehen, zudem wurde – neben dem Ausbau der ökologischen Steuerreform und einem umfangreichen Forschungsprogramm – ein ökologisches Investitionsprogramm in Milliardenhöhe vorgelegt (Ministry of the Environment 1998; Kahn 2000).

Die schwedische Vorgehensweise adressiert vorrangig den Staatsapparat und definiert dessen Aufgaben und Zuständigkeiten. Darüber hinaus setzt sie aber auch auf einen dialogischen Politikstil und eine systematische Einbeziehung der Zielgruppen setzt. Die Beteiligung der Zielgruppen erfolgt dabei vor allem über die jeweils zuständigen Fachministerien und Zentralbehörden (z. B. Verkehr, Wirtschaft, Energie, Landwirtschaft).

---

[10] Hierbei handelt es sich häufig um quantitative, mit einem Zeitrahmen versehene Vorgaben. Von den 170 Zielen wurden 67 evaluiert: 46 wurden erreicht bzw. haben eine entsprechend günstige Prognose.

[11] Als Orientierungsziel wird u. a. vorgegeben, innerhalb einer Generation den Faktor 10 beim Ressourcenverbrauch anzustreben.

3.6.3 Dänemark

Dänemark hat schon 1988 – in Anlehnung an den Brundtland-Report (WCED 1987) – einen Aktionsplan für Umwelt und Entwicklung vorgelegt, der u. a. das ehrgeizige Ziel einer Reduzierung der CO_2-Emissionen um 20 % bis zum Jahre 2005 (gegenüber 1988) vorsah. Die Stärke des dänischen Ansatzes der strategischen Umweltplanung sind aber sektorale Fachpläne, etwa die Pläne für die aquatische Umwelt, für Landwirtschaft, Transport und besonders die Energieplanung. Seit der Ölkrise liegt bereits der vierte Energieplan vor („Energy 21", 1996). Dieser enthält Ziele für den Zeitraum bis 2030, u. a. quantitative Vorgaben für die Senkung des Energieverbrauchs (um 15 %), die Halbierung der CO_2-Emissionen und die Steigerung des Anteils erneuerbarer Energien auf ein Drittel (Danish Energy Agency 1996). Eine umfassende „strategische Umweltplanung" wurde 1993 beschlossen. Dieser Beschluss fiel mit einer weitgehenden ökologischen Steuerreform zusammen, die stark auf Umweltabgaben setzt und die Energiesteuern planmäßig bis 2000 erhöht. Das integrierte Planungssystem befindet sich noch im Aufbau, ist aber bereits im Umweltbericht von 1995 konzipiert (Ministry of Environment and Energy 1995). Ziel ist u. a. eine „Minimierung des Ressourcenverbrauchs" und eine systematische Integration von Umweltkriterien in die wirtschaftsnahen Politikfelder, insbesondere Energie, Transport und Landwirtschaft. Ähnlich den Niederlanden hat Dänemark eine vorwiegend auf Verursachersektoren bezogene, breit akzeptierte, dialogförmige, und auf technische Innovationen gerichtete Form der Umweltplanung (Jänicke 2000, S. 9).

3.6.4 Südkorea

Die Besonderheit der südkoreanischen Umweltplanung besteht (neben einem hohen Grad an Zielgenauigkeit, Verbindlichkeit, Integration und Institutionalisierung) darin, dass sie aus einer erfolgreichen indikativen Wirtschaftsplanung abgeleitet wurde. An oberster Stelle steht die in der Verfassung verankerte Landesentwicklungsplanung: Alle 10 Jahre wird ein umfassender Gesamtlandesentwicklungsplan aufgestellt. Die Planung des Landes ist, im Gegensatz z. B. zu den Niederlanden, wo eine Zielgruppenorientierung im Vordergrund steht, eher durch klassisches Staatshandeln geprägt, das erst in den letzten Jahren in stärkerem Maße auf partizipative Mechanismen setzt. Partizipationsmöglichkeiten bei der Zielformulierung sind jedoch sehr viel schwächer angelegt als beispielsweise im niederländischen Fall. Auch der Nachhaltigkeitsaspekt wurde z.T. nachträglich in die Planungen integriert (Lee 2000, S. 72).

Der erste Umweltplan wurde 1987 im Zuge erster Demokratisierungsbemühungen verabschiedet. Seit 1990 sind lang- und mittelfristige Umweltpläne (für einen Zeitraum von 10 bzw. 4 Jahren) gesetzlich vorgeschrieben, die im Mittelpunkt des komplexen Systems der Umweltplanung stehen. Neben diesen medienübergreifenden Planungen findet sich noch eine Reihe weiterer rechtsverbindlicher medialer Umweltpläne auf der gesamtstaatlichen Ebene (Lee 2000, S. 72, 85).

Die Langfristplanung enthält Ziele, Strategien, Prognosen, Maßnahmen, Zeit- und Finanzierungsplanung. Die rund 30 quantitativen Zielvorgaben des 1995 beschlossenen Zehnjahresplanes („Korea's Green Vision 21") betreffen die zentralen Umweltbereiche Luft, Wasser, Abfall, Naturschutz und Chemikalien. Sie wurden vom Umweltministerium und seiner Planungsabteilung in z. T. konfliktreichen Abstimmungsprozessen mit anderen Zentralverwaltungen durchgesetzt. Der Plan enthält das Ziel, Korea zum „*Model Country of Environmental Preservation*" zu machen, zudem sieht er einen forcierten Wandel hin zu ökologisch angepassten, exportfähigen Technologien vor (Jänicke u. Jörgens 1998; Jänicke 2000, S. 9).

Die Mittelfristplanung soll die Langfristplanung konkretisieren (Lee 2000, S. 72, 74). Das Umweltbasisgesetz von 1990 sieht für die Mittelfristplanung detaillierte gesetzliche Regelungen vor. Eine Budgetierung der Zielvorgaben (bis hin zur Planung der Herkunft der Mittel) ist ebenso vorgeschrieben wie eine regelmäßige Evaluation der Zielerreichung. Der Mittelfristplan von 1991 sollte die schwerwiegendsten Umweltprobleme schnell lösen, z. B. die Luftbelastung in den Großstädten. Der zweite Mittelfristplan (1997-2001) enthält rund 130 Vorhaben zur Erfüllung von drei Hauptzielen (Lee 2000, S. 75):

1. Erhöhung der Lebensqualität durch Sicherung des Umweltgrundrechts,
2. Erhaltung und Wiederherstellung der natürlichen Ökosysteme,
3. Verstärkung der Rolle des globalen Umweltschutzes.

Um diese drei Ziele zu erfüllen, wurden 11 Handlungsbereiche für den Mittelfristplan identifiziert, für die ihrerseits Ziele und Maßnahmen genannt werden. Neben politischen Maßnahmen zur Umsetzung der formulierten Umweltziele enthält der Plan dabei auch eine Reihe von Investitionsprojekten.

Die Zielerreichung wird jährlich bilanziert. Evaluationen der Mittelfristplanung fallen bislang insgesamt positiv aus: In einigen Bereichen (Naturschutz, Meeresschutz und Trinkwassermanagement) wurden die Ziele sogar übererfüllt, anspruchsvolle Ziele in anderen Bereichen wurden jedoch nicht vollständig erreicht.

Wie in anderen Ländern spielen sektorale Fachpläne (insbesondere für Abfall, Energie und Raumordnung) eine ergänzende Rolle. In der Energieplanung geht es beispielsweise um eine Rückführung der energieintensiven Industrien, diese müssen zudem Fünfjahrespläne für die Steigerung der Energieeffizienz vorlegen.

3.7 Erste Evaluation bestehender Umweltpläne in OECD-Ländern

Bei der Beurteilung vorhandener Umweltpläne im OECD-Bereich muss zunächst gesagt werden, dass die Mehrheit der vorhandenen Umweltpläne überwiegend allgemein formulierte erste Schritte in Richtung einer integrierten, zielorientierten Politikformulierung darstellen. Dabei werden in der Literatur vor allem die folgenden Defizite gesehen (Jänicke et al. 2000, S. 229; SRU 1998a; Carius u. Sandhövel 1998; Dalal-Clayton 1996; OECD 1995):

- Die Umweltziele sind in den meisten Umweltplänen nur vage formuliert, d. h. sie sind nicht quantifiziert und enthalten oft keine konkreten Umsetzungsfristen.
- Die daraus resultierende Unverbindlichkeit der Umweltziele erschwert die Überprüfbarkeit der Zielerreichung. Eine effektive ziel- und ergebnisorientierte Steuerung ist auf dieser Grundlage kaum möglich.
- In vielen Fällen ist eine Beschränkung auf herkömmliche Umweltschutzziele, die mit dem existierenden umweltpolitischen Instrumentarium bereits relativ erfolgreich umgesetzt werden konnten, zu beobachten. Auf die Thematisierung und Bearbeitung der bisher weitgehend ungelösten „schleichenden" Umweltprobleme wurde hingegen oft verzichtet.
- Die häufig unzulängliche gesellschaftliche Verankerung der Umweltplanung macht sie anfällig für Veränderungen der politischen Prioritäten – etwa im Falle eines Regierungswechsels.
- Generell ist eine schwache Institutionalisierung des Planungsprozesses zu beobachten. Das Spektrum reicht hier von der fehlenden gesetzlichen Basis bis zur unzulänglichen personellen und finanziellen Ausstattung der federführenden Umweltbehörden.
- Es ist generell ein geringer Grad der Politikintegration, d. h. der Berücksichtigung von Umweltzielen in den Entscheidungen anderer, umweltrelevanter Ressorts, festzustellen.
- Kritisiert wird an einzelnen Planungsvorgängen auch das Fehlen öffentlicher Beteiligung (z. B. im Falle Österreichs und der Schweiz).

Positiv zeigt der internationale Vergleich eine Reihe bemerkenswerter Strategieansätze. Dabei zeichnen sich die am weitesten entwickelten Nachhaltigkeitsstrategien – neben der Formulierung konkreter Umweltziele – insbesondere durch folgende Faktoren aus:

- eine Institutionalisierung der Nachhaltigkeitsstrategie durch Schaffung einer gesetzlichen Basis und Stärkung der federführenden Umweltministerien und Umweltämter (Niederlande, Schweden, Dänemark und Südkorea, ferner Japan und Neuseeland),
- eine Konzentration auf die Umweltaspekte der Nachhaltigkeit bei starker Betonung ihrer Sozial- und Wirtschaftsverträglichkeit bzw. ihrer Vorteile (*Win-win-*Konstellationen) für andere Politikfelder,
- eine Einbindung der Umweltplanung in die Reform des öffentlichen Sektors (Niederlande, skandinavische Länder; erwähnt seien auch Kanada, Großbritannien, Neuseeland und Japan),
- eine parallel zum Umweltplan eingeführte ökologische Finanzreform (Niederlande, skandinavische Länder) bzw. ein umfassendes System von Umweltabgaben (Südkorea),
- einen stark technologie- und forschungspolitisch orientierten Ansatz der Umweltpolitik (Niederlande, skandinavische Länder, Südkorea) und
- deren Verstärkung durch ökologische Investitionsprogramme (Schweden, Niederlande, Südkorea).

Über die Umweltwirkungen des neuen strategischen Ansatzes der Umweltplanung kann noch nicht viel ausgesagt werden, da die Laufzeit der nationalen Umweltpläne bzw. Nachhaltigkeitsstrategien im Regelfall noch kurz ist. Insgesamt befindet sich die Strategieentwicklung noch in einer Phase des *learning by doing*. Das heißt aber nicht, dass Wirkungen nicht zu verzeichnen sind; die Tatsache, dass beispielsweise Verkehrs- oder Agrarministerien an der Entwicklung langfristiger Umweltziele beteiligt sind, dass ein breiter Diskurs hierzu stattfindet und eine internationale Berichtspflicht besteht, verändert auch die Handlungsbedingungen der Umweltpolitik. Ursache und Wirkung sind in einem so komplexen und dynamischen Handlungsgefüge allerdings kaum präzise zu messen (Jänicke 2000, S. 10).

Erste Monitoringergebnisse des Planungsprozesses liegen für die Niederlande, Schweden, Norwegen und Südkorea, aber auch für Großbritannien vor. Dabei ist zu beobachten, dass eine Reihe von Zielen (insbesondere in den Bereichen der Luftreinhaltung und des Gewässerschutzes, aber auch bei der Ausweisung von Naturschutzgebieten) erreicht oder übererfüllt wurden. Andere Ziele, hervorzuheben ist hier der Bereich des Klimaschutzes, und – auf der problemorientierten Seite – die Ziele für den Verkehrssektor, wurden jedoch regelmäßig nicht erreicht. Dies überrascht nicht: Zu den Unsicherheiten von Planung gehören sowohl die unerwarteten Dynamisierungseffekte einer Maßnahme als auch die nicht vorhersehbaren oder unzureichend antizipierten Widerstände (Restriktionen). Das interessanteste Ergebnis aus der Evaluation der Ziele in den vier Ländern könnte sein, dass bei der großen Mehrzahl der Ziele Trendverbesserungen gegenüber dem vorherigen Zustand zu verzeichnen sind, und zwar auch dann, wenn ehrgeizige Zielvorgaben nicht erfüllt wurden (Jänicke u. Jörgens 1998, S. 45 ff.). Da in den vier Fällen die Umweltplanung einen hohen institutionellen Verbindlichkeitsgrad hat und die Zielvorgaben ein breites Spektrum von Folgemaßnahmen auslösten, kann auch unterstellt werden, dass die eingetretenen Trendverbesserungen wesentlich dem gewählten strategischen Ansatz zuzuschreiben sind. Für die Niederlande, Schweden, Südkorea und Dänemark lassen sich auch Innovationseffekte auf die Planungsaktivität zurückführen, ohne dass dazu systematische Aussagen gemacht werden können.

Die Evaluation von Vorreiterfällen zeigt also auch, wie offen diese gesamte Thematik noch ist, welche Unzulänglichkeiten zu überwinden sind und welcher Informationsbedarf generell noch besteht (Jänicke et al. 2000). Derzeit unternimmt z. B. eine Reihe von OECD-Ländern und auch die EU den Versuch, die mit Nachhaltigkeitsstrategien verbundene schwierige Integration von Umweltzielen in die übrigen Ressorts mit neuen Mechanismen zu verwirklichen. Hier ist also ein institutioneller Innovationsprozess im Gange, der noch lange andauern wird.

3.8 Reviewfragen

1. Welches sind die zentralen Konzepte der strategischen Umweltplanung?
2. Wie lassen sich die Stärken dieser Konzepte beschreiben?
3. Welche unterschiedlichen Positionen bestehen in der Diskussion um Umweltziele?
4. Wie ist die internationale Diffusion von Umweltplanung zu erklären?
5. Wie beurteilen Sie die vorhandenen Umweltpläne in den OECD Ländern?

4 Umweltsoziologie

O. Renn
Akademie für Technikfolgenabschätzung
in Baden-Württemberg

4.1 Einführung

Auf den ersten Blick ist Umweltforschung ein Aufgabenbereich der Naturwissenschaften. Schon das Wort „Umwelt" deutet darauf hin, daß es hierbei einerseits um die Erforschung der natürlichen Voraussetzungen des sozialen (vor allem wirtschaftlichen) Handelns geht, andererseits um die Folgen menschlichen Verhaltens auf naturgegebene Kreisläufe, Prozesse und Strukturen, einschließlich biologischer Veränderungen im Menschen selbst (etwa Gesundheitsbelastungen). Zweifelsohne sind beide Aspekte der Umweltforschung eng und unabdingbar mit Erkenntnissen aus den Naturwissenschaften, vor allem der Ökologie, verbunden. Denn ohne hinreichende Kenntnis der Struktur und Dynamik natürlicher Systeme bleibt die Abschätzung der anthropogenen Folgen auf diese Systeme spekulativ.

Gleichzeitig ist aber evident, daß jede Wechselwirkung zwei Seiten umfaßt: Bezogen auf Umweltforschung sind dies die Aktionen der Menschen und die Reaktionen der natürlichen Umwelt sowie die vielfältige Rückkopplungsschleifen zwischen diesen beiden Bereichen (Renn 1996). Erst die Existenz menschlicher Verhaltensweisen, deren Folgen signifikante Veränderungen oder Anpassungsprozesse der natürlichen Umwelt auslösen, bildet die Voraussetzung dafür, daß überhaupt erklärungs- und prognosebedürftige Veränderungen der Umwelt eintreten (Adam 1998, S. 24). Darüber hinaus reagieren Menschen auf die von ihnen ausgelösten Veränderungen mit einem mehr oder weniger angepaßten Satz von Handlungsweisen, die wiederum Rückwirkungen auf die natürliche Umwelt haben. Diese fortlaufenden Prozesse von wahrgenommenen Umweltveränderungen, Handlungsreaktionen und erneuter Wahrnehmung der jeweiligen Umweltfolgen sind die wesentlichen Gegenstände, mit denen sich die Umweltsoziologie beschäftigt.

Subjektive Wahrnehmungen von Individuen, Gruppen und Kulturen sind dabei das Bindeglied zwischen der objektiven Welt und der Gedankenwelt der Betrachter. Jeder Betrachter nimmt nur selektiv Reize aus der Außenwelt wahr und verarbeitet diese zu einem sinnvollen Ganzen. Gleiche Phänomene können daher von unterschiedlichen Menschen höchst unterschiedlich wahrgenommen und bewertet werden[12]. Ob man etwa in einem Wald ein Areal von Nutzholz sieht oder eher eine

[12] Vgl. Wissenschaftlicher Beirat der Bundesregierung „Globale Umweltveränderungen" 1993, S. 180.

Anlage zum Wandern und Schauen, hängt wesentlich von der jeweiligen Wahrnehmung und den eigenen Wertvorstellungen ab.

Den Sozial- und Kulturwissenschaften kommt zunächst in diesem Wechselspiel von menschlichem Handeln und naturgegebenen Reaktionen die Aufgabe zu, die zugrundeliegende Wertbasis der stets notwendigen Wahrnehmungs- und Abwägungsprozesse zu reflektieren sowie die organisatorische und institutionelle Praxis der Interventionen in Natur und Umwelt zu analysieren und kritisch zu durchleuchten. Darüber hinaus sollen die Sozialwissenschaften ähnlich einem Katalysator, der ja bestimmte chemische Reaktionen beschleunigt, Hilfestellung leisten, den Prozeß der politischen Abwägung konstruktiv voranzubringen. Mit dem Begriff des Katalysators ist dabei eine organisatorische und kommunikative Prozeßhilfe angesprochen, die einen in sich stimmigen Aushandlungsprozeß der Entscheidungsfindung herbeiführt. In jüngster Zeit haben viele Sozialwissenschaftler und Juristen neue Verfahren der Willens- und Urteilsbildung in Umweltpolitik und Umweltrechtsprechung entwickelt, die kollektiv verbindliches Handeln im Dialog festlegen.[13] Dabei nehmen sogenannte diskursive Modelle der Entscheidungsfindung eine immer wichtigere Position ein.

Als Fazit bleibt festzuhalten, daß sozialwissenschaftliche Umweltforschung, vor allem die Umweltsoziologie, fünf wesentliche Ziele verfolgen sollte:[14]

- systematische Erkenntnisse über den Prozeß der Wissensgenerierung und den Prozeß der Wertbildung hinsichtlich der Veränderungen und der Eingriffe des Menschen in Natur und Umwelt zu gewinnen und mit diesen Erkenntnissen zur kulturellen Besinnung und Reflexion über das Mensch-Umwelt-Natur-Verhältnis und über die kulturell bestimmte Selektion von umweltrelevanten Ereignissen beizutragen;
- Wissen über Prozesse und Verfahren zu gewinnen, mit deren Hilfe soziale Abwägungen über das sozial wünschbare und ethisch begründbare Maß an Naturaneignung nach rational nachvollziehbaren und politisch legitimierbaren Kriterien vollzogen werden können;
- die Bedingungen und Folgen institutioneller Verfahren und organisatorischer Strukturen zur Regelung von Umweltnutzung und zum Ausgleich von externen Effekten zu erforschen und aus diesen Erkenntnissen heraus die Möglichkeiten von sachlich angemessenen, kommunikationsfähigen und Legitimation schaffenden Lösungen im Rahmen gesetzlicher Vorschriften, öffentlicher und privater Planungen sowie informellen Aushandlungsprozessen auszuloten;
- die Prozesse und Strukturen der Technikgenese zu verfolgen und allgemeine Muster der Entwicklung neuer Techniken ausfindig zu machen mit dem Ziel, die Struktur der Technikgenese transparent zu machen und die damit verbundenen Veränderungen im Verhältnis Mensch/Umwelt und in Bezug auf die Umweltwahrnehmung aufzuzeigen;

---

[13] Vgl. Gaßner et al. 1992, S. 33 ff. und Renn u. Webler 1998, S. 69 ff.

[14] Daß die reflexive Funktion der Sozialwissenschaften Voraussetzung für ihre mögliche instrumentelle Funktion sein muß, betont vor allem: Beck 1991, S. 172 ff. Vgl. zu den Funktionen Dunlap 1997, S. 22 f.

- die Hemmnisse und Barrieren, aber auch die Möglichkeiten und Anreize, die auf die Realisierung subjektiv empfundener Einsichten in entsprechendes Verhalten auf individueller wie auf kollektiver Ebene einwirken, systematisch zu erforschen und dazu konstruktive Vorschläge zu erarbeiten.

4.2 Ansätze in der Umweltsoziologie

Die Soziologie hat sich erst relativ spät mit den Phänomenen der Perzeption und Nutzung der Umwelt beschäftigt.[15] Die Gründe für das geringe Interesse an Umweltfragen sehen die beiden Umweltsoziologen R.E. Dunlap und W.R. Catton im tradierten Selbstverständnis der Soziologie:

> ...the Durkheimian legacy suggested that the physical environment should be ignored, while the Weberian legacy suggested that it could be ignored, for it was deemed unimportant in social life. (Dunlap u. Catton 1994a, S. 11)

Erst als Umweltprobleme zu weitreichenden sozialen und politischen Mobilisierungsprozessen führten, wurde das Thema Umwelt von der Soziologie aufgegriffen und im Rahmen sozialer Ressourcentheorie oder sozialer Bewegungen thematisiert. Während sich die Ökonomen und die Juristen frühzeitig an der Umweltdiskussion beteiligten und die Psychologen das vorhandene Instrumentarium der Wahrnehmungsforschung auf die Erkundung und Analyse von Umwelteinstellungen und umweltrelevantem Verhalten übertrugen, zeigte sich bei den Soziologen zu Beginn des gesellschaftlichen Diskurses über das Verhältnis Mensch-Gesellschaft-Umwelt ein nur geringes Interesse an dieser Problematik.[16]

Die ersten soziologischen Arbeiten zum Thema „Umwelt" lassen sich in zwei Kategorien einteilen: zum einen in ökologisch-normative Arbeiten zur Kritik an der Industriegesellschaft und zur Ermöglichung alternativer und naturverträglicher Gegenentwürfe, zum anderen in empirische Studien zur Rezeption der Ökologieproblematik in der Gesellschaft und den sich daraus ergebenden Mobilisierungsbewegungen.

> Although there was minor sociological interest in environmental topics prior to the seventies, consisting primarily of research on natural resources ... and on built environments ..., it is generally agreed that the field of environmental sociology developed largely in response to the emergence of widespread societal attention to environmental problems in the early seventies. ... Not surprisingly, the bulk of this early work focused on the environmental movement, public attitudes toward environmental issues, environmental policy-making and the development of environmental quality as a social problem. (Dunlap u. Catton 1994b, S. 7)

---

[15] Die folgenden Ausführungen in Abschnitt 4.2 beruhen auf einer erweiterten und aktualisierten Version von Renn 1996.

[16] „Für die Soziologie kam diese Diskussion [um die ökologische Krise] – wie so vieles – überraschend, und sie traf das Fach theoretisch unvorbereitet." Aus: Luhmann 1990, S. 12. Vgl. auch Dunlap u. Catton 1994b, S. 7-8, sowie Dunlap 1997.

Autoren wie Amery, Lovins, Schumacher, Illich u. a., obgleich selbst nicht als Soziologen ausgebildet, thematisierten und kritisierten aus ökologischer Perspektive die Rolle von politischen Organisationen, wirtschaftlichen und gesellschaftlichen Strukturmerkmalen und sozialen Leitbildern für die Verhinderung einer naturverträglichen Lebensweise (Kritik an der Gegenwartsgesellschaft) und legten die Bausteine für die Etablierung einer alternativen Technik und Gesellschaftsstruktur (neue ökologisch orientierte Gesellschaftsutopien).[17] Angelpunkt der Debatte bildete die Diskussion um sanfte Techniken, die eine sozial und umweltverträgliche Zukunft sichern sollten.[18] Dabei gerieten nicht nur Art und Funktion von Techniken (etwa Solarenergie statt Kernenergie) ins Blickfeld, sondern vor allem auch die organisatorischen und strukturellen Bedingungen, die die Entwicklung bzw. Nutzung von harten versus sanften Techniken behindern oder fördern. Obgleich Gesellschaftskritik und neue Ordnungsentwürfe zentrale Anliegen der Soziologie sind, beteiligten sich nur wenige Soziologen an dieser Debatte. Nach dem offensichtlichen Scheitern großer und umfassender Gesellschaftstheorien in der Soziologie (vor allem der struktur-funktionalen Schule) waren die meisten Soziologen der Ansicht, daß globale Gesellschaftskritik unter ökologischem Vorzeichen und erst recht die Konstruktion neuer Entwürfe für eine zukünftige Gesellschaft die Soziologie als Wissenschaft überfordere.

> A key role played by environmental sociologists has been to emphasize the oversimplification involved in all these unicausal arguments, in large part due to the interdependencies between these causal factors and the consequent difficulty of isolating their independent linkages to environmental degradation. (Dunlap et al. 1994a, S. 29-30. Vgl. auch Sandbach 1978, S. 495-520)

Bei aller Sympathie, die eine Reihe von Soziologen für die neue Betrachtungsweise aufbrachten, verhielten sie sich dennoch überwiegend skeptisch gegenüber dem Anspruch vieler „alternativer“ Autoren, auf der Basis der Analyse der Beziehungen zwischen Umwelt und Gesellschaft gültige und verläßliche Aussagen über Gesellschaftssysteme als ganze zu machen sowie eine umfassende und ganzheitliche Bestimmung deren Defizite vorzunehmen. Diese Skepsis nährte sich aus drei Quellen: der Ablehnung eines Determinismus gesellschaftlicher Entwicklung aus externen (nicht gesellschafts-immanenten) Faktoren, der Ablehnung eines Reduktionismus von sozialen Folgen auf physische Gegebenheiten sowie der Ablehnung von Analogieschlüssen zwischen natürlicher und kultureller Evolution im Rahmen der Interpretation von sozialem Wandel, insbesondere in Bezug auf die sozialdarwinistischen Traditionen in der Soziologie (Bühl 1981, S. 32; Luhmann 1993; Dunlap u. Catton 1994a, S. 14). Normative Ansätze in der Umweltsoziologie wurden erst wieder hoffähig mit dem Siegeszug des Themas Nachhaltige Entwicklung im Anschluß an den Brundlandt-Report und die Umweltkonferenz in Rio de Janeiro im Jahre 1992 (Hauff 1987; Knaus u. Renn 1998). Auf der Basis einer gerechten Verteilung von Ressourcen sowohl zwischen den Generationen als auch

[17] Vgl. zusammenfassend dazu: Wiesenthal 1982, S. 48-78. Im einzelnen: Amery 1976; Illich 1975; Lovins 1977; Schumacher 1973.

[18] Vgl. die Reihe Technologie und Politik. Das Magazin zur Wachstumskrise, vor allem Band 11 „Sanfte Technik“ (Müllert 1978); kritisch dazu Renn 1984.

innerhalb der jetzt lebenden Generation versuchen Konzepte der Nachhaltigkeit, Regeln des Zusammenlebens und des Wirtschaftens aufzustellen, die eine dauerhafte Entwicklung im Rahmen ökologischer Stabilität, wirtschaftlicher Entfaltung und sozialer Chancengleichheit hervorbringen sollen. Grundlegend ist dabei der Erhalt der natürlichen Grundlagen, ohne deren Fortbestand ein menschenwürdiges Leben nicht aufrecht erhalten werden kann. Wie eine Gesellschaft die Idee der nachhaltigen Entwicklung in Politik und individuelle Handlungsweisen umsetzen kann, ist inzwischen zu einer wichtigen Frage der Umweltsoziologie geworden (Bell 1998).

Parallel zu den frühen ökologisch inspirierten Arbeiten entstanden die ersten Studien zu den Themen „Umweltbewußtsein" und „Umwelteinstellungen". In der Tradition der klassischen Einstellungsforschung versuchten die Sozialforscher die Strukturen und Komponenten von Einstellungen zu messen und psychische bzw. soziale Gründe für die jeweils gefundene Einstellungsverteilung zu entdecken (Heberlein 1981; Fietkau et al. 1982; Dunlap 1987). Dieser Teil der Sozialforschung wird häufig unter der Rubrik „Akzeptanzforschung" geführt.[19] Ein zweiter Strang der Einstellungsforschung widmete sich der Herausbildung eines Umweltbewußtseins und die das Bewußtsein strukturierenden Einflußfaktoren (Dierkes u. Fietkau 1988; Spada 1990). Ein dritter Strang schließlich erforschte die aus verändertem Bewußtsein und Akzeptanzverweigerung resultierenden sozialen Handlungen, vor allem in der Form neuer sozialer Bewegungen (McCarthy u. Zald 1977; Buttel 1987; Rucht 1994). Theoretisch waren diese Arbeiten häufig von den Konzepten zur Mobilisierung sozialer Ressourcen geprägt.

Beide Stränge der soziologischen Umweltforschung, die normativ-ökologische und die analytisch-empirische Forschung, liefen über lange Zeit beziehungslos nebeneinander her, bis Anfang der 80er Jahre neue Impulse die Umweltsoziologie befruchteten. Der erste Impuls kam von den Humanökologen. Aufbauend auf den frühen Arbeiten der amerikanischen Sozialökologen, wie R.E. Park, E.W. Burgess und R. D. McKenzie, die mit Hilfe biologischer Analogien soziale Phänomene wie Wettbewerb, Dominanz und Revierverhalten bereits in den 20er Jahren thematisierten, beschäftigte sich die Humanökologie nach dem zweiten Weltkrieg vorrangig mit den Wechselwirkungen zwischen der sozialen Mitwelt und der natürlich vorhandenen bzw. artifiziell gestalteten Umwelt:

> Die klassische Sozialökologie und ihre Weiterentwicklung in der neueren Soziologie konzentrierte sich vor allem auf die Interaktion des Menschen mit seiner sozialen („Mitwelt"), artifiziell gebauten, ökonomischen und kulturell-ideologischen Umwelt und war primär ökologisch (populationsökologisch) orientiert. (Weichart 1989, S. 49. Vgl. auch Hawley 1944, S. 98-105)

In den 50er und 60er Jahren wurde Humanökologie vorrangig als Soziologie der Gemeindestruktur und -entwicklung verstanden und die natürliche Umwelt als ein Element eines vielschichtigen Umweltbegriffs im systemtheoretischen Verständnis (Stadt, Park, Mitmenschen, Infrastruktur etc.) angesehen. So definiert der wohl

[19] Vgl. dazu vor allem die Arbeiten zur Akzeptanz von Energietechnologien, insbesondere der Kernenergie. Siehe: Battelle Institut 1977; Becker et al. 1980; Renn 1989; Dunlap et al. 1993.

wichtigste Vertreter der Sozialökologie, Amos H. Hawley den Begriff Ecosystem als:

> an arrangement of mutual dependencies in a population by which the whole operates as a unit und thereby maintains a viable environmental relationship. Population and sytem, I have said, are different aspects of the same thing; one is the quantitative aspect of which the other is the substantive aspect. (Hawley 1986, S. 26)

Der geographische Bezug, also die Einbindung sozialer und kultureller Aktivitäten in einen von Natur und Kultur geprägten Raum, bereitete den Weg vor zu einer grundlegenden Thematisierung menschlicher und sozialer Einwirkungen auf das umgebende Ökosystem (Hawley 1967, S. 482; Dietz 1988).

Diese Überlegungen schlossen sich nahtlos in die Studien zur maximalen Tragfähigkeit eines Raumes für menschliche Besiedlung und wirtschaftliche Nutzung an, die in der inzwischen klassischen Formel von den ökologischen Auswirkungen als Funktion von Bevölkerungszahl, Konsumniveau und Technikeinsatz (Ecological Impact = Population times Affluence times Technological Impact) mündeten.[20] In dieser IPAT-Formel fehlten offensichtlich Produktionsverhältnisse (Effizienz der Ressourcennutzung) und sozialer Organisationsgrad (Effizienz in der Verteilung von Nutzungsansprüchen an Umweltgütern). Mitte der 60iger Jahre erweiterte der Humanökologe Otis Dudley Duncan die Formel um den Faktor Organisationsgrad. Die neue Formel mit dem wohlklingenden Name POET (Ecological Impact = Human Population, Organization, Environmental Conditions, and Technology) war geboren (Duncan 1964; Dunlap et al. 1994, S. 30 ff.).

In den 70er Jahren versuchten eine Reihe amerikanischer Soziologen, die organisatorischen Bedingungen und Strukturmerkmale zu formulieren, die eine geringere oder effizientere Nutzung von Umwelt erlauben würde (Schnaiberg 1980; Dunlap et al. 1994, S. 34 ff.). Neuere empirische Arbeiten, die den erweiterten POET Ansatz zum Ausgangspunkt ihrer Forschungen machten, bestätigen eindringlich die zentrale Bedeutung von Organisationsformen und sozialen Strukturen auf die ökologischen Auswirkungen.[21] Der Einbau soziologischen Wissens durch die Humanökologen verblieb aber weitgehend dem „naturalistischen" Verständnis von ökologischer Krise verhaftet oder blieb auf die Thematisierung humanökologischer Probleme von Urbaniserung und Bevölkerungsdynamik beschränkt. Im Vordergrund stand dabei der Einfluß sozialer Faktoren auf die faktischen Auswirkungen der Umweltnutzung, vor allem auf die damit einhergehende Umweltzerstörung.[22]

---

[20] Vgl. Evans 1956. Maßgeblich an dieser Debatte waren beteiligt Ehrlich 1968; Ehrlich u. Ehrlich 1991; Commoner 1971. Zur Geschichte und heutigen Relevanz der IPAT-Formel vgl. den Aufsatz von Olson 1994, S. 156-169.

[21] Eine gerade abgeschlossene Studie zu den Ursachen für ökologische Krisenerscheinungen in verschiedenen kritischen Regionen der Welt kommt eindeutig zu dem Schluß, daß der dominante Einflußfaktor zur Erklärung von ökologischen Problemen in der sozialen, wirtschaftlichen und politischen Organisationsform zu finden ist. Vgl. Kasperson et al. 1995, S. 32 ff. Zunehmend wird die klassische POET Formel durch eine eigenständige Komponente „Wissen" ergänzt. Siehe dazu Norgaard 1997, S. 162.

[22] Kritik an der naturalistischen Sichtweise der Umweltsoziologie findet sich vor allem bei Luhmann, 1990, S. 20 ff. und 62 ff.

Der zweite Impuls kam aus der soziologischen Organisationsforschung. Auch hier wurden als abhängige Variable die physisch meßbaren Umweltauswirkungen betrachtet und bestimmten Funktions- und Ordnungsprinzipien von Organisationen gegenübergestellt (Clarke u. Short 1993). Charles Perrow wies in seinem Buch „Normal Accidents" (1984) darauf hin, daß mit hochkomplexen Organisationen eine Tendenz zur Diffusion von Verantwortlichkeit und zur Schwerfälligkeit von komplexen verkoppelten Systemen in Krisensituationen einhergeht.

Nach Ansicht von Charles Perrow sind hierarchische Entscheidungsstruktur, Diffusion von persönlicher Verantwortung und zeitaufwendige Kommunikationsstrukturen Kennzeichen moderner Großorganisationen, die geradezu Unfälle bei komplexen Technologien heraufbeschwören. Allerdings sind in der Nachfolge von Perrow's bekanntem Buch weitere empirische Studien entstanden, die auf Strukturmerkmale sogenannter „high reliability organizations" verweisen, die auf das Management von großtechnischen Risiken abgestimmt sind. Aber auch diese Studien kommen zu dem Schluß, daß besondere organisatorische Anstrengungen und Innovationen erforderlich sind, um den zusätzlichen Bedarf an Sicherheitsmanagement bei großtechnischen Risiken zufriedenstellend zu stillen. (Vgl. Perrow 1984, S. 329 ff. sowie Rochlin 1993)

Werden solche Organisationen zur Steuerung von komplexer und sensibler Großtechnik eingesetzt, dann sind Unfälle vorprogrammiert unabhängig davon, wie gering die Wahrscheinlichkeit technisch induzierter Störfälle auch sein mag (Perrow 1984, S. 332; Freudenburg 1992). Obgleich neuere Arbeiten zu „High Reliability Organizations" aufzeigen konnten, daß die Vorhersagen von Perrow nur unter bestimmten Strukturbedingungen zutreffen, es also kompensierende Organisationsmerkmale gibt, die organisatorische Schwerfälligkeit ausgleichen können, hat die organisations-soziologische Behandlung des Umweltthemas doch einen wichtigen Beitrag zur Integration soziologischen Wissens in Umweltpolitik und vorsorge geleistet (Rochlin 1993; Roberts 1993; Clarke u. Short 1993, S. 386 ff.; WBGU 1999a, S. 182 ff.).

Der dritte Impuls für ein erweitertes Verständnis der Umweltsoziologie kam aus der Wissens- und Wissenschaftssoziologie. Seit Jahren (in der Nachfolge von Mannheim u. a.) „tobt" dort ein Streit um die Relativität bzw. Konstruktivität des Sachwissens.[23] Die Konstruktivisten gehen davon aus, daß die von Menschen aufgestellten Behauptungen über den Zustand der Welt soziale Konstruktionen sind, die aufgrund sozialer Normen und verinnerlichter Weltbilder im Rahmen eines kulturellen Rahmens konsistent und verbindlich gemacht werden, die aber keinen Anspruch auf Isomorphie, nicht einmal auf Homomorphie mit der naturgegebenen Wirklichkeit erheben.[24] Sie sind keineswegs beliebig, ergeben sich aber nicht aus der extern gegebenen Natur der beobachteten Dinge, sondern aus den zugeschriebenen Eigenschaften auf der Basis sozialer Übereinkünfte und kulturel-

[23] Vgl. dazu allgemein: Knorr 1981, S. 226-245. Zum Streit zwischen Realisten und Konstruktivisten vgl. den klassischen Sammelband von Lakatos und Musgrave 1970. Speziell auf Umwelt und Risiko bezogen vgl. den Aufsatz von Bradbury 1989, S. 380-399, sowie Demeritt 1998 und Hannigan 1995.

[24] Für den Bereich der Umweltsoziologie sind vor allem die folgenden Konstruktivisten von Bedeutung: Douglas u. Wildavsky 1982; Seiderberg 1984; Rayner 1987; Buttel u. Taylor 1992; Hillgartner 1992, S. 39-65. Auch die Systemperspektive von N. Luhmann läßt sich eher dem konstruktivistischen Lager zurechnen.

ler Entwicklungen (Adam 1998, S. 24 ff.). Die Konstruktivisten beziehen diese Überlegungen nicht nur auf Wissenschaft und Technik, sondern auch auf Umwelt und Natur. Statt von Natur sprechen sie meist von Naturbildern (van den Daele 1992). Im Gegensatz zum konstruktivistischen Lager sind die Realisten der Überzeugung, daß es die methodischen Regeln der empirischen Beweisführung erlauben, zumindest eine Ähnlichkeit zwischen den real gegebenen Eigenschaften von Objekten und deren Beschreibungen durch Wissensträger herzustellen.[25] Diese Ähnlichkeit stellt sich vor allem als Resultat eines kontinuierlichen Überprüfungsprozesses von Hypothesen (Prognosen) durch ein organisiertes Wissenschaftssystem ein. Die Realisten sehen das Verhalten des Menschen durch objektiv gegebene Veränderungen in der natürlichen Umwelt beeinflußt und thematisieren demnach die Wechselwirkungen zwischen physischen Veränderungen bzw. Belastungen auf der einen und sozialen Verhaltensweisen auf der anderen Seite.

Die Auseinandersetzung zwischen Konstruktivisten und Realisten beflügelt bis heute die Debatte um den theoretischen Standort der Umweltsoziologie (Dunlap u. Catton 1994b, S. 24 f.). Ist sie eine Teildisziplin der Soziologie, die sich mit der Struktur und Funktion von Umweltthemen (environmental issues) in der Gesellschaft beschäftigt, deren objektiver Gehalt zweitrangig oder zumindest für Soziologen von untergeordnetem Interesse ist, oder schließt die Umweltsoziologie die Wechselwirkung zwischen physischen Veränderungen und menschlichen Reaktionen mit ein? Ist die ökologische Gefährdung ein Konstrukt sozialer Verarbeitung von Kommunikationsinhalten (und somit ein Produkt der Selbstgefährdung) oder ein durch naturwissenschaftliche Erkenntnis belegbare Außengefährdung, die von menschlichen Verhaltensweisen verursacht oder zumindest beeinflußt und von daher auch durch deren Verhalten reduziert werden kann? Es ist naheliegend anzunehmen, daß beide Extreme, der naive Realismus wie der solipsistische Konstruktivismus logisch stringent wohl kaum gerechtfertigt werden können. Dennoch wird bei Durchsicht der neueren Literatur offenkundig, daß der implizite Ausgangspunkt, der den jeweiligen umweltsoziologischen Überlegungen zugrundeliegt, eine entscheidende Rolle für die Art der Diagnose, aber erst recht für mögliche Praxisvorschläge spielt. Konstruktivisten sehen bei aller Einsicht in objektive Gefährdungen die durch soziale Kommunikation geschaffenen Sinnstrukturen als Ausgangspunkte soziologisch relevanter Tatbestände, die Realisten die Perzeption und soziale Verarbeitung von wahrgenommenen Umweltveränderungen.

[25] Für den Bereich der Umweltsoziologie sind vor allem die folgenden Realisten von Bedeutung: Catton 1980; Dunlap 1980, S. 5-14; Dickens 1992; Freudenburg u. Gramling 1989. Die strukturelle Perspektive von Beck würde ich ebenfalls eher dem realistischen Lager zuschreiben, auch wenn er sich selbst als Mittler zwischen den beiden Positionen sieht.

Als Beispiel für eine betont konstruktivistische Sichtweise des Problems sei hier auf Luhmann verwiesen. Er schreibt:

> Es mögen Fische sterben oder Menschen, das Baden in Seen oder Flüssen mag Krankheiten erzeugen, es mag kein Öl mehr aus den Pumpen kommen und die Durchschnittstemperaturen mögen sinken oder steigen: solange darüber nicht kommuniziert wird, hat dies keine gesellschaftlichen Auswirkungen. Die Gesellschaft ist ein zwar umweltempfindliches, aber operativ geschlossenes System. Sie beobachtet nur durch Kommunikation. Sie kann nicht anders als sinnhaft kommunizieren und diese Kommunikation durch Kommunikation selbst regulieren. Sie kann sich also nur selbst gefährden. (Aus Luhmann 1990, S. 63)

Dagegen die realistische Betrachtungsweise bei Dunlap und Catton:

> If our discipline is going to make substantial contributions to understanding the social causes and consequences of global environmental change, we must adopt a truly ecological perspective that sensitizes us to the role that our species plays in the global ecosystem ... we must develop a full-blown ‚ecological sociology' that studies the complex interdependencies between human societies and the ecosystems (from local to global) in which we live. (Dunlap u. Catton 1994b, S. 23 f.)

Natürlich gibt es auch Zwischentöne: Ulrich Beck versucht, die reale Gefährdung der Menschheit als Element eines neuen Konstruktionsprozesses von Subpolitik abseits der institutionellen Beschwichtigungsversuche zu deuten (Beck 1996, 1986). Die Angewiesenheit des Menschen auf soziale Konstruktionen bei der Bewältigung von Unsicherheiten über drohende Umweltschäden und gleichzeitigem Erleben realer Umweltschäden hat Wolfgang Bonß betont und damit den Versuch eines Brückenschlages zwischen den beiden Blöcken unternommen (Bonß 1996). Brian Wynne wiederum verortet Umweltauswirkungen als reale Phänomene im Erlebnishorizont der Betroffenen, die nur bedingt und dann auch interessenspezifisch gefärbt einer systematischen und institutionell verankerten Wissenserfassung zugänglich sind (Wynne 1992). All diese Versuche sind von dem Anliegen getragen, eine theoretisch befriedigende und empirisch aussagekräftige Standortbestimmung der Umweltsoziologie vorzunehmen. Alle haben sich dabei gleichermaßen mit einem besonderen Aspekt der Umweltproblematik, den ökologischen Risiken auseinandergesetzt. Das Thema „Umweltrisiken" ist zu einem zentralen Aspekt der Soziologie geworden und hat im populären Ausdruck der „Risikogesellschaft" seinen Niederschlag in der Diskussion um Moderne und Postmoderne gefunden (Beck 1986; Cohen 1999; Bell 1998).

4.3 Die empirischen Ergebnisse der Umweltsoziologie im Überblick

4.3.1 Natur und Umwelt in der öffentlichen Wahrnehmung

Wie bewerten die Menschen in Deutschland und anderen Ländern Natur und welches Naturbild sehen sie selbst als angemessen an? Diese Frage ist deshalb wichtig, weil es ja ist die wahrgenommene und erlebte Umwelt ist, die Menschen in ihrem Handeln gegenüber ihrer Umwelt anleitet (Graumann u. Kruse 1990;

WBGU 1993, S. 180; WBGU 1999b, S. 83 ff.). Nicht die objektive Situation der Umwelt noch die von Wissenschaftlern erfaßten Veränderungen innerhalb der natürlichen Umwelt bewirken ein entsprechendes Umweltbewußtsein und -verhalten, sondern es sind vielmehr die aus eigener sinnlicher Wahrnehmung, Aufnahme von Informationen durch Mitmenschen und vor allem durch Massenmedien konstruierten Bilder der Umwelt, die als kognitive Bausteine für das eigene Umweltbewußtsein und zum Teil auch das damit einhergehende Umweltverhalten infrage kommen. Individuen, soziale Gruppen wie auch ganze Kulturkreise bilden auf der Basis individueller und sozialer Wahrnehmungsprozesse spezifische Naturbilder und Verständnisse von Umweltprozessen aus (Douglas u. Wildavsky 1982; Dake 1991). Dabei muß aber berücksichtigt werden, daß Umweltbewußtsein und Umweltverhalten ebenso wie Naturbilder von vielen Faktoren abhängen, deren jeweiliges Gewicht in Abhängigkeit von kulturellen, sozialen und psychischen Kontextbedingungen variiert (WBGU 1993, S. 182). Auch was genau unter einem Naturbild oder unter dem Begriff des Umweltbewußtseins zu verstehen ist, ist in der Fachliteratur umstritten (Fuhrer 1995).

Leider gibt es zu den Themen Naturbilder und Umweltverständnis noch relativ wenig verläßliches empirisches Material. Das liegt vor allem daran, daß es nicht einfach ist, die Naturbilder von Menschen durch Befragungen oder Beobachtungen zu erfassen und gültig zu messen. Einfach Menschen zu fragen, was sie unter dem Begriff der „Natur“ verstehen oder welches Naturbild sie für angemessen halten, führt kaum zu sinnvollen Ergebnissen. Um zu einem tieferen Verständnis der wahrgenommenen und erlebten Naturbilder zu gelangen, ist man auf differenzierte und kreative Methoden der Sozialforschung angewiesen.

Ein Beispiel dafür ist die 1996 fertiggestellte Dissertation einer amerikanischen Sozialwissenschaftlerin, die das Naturverständnis von Deutschen, Schweizern und Amerikanern untersucht hat (Shockey 1996). Ihre Methode bestand darin, Spaziergänger in Nationalparks und Erholungswäldern zu begleiten, deren Eindrücke über zwei bis drei Stunden hinweg zu sammeln und mit ihnen über das Gesehene bzw. Nicht-Gesehene und Vermißte zu reflektieren. Die Ansichten über die Natur waren zwischen Deutschen, deutschsprachigen Schweizern, französischsprachigen Schweizern und Amerikanern wesentlich weniger unterschiedlich, als die Autorin ursprünglich vermutet hatte. Die meisten sahen in der Natur ein Refugium, das es gegen die Allmacht von Technik und Zivilisation zu schützen gelte. Ebenso häufig wurde Natur als Standort der eigenen Identitätsfindung und als Verankerung in einer realen statt virtuellen Heimat betrachtet. Bei den meisten Befragten wurde die schleichende Transformation von Naturfläche in Zivilisationsfläche als eine unumkehrbare, aber keineswegs begrüßenswerte Veränderung der eigenen Lebenswelt begriffen. Häufig charakterisierten die Spaziergänger die anderen, die nicht mehr spazierengehen wollen oder können, als die treibenden Kräfte einer anhaltenden Naturzerstörung. Dabei wurde diesen keineswegs Bosheit oder Vorsatz unterstellt, sondern mangelnde Motivation aufgrund von Unkenntnis und nicht bewußten Erfahrungsverlusten (Shokey 1996).

Daß dieser Eindruck mehr als nur eine Momentaufnahme von Gesprächen mit Spaziergängern darstellt, zeigen zum Beispiel die empirischen Arbeiten, die der Soziologe Michael Zwick im Rahmen eines nationalen Verbundprojektes zu Gentechnik und Modernisierung an der Akademie für Technikfolgenabschätzung in Stuttgart durchgeführt hat (Zwick 1998a). In einem ersten Schritt hat Zwick in Tiefeninterviews mit 48 Personen aus unterschiedlichen Lebenslagen (vom Sozialhilfeempfänger bis zum Industriemanager) ausführliche Gespräche geführt und dabei die befragten Personen über ihr Verhältnis zur Natur sprechen lassen. Auf der Basis dieser Interviews konnte er eine Reihe von unterschiedlichen Naturbildern identifizieren.

Um die Eindrücke aus den qualitativen Untersuchungen bundesweit zu testen, beteiligte er sich im Jahre 1997 an einer Repräsentativbefragung in Deutschland, bei der die Befragten freie Assoziationen zum Thema Natur einbringen konnten. Diese Assoziationen – maximal drei pro Person – wurden den in den Tiefeninterviews gewonnenen Naturbildern zugeordnet. Dabei wurden insgesamt 18 Kategorien verwendet, unter die nahezu alle Assoziationen (bis auf einen Restbestand von knapp einem Prozent) subsumiert werden konnten.

Bereits beim ersten Blick auf Tabelle 4.1 wird deutlich, daß die Vorstellung von Natur bei den Deutschen durch einige wenige dominierende Naturbilder geprägt ist. Fast vier von zehn Befragten verbinden mit Natur romantische Assoziationen. Nimmt man den evaluativen Naturbegriff und den ontologischen mit in die Betrachtung auf, dann erreichen die als idealistisch zu kennzeichnenden Naturbilder rund 45 % der Nennungen. Fügt man dieser Gruppe schließlich noch das Bild von Natur als reproduktive Größe hinzu, dann wird deutlich, daß über die Hälfte der Befragten solchermaßen „lebensweltlich" geprägte Assoziationen mit der Natur verbinden.

Der zweite Schwerpunkt bezieht sich auf bedrohte, verschandelte oder zerstörte Natur. Auf diese Kategorie entfallen 23 % aller Nennungen. Schließt man in diese Kategorie noch das entsprechende Pendant – die Natur als belastete und schutzbedürftige Umwelt – ein, dann folgen immerhin fast 40 % der Befragten der Vorstellung einer durch den Menschen bedrohten und schützenswerten Natur. Natur als produktive Ressource wird dagegen nur von einer Minderheit von knapp 3 % thematisiert. In den meisten Fällen wird dabei an landwirtschaftliche Nutzung gedacht, einige Male an Verkehr und Straßenbau und lediglich vier mal (von insgesamt 1500 Befragten) an Natur als Rohstofflieferant. Auch das nüchterne Systemverständnis von Natur oder das wissenschaftliche Naturbild finden lediglich bei verschwindend kleinen Minderheiten Resonanz.

Die Ergebnisse der Befragung machen deutlich, daß in der Bevölkerung zwei wesentliche und komplementäre Naturbilder vorherrschen. Zum einen sehen die Menschen in der Natur einen Hort von Schönheit, Rekreation und Reproduktion, zum anderen ein von der Zivilisation bedrohtes und schutzwürdiges Gut. Dabei spielt kaum eine Rolle, ob die Natur eher anthropozentrisch oder biozentrisch bewertet wird. Sie erscheint in beiden Fällen weder als Bedrohung noch als Rohstofflager, sondern als ein soziales und kulturelles Bezugssystem, dessen Wirkungsweise und Existenz durch moderne Zivilisation in Bedrängnis geraten sind. Die Vorliebe für protektionistische und romantische Naturauffassungen ist sicher eine wichtige Erklärung für das relativ ausgeprägte Umweltbewußtsein in Deutschland und für das immer wieder geäußerte Unbehagen an der gegenwärtigen Umweltpolitik.

Tabelle 4.1. Naturbilder in Deutschland (Biotech-Survey der Akademie für Technikfolgenabschätzung in Baden-Württemberg 1997, Repräsentativbefragung in Deutschland; Quelle: Zwick 1998b, S. 22 f.)

Kategorie	Erklärung	Nennung
Romantischer Naturbegriff	Schönheit, Wiesen, Wälder, Naturliebe, Idylle, stets positiv wertende Aussagen	38 %
Evaluativer Naturbegriff	Natur ist gut, optimal, sehr wichtig, stets positiv wertend	5 %
Ontologischer Naturbegriff	Schöpfung, Apotheose der Natur: Natur ist Gott oder gottähnlich	4 %
Reproduktionsbegriff	Gesundheit, Erholung, Entspannung, Wandern, Sport, Urlaub, Ernährung	27 %
Bedrohte, zerstörte Natur	Bedrohte Lebensgrundlage, verschandelte, zerstörte Natur, Abgase, Müll, Lärm, Verkehr, Ozon, negativ wertende Aussagen	23 %
Umwelt(schutz)begriff	Ökologie, Umweltschutz, Natur erhalten	22 %
Gegenkultureller Naturbegriff	Natur ist Gegensatz von Kultur, Unberührtheit, Natürlichkeit, Ursprünglichkeit, Verzicht menschlicher Eingriffe in Natur	9 %
Produktive Ressource	Energie, Rohstoffe, Landwirtschaft	3 %
Systembegriff	Zusammenspiel von Lebewesen, Pflanzen, Luft, Erde, Bewegung, Autopoiesis	3 %
Wissenschaftlicher Naturbegriff	Natur (-Wissenschaften), Naturgesetze, Natur als Wissen, Erkenntnisgrundlage	1 %
Natur als Leben (-sgrundlage)	Natur ist Leben, Natur ist lebenswichtig	8 %
Nostalgischer Naturbegriff	Natur, wie sie früher einmal war (meist positiv wertend)	1 %
Visionärer Naturbegriff	Natur, wie sie einmal sein wird, Verweis auf nachfolgende Generationen (meist normative Aussagen)	2 %
Natur als Bedrohung	Naturkatastrophen, Auslese, Natur kann grausam sein	3 %
Geographischer Naturbegriff	Draußen sein, Landschaft, Garten, Lebensraum, Umgebung	12 %
Funktioneller Naturbegriff	Entstehen, Wachsen, Kraft, Energie, Sterben	5 %
Universeller Naturbegriff	Himmel und Erde, Kosmos, All, Sterne	5 %
Syntagmatischer Naturbegriff	Nicht wertende Aufzählung von Elementen	29 %
Sonstige und keine Angaben		1 %

4.3.2 Die Wahrnehmung von Umweltbeeinträchtigungen

Wie schon aus den Untersuchungen zum vorherrschenden Naturbild deutlich wurde, einigt die Sorge um eine intakte und auch für die Zukunft leistungsfähige Umwelt nahezu alle Bewohner Deutschlands (Knaus u. Renn 1998, S. 112 ff.; WBGU 1999b, S. 88 ff.). Das Thema Umwelt ist nicht mehr so populär wie noch vor einigen Jahren, aber die überwiegende Mehrheit der Deutschen spricht sich nach wie vor für eine Verbesserung des Umweltschutzes aus. In einer nationalen Umfrage wurden die Bundesdeutschen 1998 zum Beispiel befragt, welchen Stellenwert das Thema „Umweltschutz" auf einer Skala von 0-10 einnehme (Tabelle 4.2).

Tabelle 4.2. Wichtigkeit politischer Maßnahmen in verschiedenen gesellschaftspolitischen Problemfeldern (Mittelwerte auf einer Skala von 0-10; Quelle: BMU 1998b)

Befragte	West	Ost
Verminderung der Arbeitslosigkeit	9.2	9.6
Verbesserung der Verbrechensbekämpfung	8,4	9.2
Verbesserung des Umweltschutzes	8.3	8,5
Mehr tun für die Aufrechterhaltung der Wettbewerbsfähigkeit der deutschen Wirtschaft	8,0	8,3
Mehr tun für den Erhalt des Sozialstaats	7,7	8,8
Verbesserung der Wohnraumversorgung	7,4	7,6
Verringerung des Zuzugs von Ausländern	6,9	6,9

Das Ergebnis ist eindeutig: Mit einem durchschnittlichen Wert von 7,8 (West) und 8,0 (Ost) bleibt der Umweltschutz einer der fünf Spitzenreiter in der Prioritätenskala der Befragten (BMU 1998b), auch wenn er gegenüber den Befragungen aus den Jahre 1996 vom dritten auf den vierten Platz der Prioritätenskala gerutscht ist. Bei einer Untersuchung aus dem Jahre 1996 gaben auf die Frage: „Machen Sie sich große Sorgen um den Schutz der Umwelt?" rund 40 % an, sie würden sich große Sorgen machen, und weitere 55 %, sie würden sich einige Sorgen machen. Nur 6 % machten sich gänzlich keine Sorgen (BMU 1996; Citlak u. Kreyenfeld 1999).

Wenn man nach Europa blickt, dann ist die Sorge um eine intakte Umwelt in der Bevölkerung aller europäischen Staaten seit Anfang der 80er Jahre immer unter den fünf wichtigsten genannten Problembereichen zu finden. Dies gilt selbst für die jüngste, 1996 durchgeführte Eurobarometer-Studie, in der turnusmäßig die Bevölkerung aller EU-Mitglieder repräsentativ befragt wird (Eurobarometer 1996). In den nordischen Ländern (Dänemark, Niederlande) erhielt der Umweltschutz den Spitzenplatz in der Sorgenliste, in Deutschland und anderen mitteleuropäischen Staaten landete er im oberen Mittelfeld.

Allerdings ist bei der Interpretation dieser Umfragedaten Vorsicht angebracht. Die meisten Befragungen zum Stellenwert der Umweltproblematik im Vergleich zu anderen wichtigen Themen geben die jeweiligen Antwortkategorien vor; d. h. die Befragten müssen anhand einer Liste von möglichen Problemen diejenigen bestimmen, die ihnen besonders wichtig oder dringlich erscheinen, oder sie müssen diesen Antwortkategorien einen numerischen Dringlichkeitswert zuweisen. Legt man den Befragten dagegen eine offene Frage vor, etwa welche Probleme besonders dringlich seien, wird das Thema „Umwelt“ nur von einer kleinen Minderheit genannt. In einer von Gallup International 1992 in 24 Ländern durchgeführten Untersuchung wurde beispielsweise mit einer offenen Frage erfaßt, welches aktuell das Hauptproblem des Landes sei (Kuckartz 1997). Während die Iren und die Niederländer zu rund 40 % die Umweltthematik nannten und selbst in den USA und Japan rund 12 % die Umwelt als dringlichstes Problem einschätzten, waren es in Deutschland nur 9 %. In der gleichen Umfrage wurde eine ähnliche Frage gestellt, bei der die Antwortkategorien jedoch vorgegeben waren. Dabei entpuppte sich Deutschland zusammen mit Süd-Korea als Spitzenreiter unter den 24 Nationen: Rund 67 % hielten die Umweltprobleme für ein „sehr wichtiges Problem“. Wie läßt sich dieser Widerspruch erklären?

Für die erstaunliche Diskrepanz im Antwortverhalten gibt es drei plausible Erklärungen: Zum ersten messen Umfragen auch immer soziale Erwünschtheit. Da eine Antwort bei einer Befragung „nichts kostet“, sind die meisten Menschen geneigt, das, was als sozial erwünscht und positiv aufgenommen wird, als eigene Meinung zu äußern, selbst wenn sie ihr eigenes Verhalten selten danach ausrichten. Bei einer offenen Frage sind die sozialen Erwünschtheiten oft nicht klar erkennbar und man folgt dem ersten (meist ehrlichen) Impuls. Sind dagegen die Antwortkategorien vorgegeben, fühlt man sich unbehaglich, wenn man einer Kategorie mit hoher sozialer Erwünschtheit nicht auch die entsprechende Referenz erweist. So kann es zu überhöhten Werten kommen.

Zum zweiten ist Umweltschutz ein Dauerbrenner in der politischen Diskussion, der – wie oben bereits erläutert – je nach Problemdruck nach vorne oder nach hinten in der Prioritätenskala geschoben wird. Die Beständigkeit, mit der seit Mitte der 70er Jahre Umweltbelastungen als gesellschaftlich relevante Probleme genannt werden, weist darauf hin, daß dieser Bereich ständig virulent bleibt, aber durch jeweils aktuelle Probleme verdrängt werden kann. Wird Umweltschutz nicht explizit genannt, dann fallen den Befragten die gerade aktuellen Problembereiche ein, werden sie jedoch mit dem Thema direkt konfrontiert, erinnern sie sich daran, daß ja auch noch dieses Problem seit Jahren mehr oder weniger ungelöst sozusagen chronisch „vor sich hin schmort“. Dann erhält der Umweltschutz erneut hohe Werte auf der Prioritätenskala.

Zum dritten drückt sich in der auftretenden Diskrepanz zwischen den Ergebnissen bei offener und gezielter Befragung aber auch die Kluft zwischen dem allgemeinen Erleben einer Umweltkrise und der persönlichen Betroffenheit von Umweltbelastungen aus. Nur 14 % der Deutschen gaben in der oben bereits zitierten Gallup-Umfrage aus dem Jahre 1992 an, sie fühlten sich durch Umweltbelastungen in starker Weise betroffen. Bei einer weicheren Formulierung von Betroffenheit („irgendwie durch Umweltbelastungen gestört“) stieg diese Zahl auf 63 %

(Kuckartz 1997). Im internationalen Vergleich landeten die Deutschen aber selbst bei dieser weichen Formulierung im Mittelfeld. Ähnlich läßt sich auch das Phänomen interpretieren, daß die Umweltsituation um so negativer beurteilt wird, je größer der Radius ist, für den man das Urteil ausspricht. Lokale Umwelt wird meist als relativ intakt, die nationale bereits als problematisch und die globale Umwelt als zutiefst bedroht eingeschätzt (de Haan u. Kuckartz 1996; BMU 1998b). Dieser Trend gilt nicht nur für Deutschland, sondern auch für die meisten anderen Industrieländer, allerdings nur in begrenztem Maße für Entwicklungsländer (siehe Dunlap u. Mertig 1995).

Daß die persönliche Betroffenheit von Umweltschäden als wesentlich geringer eingestuft wird als die allgemeine Umweltqualität, zeigt sich auch in der nationalen Umfrage zum Umweltbewußtsein und Umwelthandeln in Deutschland aus dem Jahre 1998 (BMU 1998b). Die meisten Menschen gaben in dieser Untersuchung an, weltweit würden viele Menschen unter den Auswirkungen der Umweltbeeinträchtigungen leiden, sie selbst seien aber nur in geringem Maße Opfer von Umweltbelastungen. Diese wahrgenommene Diskrepanz gilt allerdings nicht für Lärmbelästigungen, davon fühlen sich 15 % (Straßenverkehr), 4 % (Flugverkehr) und 2 % (Schienenverkehr) stark belästigt. Laut Höger (1999) geben sogar 80 % der Bevölkerung an, durch Lärm belästigt zu werden. Insgesamt kann man daraus schließen, daß das vermittelte Bild der Umweltqualität eine negativere Sicht der Umwelt nahelegt, als es die Menschen in ihrer Umgebung selber wahrnehmen.

In der gleichen Umfrage aus dem Jahre 1998 wurden auch spezielle Wahrnehmungen über den Umweltzustand erhoben. Daraus einige Ergebnisse: Rund 65 % der Deutschen sind beunruhigt, wenn sie darüber nachdenken, unter welchen Umweltverhältnissen unsere Kinder und Enkelkinder wahrscheinlich leben müssen. Diese Aussage entspricht weitgehend dem Anliegen der Nachhaltigkeit, obgleich dieser Begriff selbst nur von 15 % in Westdeutschland und von 11 % in Ostdeutschland gekannt wird (BMU 1998b). Mit Empörung und Wut über aufgedeckte Umweltprobleme reagieren 53 % im Westen und 60 % im Osten Deutschlands. Rund 55 % der Bevölkerung sind auch der Meinung, daß wir auf eine Umweltkatastrophe zusteuern. Dementsprechend sind auch rund 40 % der befragten Bürger bereit, zugunsten der Umwelt Einbußen im Lebensstandard in Kauf zu nehmen. Offenkundig haben die Sorgen um eine nachhaltige Umweltsituation nicht dramatisch abgenommen, wenn auch andere gesellschaftliche Probleme, wie die Arbeitslosigkeit, nach Ansicht der Bundesbürger vorrangig bearbeitet werden sollten. Gleichzeitig sehen die Befragten aber auch erhebliche Verbesserungen in der Umweltbilanz von Deutschland. Rund 46 % sehen große Fortschritte in der Reinhaltung der Gewässer, 34 % in der Einsparung von Energie und 30 % in der Reinhaltung der Luft. Als Ausdruck dieser Umweltsensibilität wollen die Befragten auch zum Teil ihr Konsumverhalten und ihren Lebensstil anpassen.

Die Sozialforschung hat die zunehmende Bereitschaft der deutschen Haushalte festgestellt, im Konsumbereich auf ökologische Verträglichkeit zu achten. So waren es 1975 nur 18 % der westdeutschen Haushalte, die zugunsten der Umwelt auf Konsum verzichten wollten, 1980 waren es bereits 22 % und 1990 schon 65 % (Wenke 1993). 1998 gaben 31 % im Westen und 29 % im Osten an, sie würden höhere Preise für umweltfreundliche Produkte in Kauf nehmen (BMU 1998b). Ob diese verbale Bereitschaft auf Konsumverzicht auch in wirkliches Handeln übersetzt wurde, läßt sich aus den Umfragen natürlich nicht ersehen.

4.3.3 Umweltverhalten

Bei den meisten Menschen in Deutschland liegt zwar eine positive Einstellung zur Umwelt vor, diese Einstellung stößt aber dann an Grenzen, wenn Zielkonflikte offenbar werden oder wenn zu viele konkurrierende Orientierungen eine eindeutige Verhaltensvorschrift erschweren. Vielfach erfolgt bei Verwirrung über das richtige und gebotene Verhalten eine Fortführung eingespielter Routinen: „Warum sollte ich mein Verhalten ändern, wenn ich nicht genau weiß, was und wie ich es ändern soll?“

Diese Probleme treten in besonderem Maße dann auf, wenn man im Alltag umweltbewußtes Handeln umsetzen möchte. Zwischen den eigenen Einstellungen und dem eigenen Verhalten herrscht dann meist eine deutliche Kluft (Diekmann u. Preisendörfer 1992, dagegen: Gessner u. Kaufmann-Hayoz 1995). In fast allen Bereichen des menschlichen Handelns ist die Verbindung zwischen Einstellung und Verhalten eher gering. Das gilt im besonderen für den Zusammenhang zwischen Umwelteinstellungen und Umweltverhalten. Dabei ist jedoch zu beachten, daß je nach Meßverfahren und Forschungsdesign die Verbindung zwischen diesen beiden Größen unterschiedlich ausfällt. Es besteht aber weitgehend Konsens darüber, daß eine direkte Wirkung zwischen Einstellungen und Verhalten nicht besteht. Die beiden Sozialforscher Preisendörfer und Franzen fassen die Ergebnisse der Studien zu diesem Thema wie folgt zusammen:

> Wenn es eine „Quintessenz der bisherigen Debatte“ zum Zusammenhang von Umweltbewußtsein und Umwelthandeln gibt, dann die, daß umweltorientierte Einstellungen und Werthaltungen nur einen begrenzten Einfluß auf das tatsächliche Umweltverhalten haben... Insgesamt ist der Effekt des Umweltbewußtseins auf das Umwelthandeln aber nur als moderat zu bezeichnen. (Preisendörfer u. Franzen 1996)

Dieser moderate Zusammenhang beginnt bereits bei der Betrachtung der verbalen Bereitschaft, zugunsten der Umwelt Opfer zu bringen. Zwar sind fast zwei Drittel der deutschen Bevölkerung bereit, zugunsten des Umweltschutzes Verhaltensweisen zu ändern und umweltgerecht einzukaufen und zu leben, allerdings schmilzt diese Zwei-Drittel-Mehrheit schnell zusammen, wenn die Kosten mit ins Spiel kommen (Kuckartz 1997). Wenn es um Mülltrennung oder gelegentlichen Verzicht auf das Autofahren geht, liegen die Deutschen im internationalen Vergleich der 1993 durchgeführten ISSP-Studie stets an erster Stelle (Kuckartz 1997). Fragt man jedoch nach der Zahlungsbereitschaft für umweltfreundliche Produkte, dann belegen die Deutschen in den alten Bundesländern den Platz 9 von 24 Ländern und die neuen Bundesländer landen sogar auf dem letzten Platz. Höhere Steuern zugunsten der Umwelt sind ebenfalls wenig populär in Deutschland. Im internationalen Vergleich liegen die alten Bundesländer auf Platz 13. Im Jahre 1998 waren insgesamt nur 19 % der befragten Deutschen bereit und weitere 28 % zum Teil bereit, höhere Steuern und Abgaben für einen verbesserten Umweltschutz zu tolerieren (BMU 1998b). Auch Geld für Umweltschutzgruppen zu spenden, ist wenig beliebt. Rund 19 % der deutschen Befragten gaben an, bereits einmal für eine Umweltschutzgruppe gespendet zu haben. Bei den Briten waren es 30 %, bei den Niederländern sogar 44 %.

Bei der Umsetzung der verbal geäußerten Handlungsbereitschaft in tatsächliches Verhalten finden sich weitere „Einbußen". So berichten etwa Diekmann und Preisendörfer, daß selbst von den auf der Skala des Umweltbewußtseins im oberen Drittel liegenden Befragten z. B. rund drei Viertel mit dem Flugzeug bzw. Auto in die letzten Ferien fuhren. Mehr als die Hälfte dieser Befragten besitzt ein Auto und ein Viertel von ihnen benutzt einen Wäschetrockner (Diekmann u. Preisendörfer 1992). Die Diskrepanz zwischen Umweltbewußtsein und Verhalten sollte jedoch trotzdem nicht als Beleg dafür dienen, die Umweltbewußten als typische „Ökoheuchler" zu diffamieren und die ganze Umweltbewegung zu diskreditieren. Im Gegenteil: die empirischen Befunde machen nur allzu deutlich, daß selbst die gut Gewillten und Überzeugten Probleme haben, ihre eigene Einstellung in tatsächliches Verhalten zu überführen.

Welche Gründe gibt es für das Auseinanderklaffen zwischen eigenem Anspruch und wirklichem Verhalten? Werthaltungen und Einstellungen werden nur dann handlungsrelevant, wenn Individuen entsprechend motiviert sind, einstellungsgetreu zu handeln bzw. einstellungswidrige Handlungen zu unterlassen (WBGU 1993; Diekmann u. Franzen 1995). Die meisten Handlungen der Menschen dienen anderen Zwecken als dem Schutz der Umwelt. Nur dann wenn die primäre Zweckerfüllung (etwa Nahrungsaufnahme, Mobilität, Sicherheit) nicht im Widerspruch zu umweltgerechtem Handeln steht, ist mit einer einstellungsgemäßen Verhaltensweise zu rechnen. Anderenfalls tritt ein Zielkonflikt auf, der meist zugunsten des primären Zweckes entscheiden wird.

Zum zweiten paßt ein einstellungsgetreues Handeln oftmals nicht in die jeweils aktuelle Situation. Man stelle sich nur die Situation vor, daß eine Clique gemeinsam Urlaub machen will und der einzig Umweltbewußte in dieser Gruppe entweder mit den anderen gemeinsam zum Helikopterskiing mitfährt oder alleine seinen Urlaub verbringt.

Zum dritten werden umweltbewußte Verhaltensweisen häufig nicht aktiviert, wenn man sich in einer bestimmten entscheidungsrelevanten Situation befindet. Bei einem Einkaufsbummel mit Freunden überwiegt der Reiz des Konsums und des gemeinsamen Kaufrauschs. Ehe man sich versieht, hat man schon alles mögliche erstanden, was dann später wieder auf dem Trödelmarkt oder im Abfall landet. Eine Reihe von Untersuchungen zur Verkehrsmittelwahl und zum Energieverhalten zeigen ebenfalls, daß Umweltgründe als Motivation für die eine oder andere Verhaltensweise kaum eine Rolle spielen und allenfalls nachträglich als Rechtfertigung benutzt werden (vgl. die Aufzählung bei Preisendörfer u. Franzen 1996). Im Moment der Entscheidung sind Kosten, Einfluß durch andere, gerade erlebte Engpässe oder persönliche Probleme wesentlich wichtiger als abstrakte Umweltschutzgedanken.

Zum vierten fehlt es oft an objektiven Handlungsmöglichkeiten (WBGU 1993). So können Mieter oft nicht ohne große finanzielle Verluste in energiesparende Maßnahmen zur Wärmedämmung ihrer Wohnung investieren, Berufspendler nicht auf öffentliche Verkehrsmittel zurückgreifen, und es werden immer noch viele Produkte nur mit aufwendiger Verpackung angeboten.

Zum fünften kommen Unsicherheiten und der Eindruck der Marginalität des eigenen Verhaltens zu den bereits genannten Faktoren hinzu. Gleichgültig wie ökologisch sinnvoll eine Handlungsweise auch dem einzelnen erscheinen mag, es wird in unserer pluralen Medienwelt mit Sicherheit eine Stellungnahme geben, die diese Maßnahme als zweifelhaft oder sogar kontraproduktiv brandmarkt. Darüber hinaus ist der Beitrag des einzelnen oft so klein, daß es im Bewußtsein des Individuums als unerheblich eingestuft wird (Spada u. Ernst 1992).

Zum sechsten fühlen sich viele durch die Überlagerung von verschiedenen, sich häufig widersprechenden Handlungsanreizen überfordert. Um handlungswirksam zu werden, müssen zudem die einzelnen Handlungsmöglichkeiten bekannt und in ihren Auswirkungen abschätzbar oder zumindest bewertbar sein.

Wegen der Komplexität der Umweltfragen und der Unsicherheit aufgrund konkurrierender Wertmuster kommt es oftmals nicht zu einer Übereinstimmung zwischen verbalem und tatsächlichem Verhalten. Im Bereich des Umweltverhaltens sind zu dieser Frage eine Reihe von Untersuchungen vorgenommen worden, die sich direkt auf den Einfluß unterschiedlicher handlungsrelevanter Einflußfaktoren beziehen (Dierkes u. Fietkau 1988; Stern 1978, 1992a, Stern u. Dietz 1994; WBGU 1993, 1999b; Kruse 1995). Als Fazit dieser Untersuchungen läßt sich festhalten, daß folgende Faktoren das Umweltverhalten positiv, d. h. im Sinne einer die Umwelt schonenden Verhaltensweise beeinflussen:

- *Wahrgenommene Handlungsmöglichkeiten:* Die Menschen müssen mehrere Optionen besitzen, um das Ziel einer Handlung zu erreichen. Sofern ihnen mehrere Möglichkeiten gegeben werden, die alle den Zweck der Handlung sicherstellen, sind sie auch eher geneigt, die Option zu wählen, die mit geringeren Umweltbelastungen einher geht. Wer zum Beispiel seine Wäsche gerne besonders strahlend weiß haben will, der ist auch bereit, ein ökologisch verträgliches Waschmittel zu benutzen, sofern dieses in der Tat dem individuellen Wunsch nach Reinheit entspricht.
- *Positive Einstellung:* Obwohl eine positive Einstellung – wie ausführlich dargelegt – das Verhalten nur in bescheidenem Maße beeinflußt, so ist sie doch eine notwendige Voraussetzung für eine umweltgerechtere Lebensführung (Schultz et al. 1995; Mosler u. Gutscher 1998). Wer eine negative Einstellung zum Umweltschutz hat, wird sich erst recht nicht für die Umwelt einsetzen wollen.
- *Handlungsrelevantes Wissen:* Umweltgerechtes Verhalten setzt voraus, daß man die Konsequenzen des eigenen Verhaltens in etwa übersehen kann. Häufig ist selbst den umweltbewußten Menschen nicht klar, welche ihrer Verhaltensweisen die Umwelt besonders belasten und welche nicht. Häufig kommt es zu rituellen Handlungen, die in der Bilanz wenig bringen, aber das Gefühl vermitteln, man habe seine Pflicht gegenüber der Umwelt erfüllt.
- *Wirtschaftliche Anreize:* Auch bei besonders umweltbewußten Personen findet das eigene Umweltverhalten dort seine Grenzen, wo wirtschaftliche Nachteile spürbar werden. Wenn dagegen wirtschaftliche Anreize an umweltfreundliches Verhalten gekoppelt werden, erfolgt nicht nur ein Lernprozeß, sondern auch ei-

ne Bestätigung der eigenen Einstellung. Solche „Belohnungen" können oft nur symbolischer Natur sein, sie verweisen dann auf sozial erwünschtes Verhalten und geben Orientierungshilfe. Bei großen finanziellen Verlusten reichen natürlich symbolische Entgelte nicht aus; hier sind spürbare Entlastungen gefragt. Ausschließlich auf anreizorientierte Instrumente zu setzen, ist aber auch problematisch. Besonders wirkungsvoll sind Kombinationen von positiver Einstellung, objektiven Handlungsmöglichkeiten und zusätzlichen wirtschaftlichen Anreizen (De Young 1993; Mosler u. Gutscher 1998).

- *Moralische Wertschätzung* (selbst und durch andere): Auch unwirtschaftliche Verhaltensweisen werden häufig dann aufgegriffen, wenn die Menschen mit der Umsetzung dieser Verhaltensweise eine soziale oder moralische Wertschätzung erfahren. So werden Güter und vor allem Dienstleistungen auch oft an andere verschenkt, selbst wenn sie auf dem freien Markt noch einen Preis erzielen würden. Auch umweltgerechtes Handeln könnte mehr noch als bisher von dem Leitgedanken der moralischen Wertschätzung getragen werden. Dabei geht es nicht um moralischen Druck, sondern vielmehr um die Verknüpfung von sozialer Anerkennung mit umweltgerechtem Handeln.
- *Eindeutigkeit der Kommunikation und Informationsinhalte:* Konfusion und Unsicherheit sind zwei wichtige Barrieren gegen die Umsetzung von umweltbewußten Verhaltensweisen. Durch Umweltbildung und Umweltlernen lassen sich diese Unsicherheiten zum Teil ausgleichen (WBGU 1993). Gleichzeitig kann eine gezielte Beratungstätigkeit Menschen in unsicheren Entscheidungssituationen weiterhelfen. Darüber hinaus läßt sich durch gezielte Öffentlichkeitsarbeit und Information mehr Klarheit und Eindeutigkeit in die öffentliche Berichterstattung einbringen.
- *Unterstützung durch soziale Netzwerke:* Je mehr der einzelne erfährt, daß die für ihn relevanten sozialen Gruppen eine bestimmte Verhaltensnorm pflegen und auch beherzigen, desto eher ist er bereit, sich diese Verhaltensweise zu eigen zu machen. Amerikanische Untersuchungen zum Radon-Problem haben beispielsweise gezeigt, daß unter allen Maßnahmen, Menschen auf die gesundheitsbelastenden Folgen von Radon aufmerksam zu machen, die Information durch soziale Netzwerke die erfolgreichste war (Fisher 1987). Die Integration von Netzwerken in Umweltbildungs- und Informationsprogramme erweist sich als eine besonders wirkungsvolle Methode, umweltgerechtes Verhalten zu fördern.
- *Sinnliche Wahrnehmung von positiven Konsequenzen, die durch das eigene Verhalten ausgelöst werden:* Eines der wesentlichen Hemmnisse, Umweltbewußtsein und Umwelthandeln in Einklang zu bringen, ist die mangelnde Wahrnehmung der positiven Konsequenzen des eigenen Handelns. Wer sorgfältig Müll sortiert, seine Wäsche an die Leine hängt, keine chemisch problematischen Spritzmittel benutzt und auf Auto oder Flugzeug verzichtet, erfährt zwar die Kosten im Sinne von Zeit und Aufwand am eigenen Leib, aber nicht die Früchte seines Handelns. Dies führt häufig zu großen Motivationsverlusten. Um dieses Manko auszugleichen, kann man auf der einen Seite technische Maßnahmen ergreifen und Einsparerfolge direkt sichtbar machen (etwa im Energiebereich), zum anderen können öffentliche Institutionen Rückmeldungen

geben, welche positiven Ziele durch das umweltgerechte Verhalten der Bevölkerung erreicht werden konnten. Erst durch diese Rückkopplung steht der Mühe auch ein positives Ergebnis gegenüber, der Motivationsverlust kann überbrückt werden.

Die Kombination von ökonomischen Anreize, positiven Einstellungen und objektiven Handlungsmöglichkeiten bei gleichzeitiger Sicherstellung der Visualisierung von positiven Folgen der eigenen Handlungen hat sich als besonders wirkungsvoll für anhaltende Verhaltensänderungen erwiesen. Daneben spielen aber auch die Eindeutigkeit der vermittelten Botschaften und die Unterstützung durch informelle Netzwerke eine wesentliche Rolle.

Umwelteinstellungen und Umweltverhalten sind also komplexe Phänomene, die sich aus vielen Faktoren zusammensetzen und oft auseinanderklaffen (WBGU 1993). Die Sorge um eine intakte Umwelt hat in Deutschland alle Bevölkerungsschichten ergriffen und ist aus dem Wertekatalog der Deutschen nicht mehr wegzudenken. Die Verbesserung der Umweltqualität ist aber nicht zum Nulltarif zu haben. Ohne Einsicht in die Zielkonflikte sind Enttäuschungen vorprogrammiert. Verbesserte Kommunikationsformen zwischen Politik und Öffentlichkeit sind daher unabdingbar, um die notwendig auftretenden Zielkonflikte zu verdeutlichen und wirkliche Güterabwägungen vorzunehmen.

4.3.4 Interkulturelle Unterschiede im Umgang mit Natur

Die bisherigen Studien waren weitgehend auf Deutschland, Europa und andere Industrienationen bezogen. Diese Gesellschaften haben bei aller Verschiedenartigkeit ihrer sozialen Struktur und ihres kulturellen Selbstverständnisses viele Gemeinsamkeiten, die auf relativ homogene Bewertungen von Natur hinweisen und damit eine faktische Grundlage für Verhandlungs- und Abstimmungsprozesse schaffen. Wie sieht es aber bei anderen Kulturen und in Ländern mit anderem ökonomischen Entwicklungsstand aus?

Leider gibt es nur wenige empirische Arbeiten, die einen aussagekräftigen Vergleich verschiedener Länder und Kulturen im Hinblick auf Umweltbewußtsein und Umweltverhalten erlauben. Die Möglichkeit kulturell bedingter Reaktionen auf Frageformulierung und Forschungsdesign verlangt ein hohes methodisches Niveau, das leider von den meisten kommerziellen Umfragen, die über mehrere Länder hinweg vergleichend durchgeführt wurden, nicht erreicht wird. Zur Frage der Risikowahrnehmung liegt seit kurzem ein Sammelband vor, in dem international vergleichende Studien zur Wahrnehmung und Bewertung von Umweltrisiken gesammelt worden sind (Renn u. Rohrmann 2000). In diesem Band sind Industrieländer wie die USA, Deutschland, Frankreich, Australien und Japan vertreten, Entwicklungs- bzw. Schwellenländer wie Brasilien und China und schließlich Transformationsländer wie Bulgarien und Rumänien. Afrikanische Kulturen sind aber auch in diesem Band nicht repräsentiert.

Was sind die wichtigsten Ergebnisse des inter-kulturellen Vergleichs im Rahmen der Länder, die in diesem Buch behandelt wurden? Zunächst einmal wird deutlich, daß die primären Ziele: Erhalt des Lebens und der Unversehrtheit des Menschen ebenso universell sind wie der Wunsch nach weiterer wirtschaftlichen und persönlichen Entfaltung. Selbst in China, wo nach offizieller Lesart freiheitliche Entfaltungswerte gegenüber kollektiver Disziplin in den Hintergrund treten, läßt sich ein klarer Wunsch nach Ausweitung des individuellen Freiheitsraumes feststellen. Allerdings ist das Vertrauen dort in kollektive Risiko-Management-Institutionen wesentlich höher als in den meisten Industriestaaten (Rohrmann u. Chen 1999).

Ein zweiter überraschender Befund besteht in der zunehmenden Ausdifferenzierung von gesellschaftlichen Subkulturen, die sich aber international zunehmend globalisieren und damit universell werden. Die Banker, die Feministinnen, die Physiker, die Verwaltungsbeamten oder die Umweltschützer dieser Welt werden sich zunehmend ähnlicher, während sie untereinander immer weniger gemein haben. Überspitzt ausgedrückt: Die Banker von Brasilien, Neuseeland, Rumänien und Deutschland verstehen sich untereinander besser als mit ihren eigenen Kindern. Während sich nationale Kulturen immer weiter differenzieren bis hin zur Gefahr eines Verlustes an integrativer Kraft, gleichen sich internationale Subkulturen immer weiter an. Daran sind die neuen Informationsmedien, die Globalisierung der Wirtschaft und die Funktionalisierung von Aufgabenbereichen sicherlich maßgeblich beteiligt. Zwar gibt es immer noch relevante Unterschiede zwischen den Vertretern ähnlicher Gruppen in unterschiedlichen Ländern, diese sind aber weniger stark ausgeprägt als die Unterschiede zwischen den Gruppen innerhalb eines Landes (Rohrmann 1994).

Ein dritter Aspekt ist vor allem für die Debatte um anthropozentrische und biozentrische Sichtweise von Bedeutung. In allen untersuchten Ländern werden risikoreiche Eingriffe in die Natur als im wesentlichen kompensationsfähige Wertverletzungen wahrgenommen. Fundamentalistische Einstellungen gegenüber der Natur (im Sinne der unbedingten Norm der Erhaltung gegenüber der Nutzung) finden sich selbst bei Umweltschützern selten. Allerdings variieren die für erforderlich gehaltenen Kompensationsleistungen erheblich von Land zu Land. Während vor allem in den Transformationsländern (Bulgarien und Rumänien) ökonomische Nutzengewinne als ausreichendes Gegengewicht zu schwerwiegenden Eingriffen in die Natur angesehen werden, sind in vielen Industrie- aber auch Entwicklungsländer Verbesserungen des Gemeinwohls (wie auch immer definiert) notwendige Bedingung dafür, daß in Natur eingegriffen werden darf. Wenig Belege gibt es auch für einen direkten Einfluß von Religion und traditioneller Kultur auf die Wertschätzung von Umwelt. Asiatische Vorstellungen einer biozentrischen Sichtweise sind meist kontemplativ gemeint und nicht als Anleitung für praktisches Handeln; dementsprechend findet sich auch in diesen Ländern wenig Widerstand gegen eine zum Teil hemmungslose Ausbeutung der Natur (Szejnwald-Brown et al. 1993).

Natürlich stellten die empirischen Sozialforscher auch eine Reihe von wesentlichen Unterschieden bei der Wahrnehmung von Umweltrisiken dar: So variiert etwa der Grad der Apathie gegenüber Umweltrisiken (Schicksal oder Folge menschlicher Aktivität) zwischen den untersuchten Ländern ebenso wie das Ausmaß der Furcht vor natürlichen im Gegensatz zu technischen Risiken. Kulturelle

Faktoren sind sicherlich auch mit dafür verantwortlich, was Menschen angeben, wenn sie gefragt werden, wovor sie sich am meisten fürchten (unabhängig von der Höhe des Risikos). Dennoch ist der Grad der Übereinstimmung zwischen den Ländern wesentlich höher, als man dies auf Grund der sehr unterschiedlichen Kulturen vermuten würde.

Was bedeuten diese Befunde für die praktische Umweltpolitik? Die stereotype Antwort, Bewertungskriterien müßten immer relativ zur jeweiligen Kultur bestimmt und gesehen werden, deckt sich nicht mit den bisherigen (zugegebenermaßen dürftigen) empirischen Ergebnissen. Zumindest bei den primären Prinzipien herrscht weitgehende Einigkeit unter den Menschen aller Kulturen. Dort, wo diese Einigkeit angezweifelt wird, ist kritisch zu fragen, ob es nicht im Interesse der jeweiligen Regierungen, aber keineswegs in der Tradition der Kultur, begründet liegt, daß auf Abweichungen vom internationalen Konsens bestanden wird. Darüber hinaus bringt es die zunehmende Professionalisierung und Globalisierung von Subkulturen mit sich, daß in den internationalen Verhandlungsgremien Personen mit ähnlicher Grundauffassung und ähnlichem Bewertungshintergrund zusammenkommen. Auch dort werden sogenannte kulturelle Unterschiede oft aus taktischen Überlegungen hochgespielt, ohne daß es dafür wirklich eine empirisch belegbare Grundlage gibt.

Interkulturelle Untersuchungen über Naturverständnis und Umweltverhalten sind zunehmend wichtige und unabdingbare Indikatoren für die Erfassung von individuellem und sozialem Verhalten der Menschen gegenüber ihrer natürlichen Umwelt. Ohne dieses Wissen ist es schwer, wenn nicht sogar unmöglich, konkrete Maßnahmen zur Ausgestaltung von umweltrelevanten Prinzipien und Normen zu entwerfen und Formen der Umsetzung dieser Normen in Alltagshandeln zu entwickeln und zu realisieren.

4.4 Potentiale und Stolpersteine in der Weiterentwicklung der Umweltsoziologie

Überblickt man die bisherige kurze Geschichte der Umweltsoziologie, ihre empirischen Befunde und ihre Resonanz in der sozialwissenschaftlichen wie umweltwissenschaftlichen Fachwelt, dann gilt es vor allem, wenn man an die Weiterentwicklung dieses Fachgebiets denkt, drei wesentliche Gefahren zu vermeiden.

1. Selbst gewählte *Gefangenheit im Zerrspiegel des Konstruktivismus:* Konstruktivisten unterschätzen die Fähigkeit von sozialen Systemen zur kritischen Selbstbeobachtung und zur systemübergreifenden Kommunikation auf der Basis von Empathie und lebensweltlicher Erfahrung. Sowohl N. Luhmann als auch U. Beck kommen, wenn auch aus ganz unterschiedlichen Ausgangsüberlegungen, zu dem Schluß, daß die mit Umweltschutz professionell arbeitenden Eliten im eigenen Denken befangen seien und sich gegenüber den Ansprüchen anderer sozialer Systeme immunisiert hätten (Luhmann 1990, S. 150 ff.; Luhmann 1991; Beck 1986, S. 73 ff.). Die durch Umweltrisiken beschriebenen

Schadensmöglichkeiten sind zweifellos soziale und wissenschaftliche Konstrukte, deren Manifestationen sind aber reale Schäden, deren Verhinderung oder zumindest deren Erkennen ein übergreifendes gesellschaftliches Anliegen darstellt (Rosa 1997). Ganze Heerscharen von Toxikologen, Epidemiologen, Sicherheitswissenschaftlern und andere mehr sind mit der Aufgabe betraut, reale von eingebildeten oder nichtwahrgenommenen Schadensmöglichkeiten zu trennen. Abgesehen davon, daß kein Wissenschaftler sich gerne einreden läßt, seine Erkenntnisse seien nichts als soziale Konstruktionen, tut man diesen Wissenschaften auch objektiv Unrecht, wenn man ihre Erkenntnisse als Produkte sozialer oder gruppenspezifischer Wünschbarkeit oder als strukturell vorgegebene Interessenäußerungen abqualifiziert. Natürlich geht es nicht um eine kritiklose Übernahme der naturwissenschaftlichen Erkenntnisse, aber ebensowenig sollte es Aufgabe der Umweltsoziologie sein, eine „arrogante" Relativierung oder sogar „Entobjektivierung" des naturwissenschaftlich geprägten Erkenntnisfindungsprozesses herbeizuführen (vgl. Scott 2000).

Vielmehr kann gerade der auch von Konstruktivisten geforderte Dialog zwischen Naturwissenschaftlern und Soziologen eine Hilfestellung zur Reflexion der häufig unbewußt oder aus Gewöhnung übernommenen Vorgehensweisen umfassen (Shrader-Frechette 1995, S. 115 ff.). Was bedeutet es beispielsweise, wenn in der Toxikologie Dosis-Wirkungs-Beziehungen auf der Basis der Einwirkungen auf den gesunden 30jährigen Mann als Standardmodell abgeschätzt werden? Welche Folgen hat es, wenn bei Untersuchungen von Wasser- oder Luftqualität bestimmte Standards als Referenzwerte ausgewählt werden? Alle diese Konventionen sind nicht willkürlich und können meist auch gut begründet werden, sie verselbständigen sich aber in ihrem alltäglichen praktischen Einsatz und werden zur Routine, deren Berechtigung für den jeweiligen Einzelfall oft fragwürdig bleibt. Dabei geht es nicht so sehr um methodische Einzelfragen als vielmehr um die grundlegende Problematik, daß mit bestimmten Vorgehensweisen und methodischen Ansätzen auch Perspektiven der Wahrnehmung von Wirklichkeit verbunden sind. Darauf hinzuweisen, vor allem aber die kulturelle Gebundenheit des Selektionsprozesses zu verdeutlichen, sollte ein Ziel der Zusammenarbeit zwischen der Soziologie und naturwissenschaftlichen Disziplinen sein.

Gleichzeitig begünstigt der Konstruktivismus eine Haltung gegenüber menschlichem Leid, das leicht zur Relativierung und damit zur Gefahr einer Verharmlosung oder auch Dramatisierung von Umweltschäden verführt (Davier 1999). Wenn alle Leiderfahrung gesellschaftlich konstruiert wird, fehlen objektive Maßstäbe der Bewertung von Handlungsoptionen mit unterschiedlichen Leidenswirkungen. Im Sinne eines humanistischen Auftrages zur Verminderung vermeidbaren Leids muß Umweltpolitik auf eine feste Basis der objektiven Schädigung Bezug nehmen können. Auch nicht öffentlich wahrgenommene Gefahren (wie etwa die Ausdünnung der Ozonschicht, ein Vorgang, der nur durch die Experten bemerkt werden konnte) verdienen kollektive Beachtung, wie auch sozial konstruierte Phantomrisiken, die allein auf psychosomatischen Reaktionen beruhen, als solche erkannt werden müssen (siehe dazu den Sammelband von Aurand et al. 1993). Denn soziale Ressourcen zur Risikovorsorge und Gefahrenabwehr sind begrenzt und müssen nach einem nachvollziehbaren und risikoadäquaten Schlüssel verteilt werden. Dieser Auftrag an die Umweltpolitik wird von (wahrscheinlich) allen Gruppen in der Gesellschaft geteilt. Ein durchgezogener Konstruktivismus wird demnach auch in der Öffentlichkeit auf Unverständnis stoßen, geschweige denn auf Billigung. Die öffentliche Unterstützung sollte und kann kein Kriterium für Wahrheitsfindung sein, aber die theoretische Ableitung des Konstruktivismus steht ohnehin auf so wakkeligen Füßen, daß sie m.E. weder erkenntnistheoretisch, noch soziologisch stringent begründet werden kann (Münch 1973; Dunlap u. Catton 1994a). Eine konsequent konstruktivistische Sichtweise macht zumindest die Umweltsoziologie für die praktische Politik wertlos. Wie oben bereits ausführlich dargestellt, bedeutet der Abschied vom Konstruktivismus nicht, daß das Wissen über Umweltbeeinträchtigungen nicht in unterschiedlichen Systemkontexten verschiedenen Konstruktionsprinzipien unterworfen ist, und es von daher gerade die Aufgabe der Umweltsoziologie sein sollte, Transparenz und Reflexion über diese Konstruktionsprinzipien herzustellen (Rose 2000, Rosa 1997).

2. *Gefahr der Instrumentalisierung der Umweltsoziologie:* Genau ins entgegengesetzte Fahrwasser gerät die Selbsteinschätzung mancher Umweltsoziologen, sie seien Sozialingenieure zur Implementierung einer ökologisch verträglichen Gesellschaft (wie immer diese definiert sein mag). Wenn es auch notwendig und sinnvoll ist, Strategien einer gesellschaftlichen Reform hin zu einer nachhaltigen Wirtschafts- und Gesellschaftsstruktur aus soziologischem Blickwinkel zu entwickeln, dann ist es dennoch problematisch, die Entwürfe etwa von Ökologen oder Konstrukteuren alternativer Technik als Ausgangspunkt einer sozialen Reform zu anzuerkennen, deren Durchsetzung man den Soziologen „großzügigerweise" überläßt. So wichtig es ist, den Ökologen und Ingenieuren nicht ihre Kompetenz streitig zu machen, wenn es um Technikentwürfe und ökologische Zusammenhänge geht, so wichtig muß es auch sein, deren Auffassung von Gesellschaft und notwendigen Reformen nicht als Maßstab der eigenen Arbeit zu akzeptieren. Gerade die Erkenntnisse über selektive Wahrnehmung von Problemen, über unterschiedliche Verteilungswirkungen wohl gemeinter Reformen, über die Multidimensionalität bei der Bewertung von Handlungsfolgen bilden den disziplinären Schatz der Umweltsoziologie, der nicht auf dem Altar einer ingenieurmäßigen Auffassung von Gesellschaft geopfert werden darf.

Umweltsoziologie soll und muß sich auch bei der Zieldiskussion und der Frage der Wünschbarkeit von ökologisch motivierten Reformen zu Wort melden: nicht als Besserwisser oder unparteiischer Schiedsrichter, sondern als Mahner für ein differenziertes Gesellschaftsbild, in dem einfache mechanische Lösungen nicht den gewünschten Effekt haben werden. Vor allem sollten sie auf diskursive Verfahren der Urteilsbildung Wert legen, denn nur so lassen sich die unterschiedlichen Weltbilder und Wertorientierungen zu einem kollektiv verbindlichen Konsens führen (Renn u. Webler 1998).

Darüber hinaus haben die empirischen Arbeiten, die im dritten Abschnitt vorgestellt wurden, die Komplexität der Wahrnehmungen und sozialen Bewertungen der natürlichen Umwelt vor Augen geführt. Dabei geht es weder um eine Gegenüberstellung von faktischem versus ethisch erforderlichen Verhaltens noch um eine Einordnung menschlicher Verhaltensweisen in ideologisch verbrämte Schubladen. Die Fülle des empirischen Materials ist vielmehr der Humus, auf dem die theoretische Erfassung und Erklärung sozialer Phänomene gedeihen kann. Insofern ist die Umweltsoziologie gut beraten, zum einen auf der Basis der empirischen Untersuchungen die in der Gesellschaft vorfindbare Problemsicht zum Ausgangspunkt ihrer Theoriebildung zu machen und zum anderen bei der Beratung für die praktische Umweltpolitik auf die Bedingungen der empirisch gegebenen Möglichkeiten und Potentiale aufmerksam zu machen.

3. *Gefahr der Sündenbockfalle:* Viele Umweltsoziologen neigen zu einer Sichtweise der Umweltprobleme, bei der allgemeine Trends der Technikentwicklung und der damit verbundenen Gefährdungen auf der Basis von einigen „Sündenbock-Techniken" abgeleitet werden. Die Sündenböcke sind immer die gleichen: Kernenergie, Gentechnik, Großchemie und gelegentlich mit abnehmender Tendenz große Computernetze. Zunächst einmal ist diese Sichtweise insofern irreführend, als sie die ambivalenten Auswirkungen der Technik, vor allem die Existenz von negativen Nebenwirkungen (selbst bei bestimmungsgemäßem Gebrauch) als Kennzeichen sogenannter Großtechnik ansieht. Ambivalenz ist aber Kennzeichen jeder Technik und somit anthropologische Notwendigkeit der Artefaktbildung. Aus diesem Grunde macht es auch keinen Sinn, kategorische Imperative und Handlungsvorschriften aufzustellen, die darauf abzielen, Techniken in moralisch gerechtfertigte und moralisch ungerechtfertigte aufzuteilen.[26]

Aus diesem Grunde ist auch der wohlgemeinte Imperativ von Hans Jonas wenig hilfreich. Jonas forderte die Gesellschaft auf, auf jede Technik zu verzichten, bei der katastrophale Folgen möglich sind.[27] Mit ausreichend Phantasie und bei entsprechender Ausbreitung der infragestehenden Technik lassen sich aber immer katastrophale Folgen ausdenken, die mit einer Wahrscheinlichkeit größer Null zu erwarten sind. Die Möglichkeit von Katastrophen ist immer gegeben, sobald eine technische Linie in großem Umfang genutzt wird, unabhängig davon, ob die Technik zentral oder dezentral eingesetzt wird. Die kleine Einmann-Kettensäge ist in millionenhafter Ausführung mindestens so gefährlich für den tropischen Regenwald wie große Holzerntemaschinen. Die Möglichkeit von Katastrophen fallen bei Großtechnologien nur schneller ins Auge.[28] Prinzipiell ist aber die Möglichkeit von irreversiblen und schwerwiegenden Katastrophen bei allen menschlichen Handlungen gegeben. Ohne Betrachtung von Wahrscheinlichkeiten und von möglichen Nutzeffekten läßt sich eine sinnvolle Abwägung über Technikfolgen nicht treffen.

Dazu tritt ein zweites Moment: Die mit den Sündenböcken verbundenen Folgen, vor allem die Globalisierung von Risiken, die ubiquitäre Verteilungs-

---

[26] Zur Frage der Verantwortung von Technikentscheidungen vgl. Luhmann, 1990, S. 19 ff.

[27] Dazu ausführlich Jonas 1979 und kürzer in Jonas 1990, S. 66-181, insbesondere S. 171 ff. Vgl. zur Geltungskraft und Kritik an Jonas: Lenk 1992, S. 138 ff.

[28] Charles Perrow hat allerdings zu Recht darauf hingewiesen, daß Großtechnologien mit hohem Katastrophenpotential eine organisatorische Struktur des Risikomanagements erfordern, die den üblichen Strukturmerkmalen von großen Organisationen widerspricht (Perrow 1984).

wirkung von Folgelasten und die Unversicherbarkeit der katastrophalen Folgen (Beck 1986, S. 31 ff.), sind, sofern überhaupt zutreffend, unabhängig von der Größe der Technik, sondern vielmehr abhängig von ihrem universellen Einsatz. Hätten die Griechen und Römer die ganze Welt besiedelt statt nur ihre Heimatländer, dann wäre die in diesen Heimatländern eingetroffene ökologische Katastrophe der Entwaldung (die bis zum heutigen Tage irreversibel ist) eine globale Katastrophe geworden trotz primitiver Werkzeuge wie Äxte. Die drohende Klimakatastrophe wie auch das Waldsterben in Europa gehen mehr zu Lasten des individuellen Verkehrs als zu Lasten von Großkraftwerken oder der Industrie. Die Zerstörung der Ozonschicht war weitgehend eine Folge von Spraydosen und Kühlschränken. Die Verunreinigung des Grundwassers mit Nitrat ist überwiegend eine Folge individuellen Düngereinsatzes. Diese Aufzählung ließe sich mühelos fortsetzen. Die Benennung von Sündenböcken oder die Aufzählung von der neuen Qualität der Umweltbedrohung durch ausgewählte Technologien suggeriert, daß ein Verzicht auf diese Technologien im Sinne der Opferung von Sündenböcken die ökologischen Krisenerscheinungen außer Kraft setzen könne. Genau diese einfache Lösung wird aber wenig zur Überwindung der ökologischen Probleme beitragen können, sie beruhigt allenfalls die Akteure.

Wie könnte man sich eine weitere Entwicklung der Umweltsoziologie vorstellen, die den oben genannten drei Gefahren Rechnung trägt? Fortschritte in der Umweltsoziologie sind an zwei Bedingungen geknüpft: Zum einen an eine bessere theoretische Fundierung, über die bereits weiter oben geschrieben wurde, zum anderen aber an eine Einbettung der soziologischen Wissensbestände in einen interdisziplinären Forschungsverbund. Folgt man den anfangs genannten Aufgabenzuteilungen für die sozialwissenschaftliche und kulturwissenschaftliche Umweltforschung, so ergeben sich daraus mehrere wesentliche Schlußfolgerungen für die Frage nach der institutionellen Eingliederung und Ausgestaltung dieses Forschungszweiges. Zunächst ist sozialwissenschaftliche Umweltforschung nicht autonom: Vor allem im Hinblick auf Reflexionsziel und Abwägungsmodus spielen die Inhalte naturwissenschaftlicher Umweltforschung eine Schlüsselrolle. Selbst für die Erforschung von Motivation und strukturellen Voraussetzungen umweltgerechten Handelns ist der Bezug zum naturwissenschaftlichen Tatbestand der Gefährdung von Umwelt und Gesundheit unabdingbar. Die Frage, warum beispielsweise Menschen Angst vor bestimmten Emissionen haben, die nach bestem Wissen der naturwissenschaftlichen Risikoforschung wenig Unheil anrichten können, während andere Emissionen mit hohem Gefährdungspotential ignoriert oder akzeptiert werden, läßt sich nur dann sinnvoll angehen, wenn sozialwissenschaftliches und naturwissenschaftliches Wissen miteinander verknüpft und aufeinander bezogen werden (Aurand u. Hazard 1993; Preuss 1991, S. 62 ff.). Ideal ist aus diesem Grunde ein Forschungsverbund, in dem Wissenschaftler aus unterschiedlichen Disziplinen gemeinsam an einem Umweltproblem arbeiten.

Die enge Zusammenarbeit zwischen Natur- und Sozialwissenschaftlern wird aber nur dort gelingen, wo beide Disziplinen bereit sind, ihre eigenen Annahmen und impliziten Betrachtungsweisen einer gegenseitigen Kritik zu öffnen. Auf der einen Seite betrifft dies den Auswahlmechanismus von wichtigen Forschungsfragen, zum anderen die Konventionen zu Methodik, Vorgehensweise und Bewertung umweltrelevanter Wirkungsketten. Einen Beitrag zur Reflexion und zur Abwägung von Maßnahmen zu leisten, setzt bei den Sozialwissenschaftlern voraus, daß sie sich intensiv mit der Materie beschäftigt haben und die grundlegenden Vorgehensweisen der Naturwissenschaftler verstehen und nachvollziehen können.

4.5 Reviewfragen

1. Welches sind die dominanten theoretischen Ansätze in der Umweltsoziologie?
2. Wie bewerten die Menschen in Deutschland die Natur und welches Naturbild sehen sie selbst als angemessen an?
3. Welche Wahrnehmungen von Umweltbeeinträchtigungen bestehen in Ost- und Westdeutschland?
4. Lässt sich ein Zusammenhang zwischen Umwelteinstellungen und Umweltverhalten nachweisen?
5. Wie könnte die Umweltsoziologie theoretisch und methodisch weiterentwickelt werden?

5 Umweltpsychologie

E. Matthies[1], A. Homburg[2]
[1]Fakultät für Psychologie, Ruhr-Universität Bochum
[2]Fachbereich Psychologie, Philipps-Universität Marburg

5.1 Einführung

Zentrales Ziel der Psychologie ist es, menschliches Verhalten und Erleben mit wissenschaftlichen Methoden zu beschreiben, zu erklären und vorherzusagen (Zimbardo 1992). Themen der klassischen Grundlagenfächer sind z. B. Wahrnehmung, Lernen oder Handlungssteuerung; hier geht es um die Erarbeitung allgemeingültiger Theorien zu psychischen Grundfunktionen. Ziel der anwendungsorientierten Fächer (z. B. der Arbeits- und Organisationspsychologie, der pädagogischen oder der klinischen Psychologie) ist es, auf der Grundlage allgemeiner psychologischer Theorien Beiträge zur Lösung von Praxisproblem bzw. zur Verbesserung der menschlichen Lebensqualität zu entwickeln (s. etwa Hoyos et al. 1988; Mayo u. La France 1980).

Dieser Beitrag stellt den anwendungsnahen Bereich der *Umweltpsychologie* vor. Dabei werden zentrale, für Umweltwissenschaftlerinnen und Umweltwissenschaftler relevante Aspekte umrissen. Primäres Anliegen ist es, eine Übersicht psychologischer Beiträge zum Umweltschutz zu geben. Umweltwissenschaftler sollen so angeregt werden, auch die psychologische Perspektive in ihrer Arbeit zu berücksichtigen und gegebenenfalls die Umweltpsychologie einzubeziehen.

5.2 Definition und Entwicklung der Umweltpsychologie

Psychologische Forschung, die sich darauf konzentriert, die Beziehung von menschlichem Erleben und Verhalten zu physikalischen, räumlichen, sozialen und kulturellen Umweltbedingungen zu untersuchen, wird allgemein als „Ökologische Psychologie" (bzw. „Ökopsychologie", „environmental psychology") oder „Umweltpsychologie" bezeichnet. Diese Begriffe werden in der Literatur zum Teil synonym benutzt, zum Teil werden ihnen aber auch verschiedene Bedeutungen zugeschrieben. So ist der Begriff „Ökologische Psychologie" eher mit theorieorientierten, programmatischen Inhalten verknüpft, wohingegen der Begriff „Umweltpsychologie" eine stärker problem- und anwendungsorientierte Forschungsperspektive beschreibt. Hier werden primär Mensch-Umweltbeziehungen betrachtet, „... die dysfunktional, problematisch oder krisenhaft sind und deshalb verbessert werden sollen" (Fleischer 1988, S. 145; s.a. Kaminski 1976). Folgende (sich durchaus überschneidende) umweltpsychologische Forschungs- und Beratungsschwerpunkte lassen sich unterscheiden (vgl. Fleischer 1988; Hellbrück u. Fischer 1999; Homburg u. Matthies 1998):

1. Beziehung des Menschen zur *physikalischen* Umwelt. In diesem Schwerpunkt wird die Wirkung materieller und energetischer Umweltbedingungen (z. B. Licht, Schall) auf Erleben und Verhalten betrachtet.
2. Beziehung des Menschen zur *räumlichen* Umwelt: Mensch-Raum-Beziehungen wie etwa territoriale Bedürfnisse, angemessene Gestaltung von Räumen, Einfluss baulicher Bedingungen auf das Wohlbefinden werden im zweiten Schwerpunkt untersucht.
3. Beziehung des Menschen zu seiner *gefährdeten und gefährdenden* Umwelt. Hier stehen Umweltprobleme und Umweltschutz im Mittelpunkt. Man kann in diesem Bereich statt von Umweltpsychologie auch von *„Umweltschutzpsychologie"* sprechen.

Mit der Beziehung des Menschen zu seiner physikalischen, sozialen und kulturellen Umwelt beschäftigt sich die Psychologie seit mehreren Jahrzehnten (z. B. Barker 1968; Hellpach 1924; Lewin 1963; Ittelson et al. 1977). Der Beginn psychologischer Forschung zum Umweltschutz – also der Beginn der Umweltpsychologie im Sinne einer „Umweltschutzpsychologie" – wird im deutschen Sprachraum allgemein auf Anfang der siebziger Jahre datiert (Kaminski 1976; Kruse et al. 1990). Das Umweltthema wurde in den Sozialwissenschaften erst modern, nachdem die Umwelt als Zukunftsfrage in das öffentliche Bewusstsein drang (Fietkau 1981). Bis in die späten 80er Jahre kam die Auseinandersetzung der Psychologie mit der Umweltproblematik allerdings nur schleppend voran. Forschung fand zwar statt (vgl. etwa Nöldner 1984), sie nahm im deutschsprachigen Raum sogar stetig zu (Kruse 1995b; Schahn 1996), wurde aber doch als ein eher „exotisches" Thema betrachtet. Eine Trendwende zeichnete sich erst Anfang der 90er Jahre ab. In und nach dieser Zeit wurden etwa einschlägige psychologische Verbände[29] gegründet und themenbezogene Forschungsprogramme initiiert. Zudem wurden in konzeptionellen Beiträgen mögliche Zugänge der Psychologie zum Thema (globale) „Umweltprobleme" aufgezeigt (s. etwa Gardner u. Stern 1996; Kaminski 1997; Kruse 1995a; Pawlik u. d'Ydewalle 1996).

Derzeit werden in der Umweltdebatte verschiedenste lokale und globale Umweltprobleme diskutiert. Exemplarisch sind etwa der anthropogene Treibhauseffekt, die Ozonabnahme in der Stratosphäre oder der Verlust der biologischen Vielfalt zu nennen. Allgemein verstehen wir unter *Umweltproblemen*

> ... Veränderungen der natürlichen Umwelt des Menschen, die – oder deren Auswirkungen – als unerwünscht oder bedrohlich erscheinen, und die durch menschliches Handeln entstehen. (Kaufmann-Hayoz 1996, S. 7)

Strategien zur Aufhebung dieser unerwünschten oder bedrohlichen Umweltveränderungen werden unter dem Begriff *„Umweltschutz"* zusammengefasst.

[29] Fachgruppe Umweltpsychologie in der Deutschen Gesellschaft für Psychologie: http://www.dgps.de/gruppen/fachgruppen/umwelt/; Initiative Psychologie im Umweltschutz (IPU) e.V.: http://www.eco.psy.ruhr-uni-bochum.de/ipu/.

Dabei meint Umweltschutz

> ... die Gesamtheit der Maßnahmen und Verhaltensweisen von Mensch und Gesellschaft, die der Erhaltung, Sicherung und Verbesserung seines Lebensraumes, der natürlichen Lebensgrundlagen und der Gesundheit des Menschen – einschließlich ethischer und ästhetischer Ansprüche – vor schädigenden Einflüssen von Landnutzung und Technik dienen. (Leser et al. 1993, S. 184)

Letztlich ist der Mensch dreifach in die Umweltproblematik eingebunden: als Verursacher, Betroffener und potentieller Bewältiger (Kruse 1995a). So erscheint es nahe liegend, zur Bearbeitung der Umweltproblematik auch auf eine Wissenschaft zurückzugreifen, die menschliches Erleben und Verhalten zum Gegenstand hat. Was sind nun die psychologischen Beiträge zum Umweltschutz? Anhand von drei Leitfragen lassen sich inhaltliche Beiträge zur Betrachtung und Veränderung der Beziehung des Menschen zu seiner gefährdeten und gefährdenden Umwelt vorstellen (s. Abbildung 5.1).

Bearbeitet werden diese Leitfragen durch umweltpsychologische Forschungsaktivitäten und indem grundlagen- und anwendungsbezogene Erkenntnisse aus allen Bereichen der Psychologie (Sozialpsychologie, Klinische Psychologie, Allgemeine Psychologie, etc.) herangezogen werden. Weitergehend ist zu betonen, dass die Umweltpsychologie in ihrer Forschung und Anwendung eine interdisziplinäre Orientierung einnehmen muss. Technische, makrosoziale oder ökonomische Aufgabenstellungen können z. B. nicht bearbeitet werden. Darum ist Offenheit für die Kooperation mit anderen Disziplinen wie etwa der Soziologie, der Pädagogik oder der Betriebswirtschaft, aber auch den Naturwissenschaften und der Medizin bei der Konzeption von Lösungsansätzen unbedingt notwendig.

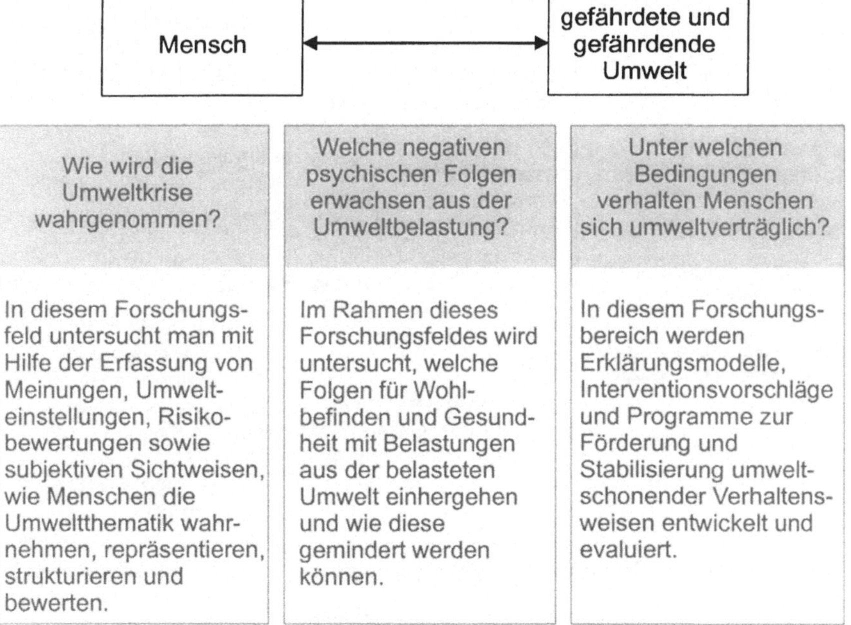

Abb. 5.1. Umweltpsychologische Leitfragen (nach Homburg u. Matthies 1998)

5.3 Aktueller Stellenwert der Umweltpsychologie in der umweltwissenschaftlichen Diskussion

Betrachten wir die umweltwissenschaftliche Diskussion, so ist festzuhalten, dass hier der Stellenwert der psychologischen Perspektive zunimmt. Ein Indikator hierfür ist etwa die zentrale Rolle, die die Psychologie in Umweltforschungsprogrammen in Deutschland (z. B. im Schwerpunktprogramm „Mensch und globale Umweltveränderungen" der Deutschen Forschungsgemeinschaft) und der Schweiz (Schweizer Schwerpunktprogramm Umwelt) einnimmt.

Ein weiterer Indikator ist die Publikation psychologischer Beiträge in interdisziplinären bzw. umweltwissenschaftlichen Fachzeitschriften (z. B. „GAIA"). Aber auch in der Praxis zeigt sich ein Bewusstsein für die Bedeutung der Umweltpsychologie (Giesinger 1997).

Wie wird die Umweltkrise wahrgenommen?	Welche negativen psychischen Folgen erwachsen aus der Umweltbelastung?	Unter welchen Bedingungen verhalten Menschen sich umweltverträglich?
- Welche Umweltbereiche sehen Menschen gefährdet (Karger u. Wiedemann 1994)? - Welche Ursachen, Folgen und Gegenmaßnahmen globaler Umweltveränderung sehen Menschen (Böhm u. Mader 1998; Bostrom et al. 1994; Homburg 1995)? - Fühlen sich Menschen durch Umweltbelastungen bedroht (Davidson u. Freudenberg 1996; McDaniels et al. 1995)?	- Wie wirken sich Annahmen über Umweltbelastungen (z.B. Elektrosmog) auf die psychische und körperliche Gesundheit von Betroffenen aus (Harlacher u. Schahn 1998)? - Welche Folgen haben Umweltbelastungen wie Lärm, Gerüche oder Luftschadstoffe (Hellbrück u. Bisping 1998; Evans u. Cohen 1987; Steinheider 1998)? - Wie können negative Folgen vermieden werden (Hazard 1998; Homburg u. Matthies 1998)?	- Von welchen internen (psychischen) und externen (situativen) Gegebenheiten hängt es ab, ob Menschen sich umweltschonend verhalten (Fietkau u. Kessel 1981; Bamberg 1999)? - Unter welchen Voraussetzungen gehen Menschen verantwortlich mit Kollektivgütern um (Ernst 1997)? - Wie motiviert man Menschen dazu, in ihrem eigenen Haushalt oder im Betrieb, Müll zu trennen oder Strom zu sparen (Stern 1992; Oskamp et al. 1994)?

Abb. 5.2. Exemplarische Beiträge der Umweltpsychologie zur umweltwissenschaftlichen Diskussion
Beispiele für anwendungsbezogene Forschungsfragestellungen.

Die inhaltliche Relevanz der psychologischen Perspektive lässt sich an verschiedenen Problemstellungen des Umweltschutzes aufzeigen. Abbildung 5.2 stellt hierzu einige anwendungsnahe Forschungsfragestellungen vor.

Neben den in Abbildung 5.2 vorgestellten konkreten Beiträgen liefert die Psychologie auch indirekte Umweltschutzbeiträge: Sie regt etwa zur kritischen Reflexion des Umweltdiskurses an (z. B. Thema „Waldsterben" bei Kruse 1989), hinterfragt implizite Menschenbilder und Laientheorien, macht auf inadäquate Denkmuster beim Umgang mit komplexen Realitäten aufmerksam (Dörner 1996), fördert die interdisziplinäre Kommunikation und trägt dazu bei, Umweltprobleme als Phänomene zu betrachten, die von Menschen verursacht werden und (potentiell) auch von Menschen unter der Berücksichtigung psychologischer Variablen (Motivation, Lernfähigkeit, Kommunikation, sozialer Einfluss...) zu lösen sind, ohne dabei einer Psychologisierung oder Individualisierung das Wort zu reden.

5.4 Stand, Diskussion und Perspektiven der umweltpsychologischen Forschung

In der Darstellung der wesentlichen Forschungsansätze und ihrer Ergebnisse orientieren wir uns an den oben genannten Leitfragen (s. Abbildung 5.1). Es soll zunächst die Forschung zur Wahrnehmung der Umweltthematik vorgestellt werden (5.4.1) sowie zu psychischen Folgen (5.4.2). Zu dem Themenkomplex der Bedingungen umweltverträglichen Handelns haben sich zwei Forschungstraditionen entwickelt, die in zwei getrennten Unterabschnitten dargestellt werden: die umweltpsychologische Modellforschung zur Erklärung von Umwelthandeln (5.4.3) und die Interventionsforschung (5.4.4). Abschließend werden Perspektiven für die Umweltpsychologie aufgezeigt (5.4.5).

5.4.1 Wahrnehmung der Umweltthematik

Einen besonderen Beitrag liefert die Psychologie bei der genaueren Beschreibung und Analyse der Frage, wie die Umweltthematik von Menschen wahrgenommen und bewertet wird. Im allgemeinen Diskurs wird hier gern von „Umweltbewusstsein" gesprochen, obwohl damit eher ein „Umweltproblembewusstsein" gemeint ist. Neben der demoskopischen Forschung zum Umweltproblembewusstsein (die eher der Soziologie zuzurechnen ist, vgl. Kapitel 4 dieses Buches), gibt es hier drei psychologische Forschungstraditionen, die anschließend vorgestellt werden: die Forschung zur kognitiven Struktur des Umweltbewusstseins (Abschnitt 5.4.1.1), die Forschung zur subjektiven Repräsentation der Umweltthematik (Abschnitt 5.4.1.2) und die psychometrische Risikoforschung (5.4.1.3). Aus psychologischer Perspektive sollen aus den Befragungen die Gedanken, die sich Menschen zur (problematischen) Mensch-Umwelt-Beziehung machen und die Strukturen dieser „Denkinhalte" erschlossen werden.

5.4.1.1 Forschung zur kognitiven Struktur des Umweltbewusstseins

Beginnend mit einer Forschungsarbeit von Maloney u. Ward (1973) aus den frühen 70er Jahren entwickelte sich eine Forschungstradition, die das Umweltbewusstsein als handlungswirksame Disposition versteht. Dieses Umweltbewusstsein (engl. *environmental concern* bzw. *environmental consciousness*) wurde von vielen Forschenden aufgegriffen und untersucht. Grundsätzlich lassen sich Umweltbewusstseins-Konzepte mit mehreren Komponenten von (selteneren) eindimensionalen Ansätzen unterscheiden. Beide Formen werden über Fragebögen erfasst.

Die Tradition der Mehrkomponentenmodelle wird von der bereits erwähnten Studie von Maloney u. Ward (1973) begründet. Sie versuchten, Umweltbewusstsein über vier Teilelemente (eine Wissensskala, eine Affektskala und je eine Skala zur Erfassung der verbalen und tatsächlichen Handlungsbereitschaft) zu beschreiben. Dieser Zugang – und damit die Konzeption des Umweltbewusstseins als mehrteiliges Einstellungskonstrukt – wurde von Forschenden verwendet und dabei auch modifiziert (unten wird ein aktuelles Beispiel vorgestellt). Die Mehrkomponentenmodelle weisen Parallelen zu einem Modell auf, das von Rosenberg u. Hovland (1960) im Rahmen einer sozialpsychologischen Einstellungstheorie entwickelt wurde. Einstellungen sind demnach „Prädispositionen, in einer bestimmten Art und Weise auf spezifische Objekt-Gruppen" zu reagieren (Rosenberg u. Hovland 1960, S. 1). Diese Prädispositionen bestehen aus drei Komponenten, nämlich einem *affektiven*, gefühlsbezogenen Bestandteil, einem *kognitiven* und einem *verhaltensbezogenen* Bestandteil. In eindimensionalen (eher soziologisch orientierten) Ansätzen wird Umweltbewusstsein etwa als „Sorge um die Umwelt" (*environmental concern*, Weigel u. Weigel 1978) oder als übergeordnete Weltsicht bzw. Werthaltung (Dunlap u. Van Liere 1984) verstanden.

Die empirischen Studien zur kognitiven Struktur des Umweltbewusstseins haben einige interessante Beiträge für die gesellschaftliche Diskussion geliefert. Beispielsweise gilt als gesichert, dass das Wissen über ökologische Themen im Allgemeinen mit der Bereitschaft, sich umweltgerecht zu verhalten, sehr wenig zu tun hat. Die nur bedingt wichtige Rolle, die das Umweltbewusstsein als Determinante umweltverträglichen Verhaltens spielt, wird in Abschnitt 5.4.3.2 angesprochen.

Beispiel für ein aktuelles Instrument zur Erfassung des Umweltbewusstseins als mehrdimensionales Merkmal:

Das Skalensystem zur Erfassung des Umweltbewusstseins (SEU-3, Schahn et al. 1999; s.a. Schahn 1996; Schahn u. Holzer 1990) stellt ein nach Grundsätzen der klassischen Testtheorie konzipiertes, formal und inhaltlich überprüftes Instrument dar. Das Instrument dient primär zu Forschungszwecken, z. B. wenn es um die Evaluation von Umweltschutzmaßnahmen geht und überprüft werden soll, ob sich das Umweltbewusstsein in der gewünschten Weise verändert hat. Das Messinstrument umfasst (neben zwei Globalskalen) Subskalen zu drei Konzept- und zu acht Inhaltsbereichen des Umweltbewusstseins:

- *Konzeptbereiche des Umweltbewusstseins:*
  Einstellung (Bewertungen zu verschiedenen Umweltschutzbereichen), *Verhaltensbereitschaft* (Bereitschaft, sich in dieser oder jener Weise umweltverträglich zu verhalten), *Selbstberichte-*

tes Verhalten (Ausmaß, in dem sich jemand in verschiedenen Handlungsfeldern umweltverträglich verhält).
- *Inhaltsbereiche des Umweltbewusstseins (inhaltliche Themen des individuellen Umweltschutzes im Privatbereich)*
  Littering/Umweltästhetik, Energiesparen im Haushalt, gesellschaftliches Engagement, Mülltrennung und Recycling, Sport und Freizeit, umweltbewusstes Einkaufen, umweltschonender Verkehr, Wassersparen und Wasserreinhaltung.

Zur Veranschaulichung der Operationalisierung des Umweltbewusstseins hier einige Beispielitems mit denen Einstellungen, Verhaltensbereitschaften und selbstberichtetes Verhalten zum Umweltschutz in verschiedenen Handlungsfeldern erfasst werden:
- Ich kann nicht verstehen, warum im Freibad so viele Leute ihren Abfall liegen lassen, obwohl genügend Abfalleimer aufgestellt sind (Inhaltsbereich Umweltästhetik).
- Ich finde es anerkennenswert, wenn andere Leute in ihrem Haushalt Energie einsparen (Inhaltsbereich Energiesparen, Konzeptbereich Einstellung).
- Es ist erfreulich, wenn eine Umweltschutzorganisation mit ihren Aktionen Erfolg hat (Inhaltsbereich gesellschaftliches Engagement, Konzeptbereich Einstellung).
- Wenn ich einen Garten hätte, würde ich einen Komposthaufen anlegen (Inhaltsbereich Mülltrennung und Recycling, Konzeptbereich Verhaltensbereitschaft).
- Ich bin entschlossen, in Zukunft (weiterhin) keine Seil- oder Gondelbahn zu benutzen, da sie eine Umweltbelastung und -zerstörung darstellen (Inhaltsbereich Sport und Freizeit, Konzeptbereich Verhaltensbereitschaft).
- Ich kaufe Getränke wie Bier, Sprudel und Fruchtsäfte in Pfandflaschen (Inhaltsbereich umweltbewusstes Einkaufen, Konzeptbereich selbstberichtetes Verhalten).

5.4.1.2 Forschung zur subjektiven Repräsentation der Umweltthematik

Der Begriff „subjektive Repräsentation“ bezeichnet die Alltagsvorstellungen bzw. das Alltagswissen, das Menschen zu den verschiedensten Themen besitzen. Ein Ziel der hier vorzustellenden Forschungstradition ist es, Alltagsvorstellungen zur Umweltthematik zu erkunden. Sie bedient sich primär qualitativer (Erhebungs-) Methoden, da diese es über einen großen Antwortspielraum erlauben, Interpretationen und Aussagen zur Umweltthematik zu erfassen, ohne alle „Denkinhalte“ vorzugeben. So werden häufig (mehr oder weniger offene) Interviews geführt (s. etwa Lecher 1997). Hier beantworten Befragungsteilnehmerinnen und Befragungsteilnehmer die Interviewfragen, die im Vorfeld in einem (mehr oder weniger bindenden) Leitfaden zusammengestellt werden. Einige Befunde aus dieser Forschungstradition sollen hier zur Frage vorgestellt werden, welche Vorstellungen Menschen zur globalen Klimaveränderung besitzen. Kempton (1991) leitet aus seinen Interviews ab, dass Laien den Klimawandel anders auffassen als Wissenschaftlerinnen und Wissenschaftler. Das relativ neue Phänomen wird – wie aus kognitionspsychologischer Perspektive zu erwarten – in ältere Wissenskonzepte wie dem des Ozonabbaus, der bodennahen Luftverschmutzung und der saisonalen sowie geographischen Temperaturschwankungen eingepasst. Beispielsweise wird die globale Erwärmung als Teil oder Folge des Ozonabbaus verstanden, was aus naturwissenschaftlicher Sicht nur bedingt stimmt. Nach den Studien von Bostrom et al. (1994) verfügen Menschen über viele „Fehlkonzepte“ bezüglich des Klimawandels. So wurde teilweise kein Unterschied zwischen dem Treibhauseffekt und dem Ozonabbau gemacht. Die Definitionen von Laien zu wichtigen Begriffen der

Klimaproblematik waren am häufigsten zum Begriff Luftverschmutzung und am seltensten zum Bereich Klima und Klimawandel richtig. Letzteres wurde häufig als „Wetter“ unzulänglich erläutert. Bezüglich der Ursachen des Klimawandels wurde primär auf den Gebrauch von Automobilen, Industrieemissionen, Spraydosen und die Umweltverschmutzung im Allgemeinen verwiesen. An Folgen wurden dem Klimawandel – in großer Übereinstimmung mit wissenschaftlichen Sichtweisen – insbesondere ein Temperaturanstieg, die Veränderung von Niederschlagsmustern, die Zunahme von Hautkrebs und die Veränderung landwirtschaftlicher Erträge zugesprochen. Lösungsmöglichkeiten für den zumeist negativ bewerteten Klimawandel wurden im Bereich einer generellen Umweltverschmutzungskontrolle gesehen. Abbildung 5.3 stellt zum Umweltproblem „Ozonloch“ Ursachen und Folgen aus Sicht von Laien vor.

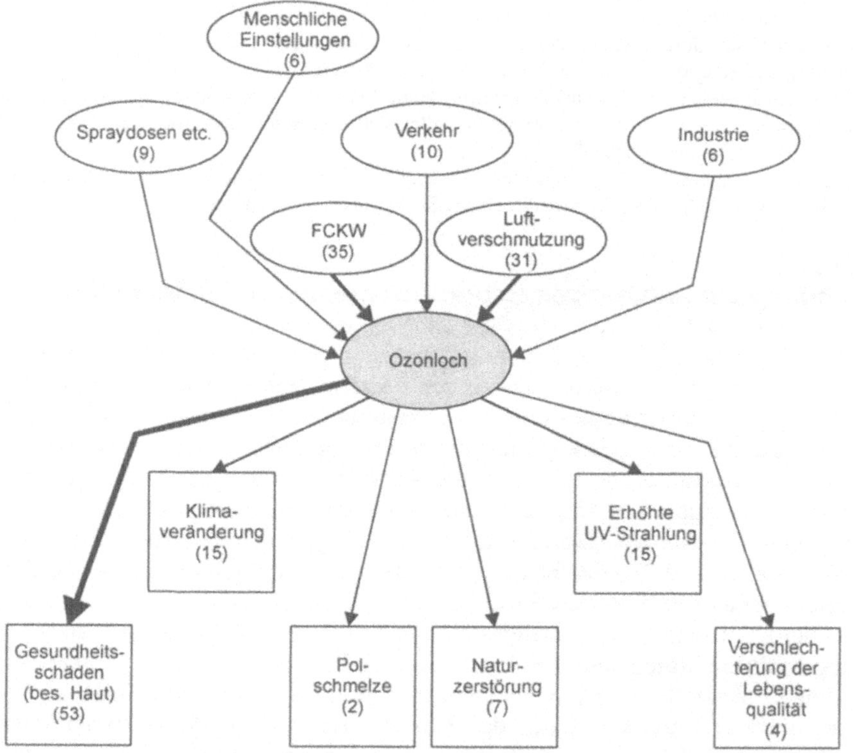

Abb. 5.3. Ursachen und Folgen des Umweltproblems „Ozonloch“ aus Sicht von Laien (nach Böhm u. Mader 1998, S. 277)
Die genannten Ursachen sind als Kreise und die Folgen als Quadrate dargestellt. Ursachen und Folgen liegen jeweils auf drei bzw. zwei verschiedenen Kausalebenen. Die Dicke der Pfeile spiegelt die Häufigkeit der Nennungen wider. Ursachen und Folgen summieren sich jeweils zu 100 %, Abweichungen ergeben sich durch nicht dargestellte Restkategorien.

5.4.1.3
Psychometrische Risikoforschung

Unter einem „Risiko“ versteht man die Möglichkeit eines Verlustes oder Schadens als Folge einer Handlung oder eines Ereignisses. Die psychometrische Risikoforschung untersucht in diesem Kontext seit kurzem auch die Wahrnehmung und Bewertung von Umweltrisiken wie der Luftverschmutzung, Überschwemmungen oder dem Artensterben (McDaniels et al. 1995; Karger u. Wiedemann 1996). Im Rahmen dieser Forschung interessieren u. a. die Risikomerkmale, auf die Laien im Zuge der Risikobewertung zurückgreifen. Mit Jungermann u. Slovic (1993, S. 171) kann man betonen: „‚Risiko‘ ist ein Merkmal, das Objekten, Aktivitäten und Situationen aufgrund von Wahrnehmungs-, Lern- und Denkprozessen zugeschrieben wird. Insofern gibt es auch kein ‚objektives‘ Risiko, das man ‚objektiv‘ wahrnehmen könnte ...“.

Die psychometrische Risikoforschung geht nun davon aus, dass Nicht-Fachleute *intuitiv* über Risiken urteilen, d. h., für sie resultiert das Risiko einer Handlung, einer Technik etc. nicht allein aus „objektiven“ Kriterien (z. B.: „Produkt von Schadensausmaß und Schadenswahrscheinlichkeit = Risiko“). In die Urteilsbildung fließen noch andere Risikocharakteristika ein. So kommen Laien oft zu anderen Risikobewertungen als Fachleute. Bei diesen Bewertungsprozessen spielen insbesondere Merkmale des bewertenden Individuums (Erfahrungen, Werthaltungen etc.) und des zu bewertenden Phänomens eine Rolle (Jungermann u. Slovic 1993). Ein Umweltrisiko wird etwa riskanter bewertet werden, wenn die Beurteilenden keine Beeinflussungsmöglichkeiten sehen oder persönlich davon betroffen sind (z. B. wird ein Waldbesitzer den sauren Regen riskanter bewerten als jemand, der keinen Wald besitzt).

In Studien zur Risikowahrnehmung wurden Risiken für Menschen, die aus Umweltproblemen (z. B. Wasserverschmutzung) entstehen, sehr hoch bewertet. Bezüglich des Gesamtrisikos für die Gesundheit des Menschen und die Fruchtbarkeit der natürlichen Umwelt wurden dabei die Phänomene Nuklearkrieg, Artenverlust und der Abbau der Ozonschicht besonders hoch bewertet (McDaniels et al. 1995). Schon aus der Anfangszeit der Risikoforschung stammt der Befund, dass die meisten Menschen sich selbst für weniger gefährdet halten als vergleichbare Personengruppen (etwa „die Bevölkerung“). Weinstein (1982) spricht in diesem Zusammenhang von einem *„unrealistischen Optimismus*“, der auf einer selektiven Informationsaufnahme beruht. Dieser unrealistische Optimismus lässt sich auch bei der Bewertung von Umweltrisiken finden. In der Studie von Ruff (1990) bewerten 40 % von 180 Befragten das persönliche Risiko durch Umweltverschmutzung geringer als das Risiko für die Gesamtbevölkerung. Ruff spricht hier von den „Risikooptimisten“: „Sie neigen dazu, sich persönlich überhaupt nicht gefährdet zu fühlen und die Umweltkrise tangiert sie insgesamt weniger“ (Ruff 1990, S. 167).

Die Kenntnis der Unterschiede und der Ursachen dieser Unterschiede zwischen Laien und Experten könnte es erlauben, Entscheidungsprozesse – etwa bei der Einführung neuer Techniken – auf eine breitere Basis zu stellen, die neben der „objektiven“ auch die „intuitive“ Risikobewertung berücksichtigt.

5.4.1.4
Kritik und Perspektiven

Zu jeder der drei vorgestellten Forschungstraditionen lassen sich Entwicklungsaufgaben formulieren. Die Forschung zur kognitiven Struktur des Umweltbewusstseins wird intern häufig kritisiert, weil sie eine Vielzahl von Konzeptionen und Operationalisierungen verwendet. Hier ist eine intensive Diskussion innerhalb der Psychologie notwendig. Weitergehend wird angeregt, nicht nur psychische Dispositionen wie Einstellungen oder Wertorientierungen zu berücksichtigen, sondern den Umweltbewusstseinsdiskurs zu betrachten, also beispielsweise alltagssprachliche Rechtfertigungen für umweltschädigendes Verhalten in verschiedenen Handlungsbereichen zu erfassen (Schahn 1993). Herausforderungen der Forschung zur subjektiven Repräsentation liegen insbesondere in der Umsetzung einer intersubjektiv nachvollziehbaren Auswertung. Für die psychometrische Risikoforschung wird immer wieder eine verbesserte Theorieanbindung (s.a. Böhm u. Mader 1998) gefordert. Abschließend ist zu betonen, dass mit Hilfe der Forschung zur Wahrnehmung der Umweltthematik Schritt für Schritt ein umfassendes Bild der sozialen und psychischen Relevanz der Problematik erarbeitet wird. Das Wissen um diese Zusammenhänge ist ein wichtiger Baustein für die erfolgreiche Umsetzung von – und eine Kommunikation über – Umweltschutzmaßnahmen.

5.4.2
Psychische Folgen der Umweltkrise

Von Menschen verursachte Umweltveränderungen stehen im Verdacht, unser Wohlbefinden nicht nur weiter zu verbessern, sondern potentiell auch zu gefährden. So stellt sich die Frage, welche negativen psychischen Folgen aus der Umweltbelastung erwachsen können. Ein komplexes Forschungsfeld hat sich hier für die Psychologie eröffnet.

Abbildung 5.4 stellt zentrale Aspekte dieses Themenbereichs vor. Auf Belastungsquellen und Wirkweisen von Umwelteinflüssen (Abschnitt 5.4.2.1), Folgen (Abschnitt 5.4.2.2) und Interventionsmöglichkeiten (Abschnitt 5.4.2.3) wird anschließend näher eingegangen.

5.4.2.1
Wirkweisen von Umwelteinflüssen

Einflüsse aus der belasteten Umwelt können über verschiedene Wege auf Menschen wirken. Zum einen können sie direkt als physikalische, chemische oder biologische Umweltnoxen *körperlich* aufgenommen werden (Metalle, UV-Strahlung, elektromagnetische Felder, Schall, Mikroorganismen usw.) und potentiell zu körperlicher sowie sekundär zu psychischer Beeinträchtigung führen. Zum anderen können sie über *psychische* Vermittlungsprozesse relevant werden (s. a. Abbildung 5.4, Ebene 2).

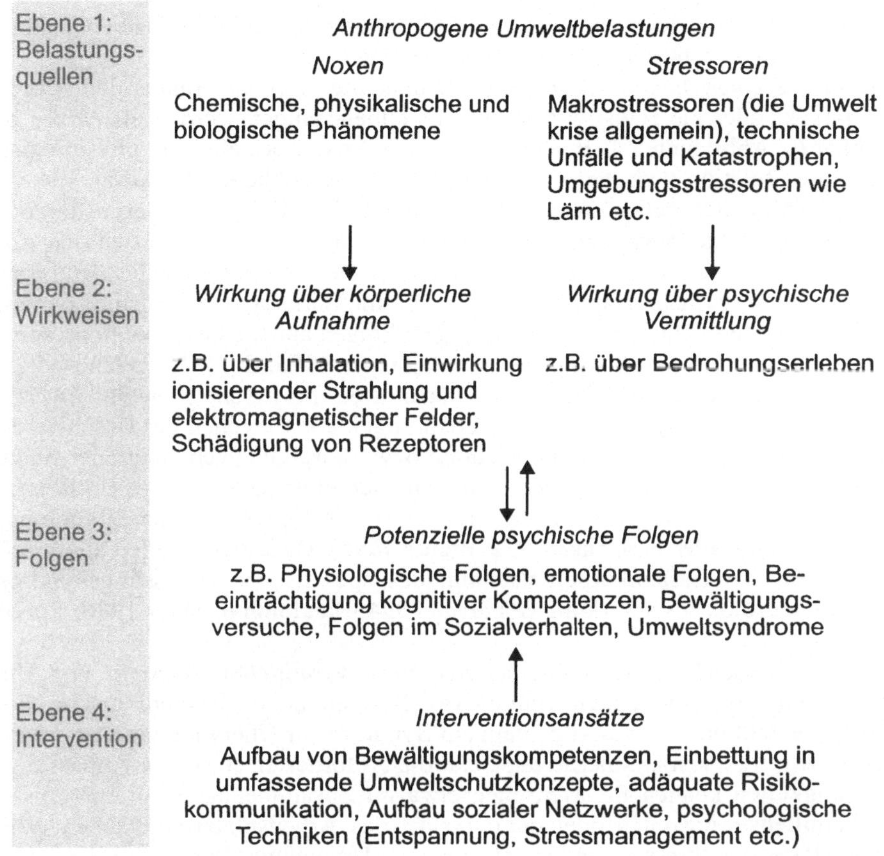

Abb. 5.4. Ebenen der Betrachtung von psychischen Folgen der Umweltbelastung (nach Homburg u. Matthies 1998)

Diese psychischen Vermittlungsprozesse wiederum gehen von zwei Erfahrungsformen aus (s. a. Preuss 1995; Ruff 1993):

1. Direkte Erfahrungen bzw. Sinneseindrücke (z. B. Sehen von Luftverschmutzung, Fühlen von Hautreizungen).
2. Indirekte Erfahrungen (z. B. Medienberichte zu belasteten Nahrungsmitteln, Gespräche im Freundeskreis über „Umweltkrankheiten", Beobachtung von Leiden anderer, eigene Schlussfolgerungen).

Es besteht die Möglichkeit, dass Umweltbelastungen – je nach konkreten Gegebenheiten – über beide Wirkpfade relevant werden. So kann etwa die Bleibelastung von Trinkwasser über die körperliche Aufnahme und/oder über die psychische Vermittlung (z. B. Angst vor Bleivergiftung) relevant für Erleben und Verhalten werden. Zudem ist zu betonen, dass insbesondere die psychische Vermittlung und die Folgen der Einwirkung interagieren können. So kann etwa die Bewusstwerdung von Beeinträchtigungen dazu führen, dass über Selbstbeobachtung vermehrt Folgesymptome wahrgenommen werden.

Über die *körperliche Aufnahme* (z. B. über die Atmungsorgane, den Magen-Darm-Trakt oder die Haut) wirkende Umweltbelastungen werden als *Noxen* bezeichnet (s. Abbildung 5.4, Ebene 1). Bei den Noxen besteht eine physiologisch erklärbare Relation zwischen Umweltreiz und menschlicher Reaktion, die von ihrer physiko-chemischen Wirkung ausgeht (z. B. Müdigkeit, Nervosität oder Depression infolge langanhaltender Bleiexposition). Preuss erläutert zu den Auswirkungen dieser Noxen: „... Effekte ... entstehen aus den tatsächlichen Immissionen auf den Menschen, unabhängig davon, ob ihr Wirkungsmechanismus bewusst erfasst wird oder nicht. Ihre gesundheitlichen Folgen äußern sich sowohl im somatischen als auch im psychischen Bereich“ (Preuss 1995, S. 3). In welcher Beziehung die körperliche Aufnahme von Schadstoffen mit *psychischen Beschwerden* bei den Betroffenen steht, ist vielfach noch ungeklärt. Ursachen der Beschwerden können Vergiftungen (z. B. durch Metalle) bzw. morphologische und/oder funktionelle Schädigungen von Organen sein. Daneben existieren mehrere Erklärungsansätze zu *somatischen Wirkungsmechanismen* von Noxen, aus denen auch psychische Beschwerden erwachsen (s. a. Preuss 1995). Diskutiert werden allergische Reaktionen, die Gesamtkörperbelastung, das spezifische Anpassungssyndrom oder die neurotoxische Wirkung (Andreas 1994; Randolph u. Moss 1986; Runow 1994).

Eine umfassende Betrachtung der *psychisch vermittelten Wirkung* von Umweltbelastungen ermöglichen (kognitive) Stressmodelle. Psychologische Forschung versteht unter Stress allgemein ein Syndrom zur Überwindung von Anpassungsschwierigkeiten an interne bzw. externe Anforderungen. Diese Anpassungsschwierigkeiten können für Menschen etwa im Zusammenhang mit Ereignissen wie Familienstreitigkeiten oder dem Verlust des Arbeitsplatzes entstehen. Wird der Auslöser des Stresszustandes der Umwelt (Umgebung) bzw. schlechten Umweltbedingungen zugesprochen, spricht man – sehr allgemein – von „*Umweltstress*“. Themen psychologischer Forschung zum Umweltstress sind etwa die Untersuchung der Wirkung sehr hoher oder niedriger Temperaturen, hoher Menschendichte (Crowding), natürlicher und technischer Katastrophen (z. B. Erdbeben, AKW-Unfälle) oder chronischer Umweltbelastungen (z. B. Lärm, Autoverkehr). Die Stressforschung richtet das Augenmerk insbesondere auf die Tatsache, dass Menschen, die sich dauerhaft in ihrer psychischen und physischen Unversehrtheit – z. B. durch Umweltbelastungen – bedroht *fühlen*, krank werden können. Im folgenden wird eine aktuelle Stresstheorie näher vorgestellt.

Umweltstress aus Sicht der transaktionalen Stresstheorie:
Im Sinne der transaktionalen Stresstheorie (z. B. Lazarus u. Folkman 1984) lässt sich die psychische Vermittlung von Umwelteinflüssen wie folgt skizzieren:

- Schritt 1: Nehmen wir an, jemand hört in den Nachrichten eine Warnung vor „Sommersmog“.
- Schritt 2: Dieses Phänomen wird vom Individuum bewertet: Ist es eine Herausforderung oder eine Bedrohung für das Subjekt? Gehen wir einmal davon aus, dass das Individuum den Sommersmog als eine Bedrohung für die eigene Gesundheit betrachtet.
- Schritt 3: Anschließend bewertet das Individuum ob es mit der Bedrohung umgehen kann. Hier spielen Kontrollüberzeugungen und die Selbstwirksamkeit eine wichtige Rolle.

- Schritt 4: Nun wählt das Individuum Bewältigungsstrategien aus. Solche Strategien könnten beim Stressor „Sommersmog“ darin bestehen, soziale Unterstützung zu suchen („geht es anderen Menschen auch so?“), das Problem zu „lösen“ („keine körperliche Anstrengung bei Ozon-Belastung“) oder zu resignieren („da kann man sowieso nichts machen“).
- Schritt 5: In der Phase der Neubewertung beurteilt das Individuum die Situation neu, indem die Effektivität der gewählten Bewältigungsstrategie oder die Art der subjektiven Belastung anhand der veränderten Informationen betrachtet wird. In unserem Beispiel könnte etwa der Sommersmog als nicht bedrohlich bewertet werden, da die Person eine Exposition vermeidet.

Gelingt es auf Dauer nicht, eine bedrohliche Situation umzubewerten (oder ihr physisch zu entgehen), sind negative Konsequenzen für die körperliche und psychische Gesundheit oder die soziale Integration wahrscheinlich – und das unabhängig von der somatischen Wirkung unseres Beispiels „Sommersmog“.

5.4.2.2 Psychische Folgenbereiche der Umweltbelastung

Tatsächliche oder antizipierte gesundheitliche Belastungen aus der belasteten Umwelt können eine Fülle negativer psychischer Folgen nach sich ziehen. Guski meint hierzu: „Umweltbelastungen können sehr unterschiedliche Auswirkungen haben, angefangen von kaum definierbarem Unwohlsein über konkrete Störungen intendierten Verhaltens, massiven Belästigungen und Ängsten bis hin zu somatischen Erkrankungen“ (Guski 1993, S. 4). In den letzten Jahren wurden insbesondere folgende kurz- und längerfristige psychische Folgen von Umwelteinflüssen untersucht (s.a. Homburg u. Matthies 1998): physiologische Folgen, emotionale Folgen, Beeinträchtigung kognitiver Kompetenzen, Bewältigungsversuche, Folgen im Sozialverhalten, Belästigungsempfinden, Befindlichkeitsstörungen, Umweltsyndrome, (posttraumatische) Belastungsreaktion/Belastungsstörung. Die im Anschluss aufgeführten Beispiele zeigen einige *emotionale Folgen* verschiedener Umwelteinflüsse auf.

- *Unfall in einem Atomkraftwerk*
  Durch einen Unfall in einem Atomkraftwerk (Tschernobyl) betroffene Anwohnerinnen hatten einen erhöhten Wert auf dem „General Health Questionnaire“ (GHQ), d. h., sie beschrieben sich als ängstlicher, depressiver und selbstunsicherer als die Frauen in einer Kontrollgruppe (Viinamäki et al. 1995).
- *Altlasten im Boden*
  Chemische Altlasten haben als Stressoren Folgen für die emotionale Befindlichkeit der ortsansässigen Bevölkerung. Beispielsweise stellte für viele der Verlust des Hauses ein großes emotionales Problem dar. Betroffene berichteten über den Verlust des Gefühls von Sicherheit und Verlässlichkeit, Autonomie und Status. Ihr eigenes Haus war für die Bewohnerinnen und Bewohner bis zum Bekanntwerden der Katastrophe das „Herz der Familie“ (Levine u. Stone 1986).
- *Luftbelastung*
  Evans et al. (1988) berichten, dass die Ozonkonzentration in Wechselbeziehung zur depressiven Stimmung und kritischen Lebensereignissen stehen kann. Die Autoren sehen hier eine Summierung von Belastungsfaktoren aus der Umwelt und persönlichen Lebensbedingungen.
- *Geruchsbelastung*
  Im Zusammenhang mit der Geruchsbelastung wird von negativer emotionaler Verfassung, Stimmungsbeeinträchtigung, dysphorischer Stimmung, aggressivem Verhalten, Ängstlichkeit, Müdigkeit und Traurigkeit berichtet (Rotton et al. 1978, 1979).

5.4.2.3
Interventionsansätze

Aus psychologischer Sicht ist es eine wichtige Aufgabe, neben der Minimierung schädlicher Umwelteinflüsse den Aufbau von *Bewältigungskompetenzen* zu fördern (s. a. Hazard 1998). Das Ziel von Interventionen muss hier lauten: „Handlungsmöglichkeiten eröffnen statt Resignation fördern". Hier wird deutlich, dass effektive Interventionen auf der Seite psychischer Folgen immer auch in direktem Bezug zu Umweltschutzansätzen vor Ort (z. B. Lokale Agenda 21, Öko-Audit) stehen müssen! Wie können nun individuelle (und damit sekundär auch soziale) Bewältigungskompetenzen aufgebaut werden? Hier ist an folgende Konzepte zu denken:

1. Förderung politischen Engagements bzw. Schaffung von Handlungsangeboten und Partizipationsprozessen, Aufbau sozialer Stützsysteme und Netzwerke (s. etwa Fischer 1998).
2. Rückgriff auf Konzepte der gesellschaftlichen und der therapeutisch-beratenden Risikokommunikation (s. etwa Wiedemann 1990).
3. Nutzung spezifisch psychologischer Interventionsansätze (Entspannungstechniken, Stressmanagement, s. etwa Preuss 1991).

5.4.2.4
Kritik und Perspektiven

Es ist zu beachten, dass hier ein noch sehr junges Forschungsfeld vorliegt. Zu vielen wichtigen Fragen gibt es keine befriedigenden Antworten. So liegen bisher keineswegs trennscharfe „Diagnosen" vor, die zudem nicht den Anspruch erheben können, alle potentiellen psychischen Folgen zu beschreiben. Einerseits besteht im Bereich der Risikoabschätzung („Welche Einwirkung führt wann zu negativen Folgen?") ebenso wie in den Bereichen Anamnese, Ätiologie, Epidemiologie und Intervention Forschungsbedarf. Andererseits lassen sich schon heute eine Fülle von Interventionsnotwendigkeiten und -möglichkeiten benennen.

5.4.3
Erklärung von umweltrelevantem Verhalten

Zunehmend werden die Ursachen für Umweltprobleme auch im Lebensstil der Menschen in den westlichen Industriestaaten gesehen und damit im Alltagsverhalten von Individuen. Aus dieser Perspektive wird die Erklärung von individuellen umweltrelevanten Handlungen und Entscheidungen zu einem wichtigen Forschungsgegenstand. Die Psychologie hat sich dieses Themas seit den frühen 70er Jahren in einer Vielzahl von Studien angenommen (hierzu auch Abschnitt 5.4.1.1), in denen es darum geht, Modelle zu entwickeln, die umweltrelevantes Verhalten aus psychischen Konstrukten (z. B. Umweltbewusstsein) vorhersagen.

In diesem Abschnitt wollen wir zunächst einen Eindruck vermitteln, was in psychologischen Studien genau unter umweltrelevantem Verhalten verstanden wird (5.4.3.1). In 5.4.3.2 geht es dann um den Zusammenhang zwischen Umweltbewusstsein und umweltschonendem Verhalten, daran anschließend wird in 5.4.3.3 die sich daraus entwickelnde aktuelle Modellforschung vorgestellt.

5.4.3.1 Umweltbewusstes Verhalten als Gegenstand psychologischer Forschung

In den Studien der 70er Jahre wurde unter umweltbewusstem Verhalten vor allem *umweltschützendes Engagement* verstanden, beispielsweise die Mitarbeit in Umweltgruppen oder die Bereitschaft, Unterschriften für den Umweltschutz zu leisten (Maloney u. Ward 1973). Amerikanische Studien stützen sich z. T. noch heute auf die damals entwickelten Messinstrumente zur Erfassung von umweltbewusstem Verhalten (z. B. Scott u. Willits 1994) bzw. auf ähnliche Instrumente, die gleichermaßen privates und politisches Verhalten erfassen (Dietz et al. 1998; Tarrant u. Cordell 1997).

Tabelle 5.1. Erfassung von „umweltrelevantem Verhalten" in Studien von 1994-1999

Studie	Verhaltensbereiche
Scott u. Willits 1994 (Items der Ecology Scale von Maloney et al. 1975)	1. Einkaufsverhalten 2. Politisches Engagement
Tarrant u. Cordell 1997 Genereller Umweltverhaltensindex (*General environmental behavior index, GEB*)	1. *Umweltverhalten* (Recycling, Verpackungsmüll reduzieren, zu umweltfreundlichen Produkten wechseln, Fahrgemeinschaften, Fernsehsendungen über die Umwelt sehen, über die Umwelt lesen) 2. *Umweltaktionen* (Politiker anrufen oder anschreiben, Unterschriftenlisten unterschreiben, Treffen von Umweltschutzgruppen besuchen, Geld für Umweltschutz spenden, entsprechende Politiker wählen)
Dietz et al. 1998	1. Opferbereitschaft für den Umweltschutz 2. Umweltschutz im Alltag (Kauf von Bioprodukten, Recycling, Reduktion der Pkw-Nutzung) 3. Politisches Engagement
Kaiser et al. 1999 *(General ecological behavior scale, GEB)*	1. Ökologische Müllentsorgung 2. Wasser- und Energiesparen 3. Einkaufsverhalten 4. Müllvermeidung 5. Teilnahme an Naturschutzprojekten 6. Ökologische Automobilnutzung
Schahn et al. 1999 (Skalensystem zur Erfassung von Umweltbewusstsein; SEU-3)	1. Littering/Umweltästhetik 2. Energiesparen im Haushalt 3. Gesellschaftliches Engagement 4. Mülltrennung und Recycling 5. Sport und Freizeit 6. Umweltbewusstes Einkaufen 7. Umweltschonender Verkehr 8. Wassersparen, Wasserreinhaltung

Im deutschsprachigen Raum hingegen wird umweltbewusstes Verhalten vor allem als umweltschützendes Alltagsverhalten verstanden (vgl. Kaiser et al. 1999; Schahn u. Holzer 1990; Schahn et al. 1999). Die in Tabelle 5.1 aufgeführten Verhaltensbereiche werden derzeit als umweltrelevant erfasst.

Neben Studien, die umweltrelevantes Verhalten in seiner gesamten Breite untersuchen, gibt es auch solche, die sich auf einzelne Verhaltensbereiche beschränken. Seit den frühen 90ern ist Recycling ein beherrschendes Thema (Übersichten geben z. B. Porter et al. 1995; Schultz et al. 1995). Seit Mitte der 90er ist die Verkehrsmittelwahl zu einem wichtigen Forschungsgegenstand geworden, vor allem im deutschen Sprachraum (Bamberg u. Schmidt 1993; Becker u. Kals 1997; Blöbaum et al. 1997; Fuhrer u. Wölfing 1997; Kals u. Montada 1994). Da es sehr aufwendig ist, Alltagsverhalten direkt zu beobachten, wird Umweltverhalten fast ausschließlich als selbstberichtetes Umweltverhalten per Fragebogen erfasst (so in allen Studien der Tabelle 5.1).

Eine Reihe psychologischer Studien beschäftigt sich mit der wichtigen Frage, ob die verschiedenen Bereiche des Umwelthandelns überhaupt eine *homogene Verhaltensklasse* darstellen. Bereits Schahn u. Holzer (1990) fanden bei einer Analyse der von ihnen erfassten Verhaltensbereiche, dass sich aus dem Verhalten in einem Bereich nicht unbedingt das Verhalten in einem anderen Bereich vorhersagen lässt. Zusammenhänge fanden sie zwischen Energie- und Wassersparen (wer Energie spart, spart auch Wasser) und zwischen Einkaufsverhalten und Abfallverhalten. Der Bereich „Verkehr" (u. a. benzinsparende Fahrweise, Reduktion der Pkw-Nutzung) erwies sich in ihrer Studie als unabhängig. Dieser Befund bestätigt sich auch in neueren Studien von Berger (1997) und Bratt (1999).

Diekmann u. Preisendörfer (1992) stellten in einer Studie nicht nur mangelnde Zusammenhänge zwischen verschiedenen Verhaltensbereichen fest, sondern es ergaben sich auch *unterschiedlich hohe Zusammenhänge* mit dem gleichzeitig erfassten Umweltbewusstsein. Bei Abfalltrennung und Einkaufsverhalten war der Zusammenhang mit dem Umweltbewusstsein enger als beim Energiesparverhalten und der Verkehrsmittelwahl. Diese Befunde regten die Autoren zu der Vermutung an, Umweltverhalten sei in den unterschiedlichen Bereichen mit unterschiedlich hohen *Verhaltenskosten* verbunden (z. B. sei eine Einschränkung bei der Pkw-Nutzung schwieriger als eine Beteiligung am Recycling) und formulierten die These, Umweltbewusstsein würde nur in Bereichen mit geringen Verhaltenskosten in tatsächliches Verhalten umgesetzt (Low-Cost-Hypothese). Dies ließ sich allerdings nicht weiter erhärten (z. B. Guagnano et al. 1995).

5.4.3.2
Zum Zusammenhang zwischen Umweltbewusstsein und Verhalten

Im allgemeinen Diskurs über Umweltbewusstsein und Umweltverhalten wird von Praktikern häufig die Frage gestellt, warum sich das allgemein hohe Umweltbewusstsein (vgl. Abschnitt 5.4.1) nicht deutlicher in einem entsprechenden Verhalten der Bevölkerung niederschlägt. Zum Teil wird hier sogar von einer „Kluft" gesprochen. Betrachtet man die einschlägigen sozialwissenschaftlichen Studien der letzten Jahre, so lässt sich dies nicht bestätigen. Zwar findet man in einigen

Studien nur schwache Zusammenhänge zwischen Umweltbewusstsein und Verhalten (z. B. Diekmann u. Preisendörfer 1992; Scott u. Willits 1994), überwiegend jedoch moderate (Hines et al. 1986/87) und z.T. sogar sehr hohe Zusammenhänge (Kaiser et al. 1999). Gerade hier konnte die umweltpsychologische Forschung der letzten Jahre einiges zur Klärung des Zusammenhanges von Umweltbewusstsein und Verhalten beitragen:

Es konnte einerseits gezeigt werden, dass das Spezifitätsniveau der Verhaltens- bzw. Einstellungsmessung einen wichtigen Einfluss auf den gemessenen Zusammenhang hat. Wird Umweltbewusstsein als relativ abstrakte Werthaltung abgefragt, bzw. als Sorge um die Umwelt (wie z. B. bei Scott u. Willits 1994), dann ergeben sich eher geringere Zusammenhänge zum konkreten Verhalten. Wenn dagegen Umweltbewusstsein als konkrete Einstellung gegenüber spezifischen umweltschonenden Verhaltensweisen erfasst wird (z. B. Einstellung zur Mülltrennung und Mülltrennungsverhalten), zeigen sich weitaus engere Zusammenhänge (z. B. bei Hines et al. 1986/87). Kaiser hat hier durch neue Skalierungsmethoden, mit denen er die „Schwierigkeitsgrade" der Verhaltensweisen berücksichtigt, eine deutliche Verbesserung der Zusammenhänge erreichen können (Kaiser et al. 1999).

Andererseits lenkt die umweltpsychologische Forschung den Blick auf „Moderatoren", d. h. auf Bedingungen, die in den Zusammenhang zwischen Einstellung und Verhalten eingreifen (z. B. die Wahrnehmung von Verhaltenskonsequenzen oder Verhaltenskosten). Eine Reihe von Autoren und Autorinnen haben darauf aufmerksam gemacht, dass Umweltverhalten ein Alltagshandeln darstellt, das von einer Vielzahl von Faktoren bestimmt wird, und nicht nur von der Einstellung zum Umweltschutz (z. B. Katzenstein 1995; Littig 1995; Spada 1990). Um Umweltverhalten besser vorhersagen zu können, müssten weitere Variablen, z. B. situative Faktoren, soziale Einflüsse und auch konkurrierende Einstellungen und Motive (z. B. ökonomische) berücksichtigt werden. Eine solche Erweiterung der Perspektive liefern die im nächsten Abschnitt vorgestellten Modelle.

5.4.3.3 Psychologische Modelle zur Erklärung von Umweltverhalten

Psychologie ist eine vergleichsweise junge Wissenschaft, die über eine Vielfalt von Theorien zur Verhaltenserklärung verfügt. So gibt es eine Reihe psychologischer Handlungsmodelle, die jeweils unterschiedliche „Konstrukte" (z. B. Einstellungen) zur Erklärung von Verhalten heranziehen.

Die Umweltpsychologie hat diese Vielfalt genutzt und verschiedene Modelle auf Umweltverhalten übertragen (s. Tabelle 5.2). Einige Modelle sollen im Folgenden näher beschrieben werden.

Tabelle 5.2. Psychologische Modelle zur Erklärung von Umweltverhalten

Theorie	Zentrale Konstrukte	Angewandt auf die Verhaltensbereiche	Ausgewählte Studien
Theorie des rationalen bzw. geplanten Verhaltens von Fishbein u. Ajzen (1975) bzw. Ajzen (1991)	- Verhaltensabsicht - Einstellung - Subjektive Norm - Wahrgenommen Verhaltenskontrolle	Recycling Verkehrsmittelwahl Unterschrift einer Petition	Taylor u. Todd (1995) Goldenhar (1991) Bamberg u. Schmidt (1993) Hamid u. Cheng (1995)
Normaktivations-modell von Schwartz (1977)	- Soziale Norm - Persönliche Norm - Bewusstheit von Handlungskonse-quenzen	Recycling Verkehrsmittelwahl Naturschutz	Hopper u. Nielsen (1991) Blöbaum et al. (1997) Blamey (1998)
Modell von Triandis (1977)	- Verhaltens-gewohnheit - Verhaltensabsicht	Verkehrsmittelwahl Umweltschonender Konsum	Aarts (1996) Dahlstrand u. Biel (1997)
Ipsatives Handlungs-modell (Frey u. Foppa 1986)	- Subjektiver und Objektiver Ver-haltensspielraum	Verkehrsmittelwahl Umweltschonender Konsum	Tanner u. Foppa (1996) Tanner (1998)

Das im Bereich der Sozialpsychologie wohl populärste allgemeine Handlungsmodell ist die Theorie rationalen Handelns (Ajzen u. Fishbein 1980; Fishbein u. Ajzen 1975), bzw. ihre Weiterentwicklung, die Theorie des geplanten Verhaltens (Ajzen 1991). Sie wurde bereits auf viele Bereiche des Umwelthandelns erfolgreich angewandt (s. Tabelle 5.2).

Die *Theorie des geplanten Verhaltens (theory of planned behavior*, TOPB) postuliert, dass das beobachtbare oder selbstberichtete Verhalten einer Person nicht direkt durch verhaltensrelevante Einstellungen bestimmt wird, sondern durch die Verhaltensintention (s. Abbildung 5.5). Diese wird durch folgende drei Konstrukte determiniert:

1. durch die Einstellung gegenüber dem Verhalten,
2. durch die subjektive Norm (die Erwartungen von Freunden/Verwandten) bezogen auf das Verhalten und
3. durch die wahrgenommene Verhaltenskontrolle (subjektiver Verhaltensspielraum), die gleichzeitig auch einen direkten Einfluss auf das Verhalten hat.

Bamberg u. Schmidt (1993) haben die TOPB auf Verkehrsmittelwahlverhalten angewendet. Sie befragten Gießener Studierende hinsichtlich ihrer Intention, für den Weg zur Uni das Auto, den Bus oder das Fahrrad zu benutzen, und kamen mit der TOPB zu einem guten Vorhersageergebnis.

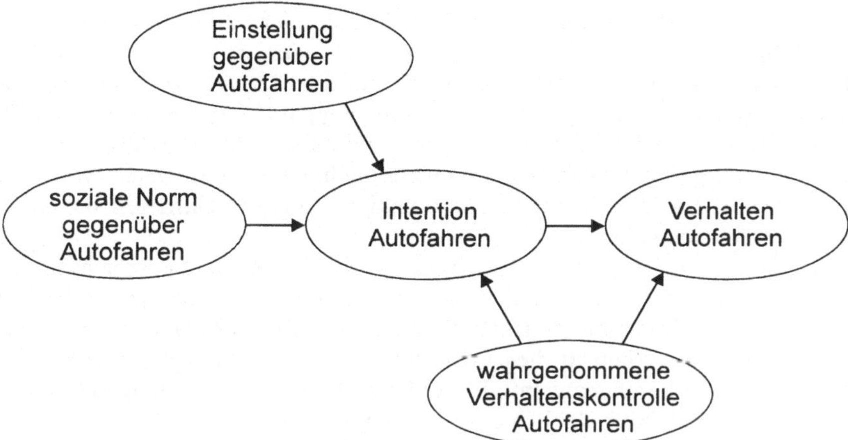

Abb. 5.5. Anwendung der Theorie des geplanten Verhaltens auf das Autofahren (nach Bamberg u. Schmidt 1993)

In jüngster Zeit häufig auf Umweltverhalten angewandt, wurde die ebenfalls aus der Sozialpsychologie stammenden *Theorie der Norm-Aktivation* von Schwartz (1970, 1977; Schwartz u. Howard 1981). Ursprünglich für den Bereich des Hilfeverhaltens konzipiert, handelt es sich nicht um ein allgemeines Handlungsmodell, sondern es wird der Prozess der Umsetzung einer sozialen Norm (ursprünglich die Norm, Hilfe zu leisten) in tatsächliches Verhalten erklärt. Übertragen auf den Umweltbereich postuliert das Modell eine Reihe von Bedingungen, die dafür relevant sind, dass die persönliche ökologische Norm (Verantwortungsübernahme für ökologisches Handeln), tatsächlich zu umweltschonendem Verhalten führt. Vor allem die *Bewusstheit von Handlungskonsequenzen* hat sich als wichtig erwiesen. Wem bewusst ist, dass sein individuelles Verhalten (z. B. die Nutzung öffentlicher Verkehrsmittel statt des Pkw) zur Schonung der Umwelt beiträgt, der setzt seine ökologische Norm eher auch in tatsächliches Verhalten um (und bevorzugt, wenn möglich, öffentliche Verkehrsmittel). Dass sich der Ansatz auf Umweltverhalten übertragen lässt, konnte für Recyclingverhalten sowie für die Verkehrsmittelwahl gezeigt werden (s. Tabelle 5.2).

Aarts (1996) bzw. Verplanken et al. (1994) haben mit einer Untersuchung zur Rolle von Gewohnheiten bei der Verkehrsmittelwahl ein weiteres Modell (Triandis 1977) zur Erklärung von Umweltverhalten ins Spiel gebracht. Sie gehen davon aus, dass bei häufig wiederkehrenden Verhaltensweisen – wie der Wahl des Verkehrsmittels – der Einfluss der Intention, wie sie in der Theorie des geplanten Verhaltens enthalten ist (s. Abbildung 5.5), zunehmend schwächer wird. Statt dessen ist Verhalten stärker von Gewohnheiten geprägt. Diese Gewohnheiten führen dazu, dass keine aktiven Entscheidungen mehr getroffen werden, sondern automatisch immer dasselbe Verkehrsmittel gewählt wird. Mit diesem Modell wird explizit eine Zeit- bzw. Entwicklungsperspektive des Umwelthandelns mitberücksichtigt; es kann auch erklären warum Umwelthandeln manchmal nicht mit dem Umweltbewusstsein übereinstimmt. Dies kann der Fall sein, wenn einer neuen Einstellung alte Gewohnheiten entgegenstehen (Verplanken u. Faes 1999).

Das von Tanner und Foppa (1995, 1996) auf den Bereich des Umwelthandelns bezogene *ipsative Handlungsmodell* (Frey u. Foppa 1986) lenkt die Perspektive auf einen weiteren wichtigen Aspekt von Umwelthandeln: Die Abweichung von subjektiv wahrgenommenen Handlungsmöglichkeiten und objektiven Bedingungen. Damit lassen sich insbesondere subjektiv erlebte Barrieren für Umwelthandeln berücksichtigen.

Über die hier erläuterten Ansätze hinaus sind eine Reihe weiterer Modelle für Umwelthandeln entwickelt worden, die wir hier nicht darstellen (z. B. Fuhrer 1995; Kals 1998; Kannapin et al. 1998; Martens u. Rost 1998). Als weitere erklärende Konstrukte werden in diesen Modellen z. B. die wahrgenommene Bedrohung der Umwelt herangezogen oder Selbstwirksamkeitserwartungen (Erwartungen, mit dem Handeln tatsächlich etwas zu bewirken).

5.4.3.4
Kritik und Perspektiven

Der Beitrag psychologischer Forschung zur Erklärung von alltäglichem Umwelthandeln liegt einerseits darin, dass so wichtige Fragen wie die nach dem Zusammenhang von Umweltbewusstsein und Verhalten oder nach der Homogenität des Umwelthandelns bearbeitet werden. Daneben bringt die Psychologie eine Perspektiverweiterung für die Erklärung von Umwelthandeln. Modelle, die sich erfolgreich auf den Bereich des Umwelthandelns haben übertragen lassen, lenken den Blick auf eine ganze Reihe „innerer" Bedingungen für Umwelthandeln (z. B. Einstellungen, subjektive Normen, Verantwortungsübernahme, Bewusstheit von Handlungskonsequenzen, Bedrohungserleben, usw.). Wenngleich sie sich für die Erklärung von Umwelthandeln bereits bewährt haben, wäre es darüber hinaus jedoch wünschenswert, die Prozessannahmen der Modelle vermehrt in Langzeitstudien zu prüfen und damit zu fundierten Ansatzpunkten für verhaltensändernde Maßnahmen zu gelangen.

5.4.4
Entwicklung und Evaluation von Strategien zur Veränderung umweltrelevanten Verhaltens

Seit 30 Jahren werden psychologische Strategien zur Förderung von umweltschonendem Verhalten eingesetzt und deren Wirksamkeit in Feldstudien, sog. Interventionsstudien, geprüft. Die Psychologie konnte hier ein umfangreiches Bündel von Techniken zur gezielten Förderung und Stabilisierung umweltschonender Verhaltensweisen entwickeln (Überblicke geben Homburg u. Matthies 1998; Mosler u. Gutscher 1998). Verhaltensbereiche, derer sich die umweltpsychologische Interventionsforschung dabei angenommen hat, waren in den 70er Jahren – bedingt durch die Energiekrise – vor allem Energiesparen (im Haushalt und durch eingeschränkte Pkw-Nutzung) und daneben Littering (Verschmutzung des öffentlichen Raums durch Müll). Themen der 90er Jahre waren vor allem Recycling

(z. B. Werner et al. 1995), daneben aber auch wieder Energiesparen (Brandon u. Lewis 1999) und Verkehr (Kearney u. DeYoung 1995).

Im Folgenden wird zunächst ein Überblick über klassische Interventionstechniken gegeben (5.4.4.1) und betrachtet, wie sich Modell- und Interventionsforschung integrieren lassen (5.4.4.2). Schließlich werden neuere Entwicklungen und Ansätze vorgestellt (5.4.4.3) und Perspektiven für die Interventionsforschung aufgezeigt (5.4.4.4).

5.4.4.1 Klassische Interventionstechniken

Interventionstechniken, die in den klassischen Studien angewandt wurden, lassen sich grob zwei Klassen zuordnen:

1. Techniken, die an der *Situation*, also an externen Verhaltensbedingungen ansetzen, und
2. Strategien, die an kognitiven bzw. psychischen Gegebenheiten im *Individuum* ansetzen (Einstellungen, persönliche Normen) und diese zu verändern suchen

Klassische Interventionsansätze und -techniken im Bereich der Veränderung von Umweltverhalten (nach Homburg u. Matthies 1998):

Ansatzpunkt Situation:

Techniken, die an externen Handlungsbedingungen ansetzen

- Technische Veränderungen (z. B. Verbesserung der Zugänglichkeit von Altpapiercontainern)
- Belohnungen u. Bestrafungen (z. B. Steuerersparnis bei schadstoffarmen Fahrzeugen)

Ansatzpunkt Person:

Techniken, die an internen Handlungsbedingungen ansetzen

wissenszentrierte Techniken:

- schriftliche Vermittlung von Problem- und Handlungswissen (z. B. Energiesparbroschüren)
- Vermittlung von Wissen über das eigene Verhalten und seine Konsequenzen (Feedback)

normzentrierte Techniken:

- persönliche Vermittlung von Problem- und Handlungswissen (z. B. persönliche Verteilung von Informationen im Betrieb)
- Zielsetzung (z. B. Vorgabe oder Aushandeln einer zukünftigen Energieeinsparung im Betrieb)
- Verpflichtung (z. B. Selbstverpflichtung durch Aufkleber „Ich benutze meinen Pkw nur für Strecken über 2km, sonst nutze ich das Rad!")
- Soziale Modelle (z. B. Kampagnen mit prominenten Vorbildern)
- Blockleader (z. B. Nachbarn beraten zur Mülltrennung, s. unten)

In den frühen Studien wurden vor allem Techniken eingesetzt, die an *externen Verhaltensbedingungen* ansetzen. Diese Techniken basieren auf der lerntheoretischen Annahme, dass Verhalten durch vorausgehende oder nachgeschaltete Bedingungen oder Reize, sog. „Kontingenzen" gesteuert wird. Eingesetzt wurden technische Veränderungen, die das relevante Verhalten erleichtern, bzw. problematisches Verhalten erschweren. Eine weitere lerntheoretisch fundierte Strategie ist das Belohnen von erwünschtem Verhalten, bzw. die Bestrafung von unerwünschtem Verhalten. Unten ist eine typische Studie beschrieben, welche die Effekte verschiedener Belohnungsstrategien dokumentiert.

Die lerntheoretisch fundierten Techniken haben sich als sehr effektiv erwiesen, allerdings mit folgenden wichtigen Einschränkungen:

1. Die Wirksamkeit ist zeitlich begrenzt auf die Dauer der situativen Veränderung bzw. der Belohnung/Bestrafung.
2. Belohnung kann intrinsische Motive (z. B. Umweltschutzmotive) untergraben, d. h. eine Ausweitung auf andere Verhaltensbereiche (z. B. vom Verhaltensbereich Mülltrennung auf den Bereich der Müllvermeidung) wird nicht gefördert.
3. Direkte Bestrafungen können „Reaktanz" erzeugen (absichtliches Verhalten in der unerwünschten Richtung).

Am stärksten verbreitet sind die *wissenszentrierten Interventionsstrategien*, insbesondere die *Vermittlung von Problemwissen*. Bei dieser Strategie wird auf das Ausmaß eines spezifischen Umweltproblems (z. B. des Treibhauseffektes) hingewiesen und dabei der Zusammenhang zum individuellen Handeln verdeutlicht (z. B. eigenes Energienutzungsverhalten). Häufig wird in Verbindung mit diesen Probleminformationen auch *Handlungswissen* vermittelt, indem erläutert wird, welche Verhaltensänderungen konkret gewünscht werden (z. B. Energiespartipps). Die Vermittlung von Problem- und Handlungswissen birgt nicht die oben skizzierten Gefahren von Belohnungen und Bestrafungen. Allerdings sind wissenszentrierte Techniken oftmals allein nicht hinreichend wirksam, sondern erst in Kombination mit weiteren Techniken. So hat sich Feedback im Bereich des Energiesparens im Haushalt als sehr effektiv erwiesen, hier ist allerdings gleichzeitig auch eine dauerhafte finanzielle Belohnung gegeben (Verringerung der Energiekosten).

Zum Vergleich verschiedener Interventionsstrategien (nach Jacobs u. Bailey 1982/83):
In einer Studie zur Förderung der Sammlung von Altpapier (zweiwöchentliche Straßensammlung) erprobten Jacobs u. Bailey (1982/83) mehrere Interventionstechniken, die externe Verhaltensbedingungen verändern. Die Autoren teilten die Bewohner von 615 Haushalten in fünf Gruppen ein:

- *Erinnerung:* Diese Haushalte erhielten etwa 6 Tage vor dem Abfuhrtermin einen Erinnerungshandzettel.
- *Bezahlung:* Diese Haushalte erhielten den Handzettel und wurden dem Marktpreis entsprechend für das an den Straßenrand gelegte Altpapier bezahlt.
- *Lotterie:* Diese Haushalte erhielten den Handzettel und nahmen zusätzlich, wenn sie sich an der Altpapiersammlung beteiligten, an einer Lotterie teil, in der es 5 Dollar zu gewinnen gab.
- *Wöchentlicher Abholrhythmus:* Bei diesen Haushalten wurde das Altpapier wöchentlich abgeholt (statt alle 2 Wochen). Auch diese Gruppe erhielt den Informationshandzettel.
- *Kontrollgruppe:* Für diese Haushalte erfolgte keine Intervention.

Es wurde zu je vier Messzeitpunkten vor und während der Intervention die prozentuale Beteiligung in den jeweiligen Gruppen erhoben (Abbildung 5.6 gibt die gemittelten Werte an). Die stärkste Veränderung ergab sich in der Lotteriegruppe.

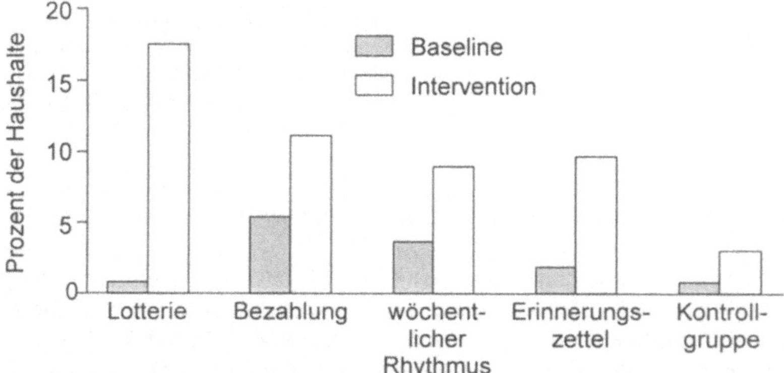

Abb. 5.6. Beteiligung am Recycling unter verschiedenen Interventionsbedingungen (nach Jacobs u. Bailey 1982/83)

Über eine reine Wissensvermittlung hinaus gehen *normzentrierte Techniken*. Sie vermitteln – neben Wissen – auch eine soziale Norm, bzw. regen zur Verantwortungsübernahme an. Dies kann durch verschiedene Strategien erfolgen (s. oben). Bedeutsam ist, dass einige normzentrierte Techniken (Selbstverpflichtung, soziale Modelle, Blockleader) über den Zeitraum der Intervention hinaus wirken. Damit sind sie nicht nur den wissenszentrierten Techniken überlegen, sondern auch den Strategien, die an externen Verhaltensbedingungen ansetzen.

Zum Einsatz von Blockleadern:
Burn (1991) setzte zur Förderung der Teilnahme am Recycling (Straßensammlung von Wertstoffen) Blockleader und schriftliche Information ein. Die Haushalte in der *Informationsgruppe* erhielten einen Text, in dem massiv für die Teilnahme am Recycling geworben wurde. Die Haushalte der Blockleadergruppe wurden persönlich durch Blockleader angesprochen und zur Teilnahme aufgefordert.

Blockleader waren Personen, die sich bereits regelmäßig am Recycling beteiligten. Sie wurden von der Forscherin persönlich angesprochen und gebeten, ihre Nachbarn demnächst aufzusuchen und zur Teilnahme am Recycling aufzufordern.

Eine weitere Gruppe wurde zur Kontrolle herangezogen, sie erhielt keinerlei Intervention.

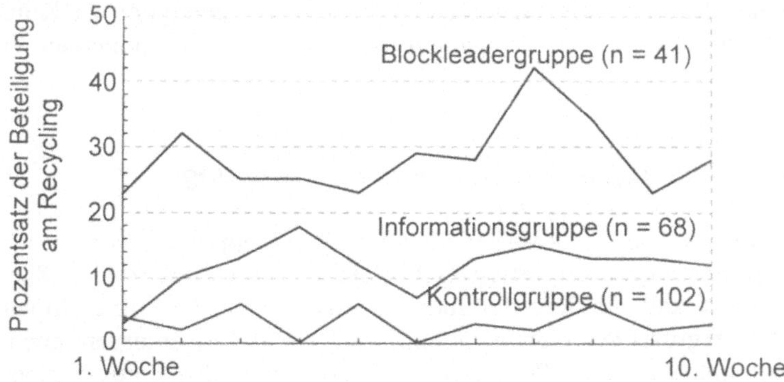

Abb. 5.7. Beteiligung am Recycling unter verschiedenen Interventionsbedingungen (nach Burn 1991)

Abbildung 5.7 zeigt die Beteiligung in den drei Gruppen. Erwartungsgemäß ist die Beteiligung in der Kontrollgruppe am geringsten, in der Blockleadergruppe am höchsten. Burn erklärt den Erfolg der Blockleaderstrategie damit, dass sie eine *soziale Norm* vermittelt, bzw. soziale Anerkennung anregt. Außerdem fungieren die Blockleader selbst als soziale Modelle und vermitteln Handlungswissen.

5.4.4.2 Verhaltensmodelle und Interventionstechniken

Bei der Entwicklung der bisher vorgestellten klassischen Techniken wurde aufgrund des akuten Problemdrucks meist auf bewährte Konzepte und Techniken aus anderen Teildisziplinen zurückgegriffen. Die in Abschnitt 5.4.3.3 bereits vorgestellte umweltpsychologische Modellforschung hat sich parallel hierzu entwickelt. Mittlerweile gibt es eine Konvergenz dieser beiden Forschungstraditionen; es werden zunehmend Strategien zur Verhaltensänderung aus den umweltpsychologischen Modellen abgeleitet bzw. klassische Strategien auf die Modelle bezogen. Der Blockleaderansatz beispielsweise wurzelt im Norm-Aktivaktionsmodell von Schwartz (vgl. Hopper u. Nielsen 1991) und auch die Theorie rationalen Verhaltens wurde bereits zur Ableitung von Maßnahmen zur Veränderung genutzt (Goldenhar 1991).

Im Bereich der Erklärung der Verkehrsmittelwahl gibt es zwei aktuelle Arbeiten, die die *Theorie geplanten Verhaltens* bzw. das *Norm-Aktivationsmodell* von Schwartz zur Entwicklung von Interventionsstrategien nutzen. Bamberg u. Schmidt (1999) zeigen, dass sich aus Sicht der Theorie geplanten Verhaltens vor allem Maßnahmen ableiten lassen, die Verhaltensanreize und objektive Restriktionen – also situative Gegebenheiten – berücksichtigen. Entsprechende Techniken wären technische Veränderungen (z. B. Verbesserung der Taktfrequenz im ÖPNV) bzw. Belohnungen, d. h. monetäre Anreize (Preisgestaltung). Hunecke et al. (1999) haben für das bereits erwähnte erweiterte Norm-Aktivationsmodell von Schwartz konkrete Ansatzpunkte für die Verhaltensänderung skizziert. Sie schlagen zur Reduktion des motorisierten Individualverkehrs modellentsprechend vor allem wissens- bzw. normzentrierte Strategien vor, beispielsweise eine frühzeitige Sozialisation zum umweltschonenden Verhalten generell (etwa in der Schule oder im Kindergarten), oder breit angelegte Informationskampagnen zu Klimaschutz und Verkehrsmittelwahl (mit Sympathieträgern, die umweltschonendes Verhalten zeigen).

5.4.4.3 Neuere Entwicklungen der Interventionsforschung

Beginnend mit Blockleaderansätzen (Burn 1991; Hopper u. Nielsen 1991) und dem Konzept des *Social Marketing* (Geller 1989) sind seit den späten 80er Jahren Strategien entwickelt worden, die über die klassischen Techniken hinausgehen. Vor dem Hintergrund der Notwendigkeit, kostensparende Interventionen zu entwickeln, ist einerseits die *Diffusion* von umweltschonenden Innovationen und die Einbindung von Teilen der Zielgruppe in die Interventionsplanung und Durchführung zu einem wichtigen Thema geworden (Stichwort: Partizipation), andererseits gelangt immer mehr die (zielgruppen-)spezifische Wirksamkeit von Interventionsformen in den Fokus der Forschung. Dies wirft neue Fragen für die Interventionsforschung auf.

1. Diffusion von umweltschonenden Innovationen
   Wenn es darum geht, Nutzerverhalten ohne bzw. mit nur geringen monetären Anreizen langfristig zu verändern, sind vor allem Interventionsmaßnahmen notwendig, die persönliche Normen ansprechen, d. h. zur Verantwortungsübernahme anregen. Diese normzentrierten Techniken (s. 5.4.4.1) erfordern vor allem personelle Ressourcen, z. B. beim Einsatz von persönlicher Kommunikation. Aus Sicht der Praktiker ist es daher wünschenswert, wenn Teile der Zielgruppe als Multiplikatoren eingebunden werden könnten, bzw. wenn sich Gruppenprozesse anregen ließen, die zu einer Verbreitung der Intervention führen.

   Den ersten Weg, eine gezielte Einbindung von Teilen der Zielgruppe in die Durchführung einer Intervention, hat Geller skizziert (Geller et al. 1990; Geller 1995). Der von ihm formulierte „Actively Caring Approach" geht davon aus, dass in jeder Zielgruppe Personen zu finden sind, die bereit sind, sich für eine Umweltschutzidee (z. B. für die Idee, Heizenergie zu sparen) einzusetzen, und mit ihrem Engagement andere überzeugen können. Solche Personen gilt es als Interventionsagenten zu werben und einzusetzen. Mosler und Kollegen favorisieren ein ähnliches Vorgehen (Mosler u. Gutscher 1998; Mosler et al. 1998); sie beschäftigen sich mit der Frage, wie solche Multiplikatoren gestützt und vernetzt werden sollten.

   Vermutlich am bekanntesten ist das Konzept des *Partizipativen Sozialen Marketings* (PSM), entwickelt von einer Gruppe um Prose (Prose et al. 1994; Prose 1997). Zentrale Idee des PSM ist es, eine Kampagne so zu konzipieren, dass Multiplikatoren ohne großen Aufwand die Aktion weiterführen und -verbreiten können (siehe unten). Eine Evaluation solcher diffusionsanregender Vorgehensweisen ist allerdings schwierig und existiert erst in Ansätzen (vgl. Mosler u. Gutscher 1998; Lemke et al. 1999).

Beispiel: Partizipatives Soziales Marketing – die Klimaschutzaktion „nordlicht"
Im Konzept des *Partizipativen Sozialen Marketings* wird davon ausgegangen, dass große Teile der Zielgruppe bereit sind, eine soziale Idee persönlich weiterzutragen. Dieses Weitertragen ist der Kern des partizipativen sozialen Marketings. Prose benutzt zur Verdeutlichung den Begriff *Schneeballeffekt*. Im Idealfall soll jede von der Aktion angesprochene Person die Idee an eine oder mehrere Personen weitervermitteln, so dass eine schnelle und breite Streuung einsetzt (s. Abbildung 5.8). Ein wichtiger Mechanismus, den sich das partizipative soziale Marketing (PSM) zunutze macht, ist die Stützung einer Verhaltensänderung durch die Förderung der Wahrnehmung entsprechender sozialer Normen (Prose et al. 1992). Indem der Einzelne über Personen seines sozialen Umfeldes zu klimaschützendem Verhalten angeregt wird, vermittelt sich gleichzeitig die soziale Norm, beim Klimaschutz mitzumachen. Die „nordlicht" Kampagne wendet sich daher auch gezielt an Multiplikatoren und ganze soziale Netze (Vereine, Schulklassen, Nachbarschaften). Die Kieler Klimaschutzaktion „nordlicht" umfasst zwei Aktionen: Die ältere Aktion „Strom und Wasser sparen" und die 1994 hinzugekommene Aktion „Weniger ist mehr beim Autoverkehr".

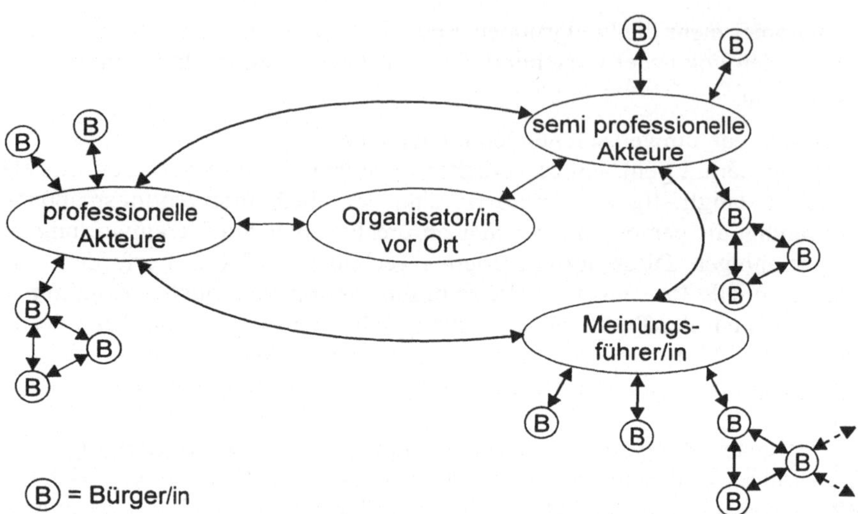

Abb. 5.8. Modell für die Verbreitung und Unterstützung der Klimaschutz-Idee (nach Prose et al. 1992)

2. Spezifische Wirksamkeit von Interventionen und Anpassung an die Zielgruppe
Insbesondere für Maßnahmen zur Förderung von Mülltrennung und -vermeidung konnte gezeigt werden, dass die Wirksamkeit von Interventionstechniken auch davon abhängt, in welchem konkreten Kontext die Maßnahme durchgeführt wurde. Als relevant erwiesen haben sich vor allem Zielgruppencharakteristika (Schultz et al. 1995), beispielsweise das Alter (Burgess et al. 1971; Luyben u. Bailey 1979). Nicht nur für die Auswahl von Techniken, insbesondere für die konkrete Ausgestaltung wissenszentrierter Interventionen leuchtet ein, dass Zielgruppen- und auch situative Charakteristika zu berücksichtigen sind (z. B. Vorwissen und Problembewusstsein, aber auch Verhaltensspielräume und -kosten).

Bereits 1989 forderte Geller daher, im Vorfeld einer Intervention „Marktsegmentierung" zu betreiben, d. h. die Intervention auf alle relevanten Subgruppen zuzuschneiden. Die häufig gemachte Beobachtung, dass breit angelegte Recyclingprogramme vor allem Personengruppen mit besserer Schulbildung ansprechen und zur Verhaltensänderung bewegen (z. B. Berger 1997; Lansana 1992; Matthies 1994; Vining u. Ebreo 1990) weist darauf hin, dass oftmals keine ausreichende Zielgruppensegmentierung und -anpassung betrieben wird.

Um zu einer optimalen Anpassung einer Intervention an die konkrete Zielgruppe zu gelangen, schlugen Matthies u. Krömker (1995) vor, die Zielgruppe bereits bei der Planung der Intervention und bei der Ausgestaltung der Techniken mit einzubeziehen. Im Idealfall wird die Zielgruppe so weitgehend eingebunden, dass sich die Zielgruppe praktisch selbst ein Maßnahmenbündel zusammenstellt und dieses auch durchführt.

Das Konzept ist bereits mehrfach mit Erfolg umgesetzt worden (Brüggemann 1995, 1998; Busse u. Matthäus 1993; Matthies u. Krömker 1995, 2000), wenn auch eine systematische Evaluation noch aussteht. (Unten ist eine Beispielstudie dargestellt).

Beispiel: Partizipative Interventionsplanung in einem Studierendenwohnheim (Matthies u. Krömker 1995)

Bei dem Projekt von Matthies u. Krömker (1995) ging es um die Förderung der Mülltrennung in einem Studierendenwohnheim. Eine Einbindung der Zielgruppe in die Interventionsplanung erfolgte schrittweise in 3 Phasen.

In der *ersten Phase* (Beobachtungsphase) wurde sowohl eine Diskursanalyse (Gespräche mit Bewohnerinnen und Bewohner) als auch eine intensive Verhaltensanalyse durchgeführt (Nachsortieren der verschiedenen Müllfraktionen).

Basierend auf dem Eindruck, dass ein Großteil der Studierenden die bisherige mangelhafte Mülltrennung als ein Problem ansah, wurde in der *zweiten Phase* (Anstoß zur Partizipation) zu einer Heimsitzung zum Thema „Müll" eingeladen. Hier konstituierte sich auf Anregung der Intervenierenden eine Arbeitsgruppe (die „Müll-AG").

Diese AG entwickelte sehr eigenständig ein ganzes Bündel von Maßnahmen, u. a. einen offenkundig gefälschten Brief des Wohnheimbetreibers mit der Drohung der Erhöhung der Miete und mit witzigen Informationsblättern zur korrekten Müllsortierung. In dieser *dritten Phase* (Unterstützungsphase) waren die Initiatorinnen des Interventionsprogramms nur beratend tätig und lieferten v.a. organisatorische Unterstützung.

Um den Effekt der Intervention abschätzen zu können, wurde im Wohnheim über 30 Wochen zu 8 Zeitpunkten der Müll nachsortiert und die prozentualen Störstoffanteile im Verpackungsmüll und im Restmüll bestimmt. Bemerkenswert ist, dass sich über die 30 Wochen hinweg der Störstoffanteil in der Verpackungsfraktion kontinuierlich verringerte. Er ging von über 40 % (Gewicht) vor der Intervention auf 15 % ein halbes Jahr nach Beginn der Intervention zurück (s. Abb. 5.9).

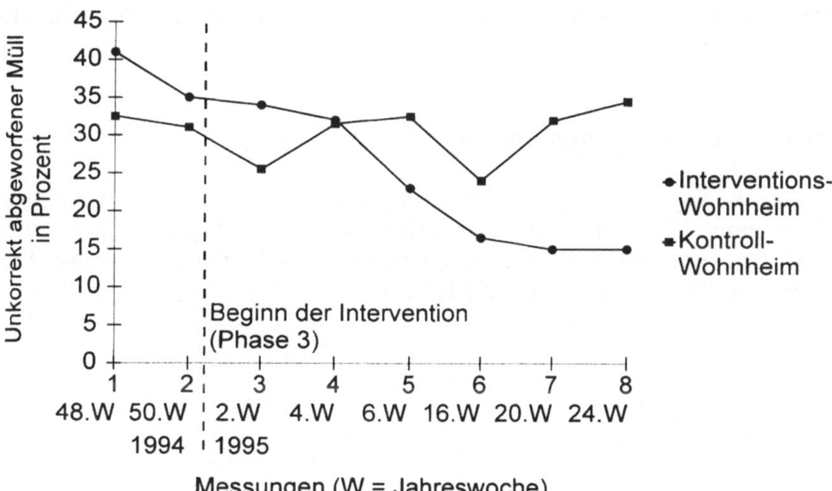

Abb. 5.9. Störstoffanteil in der Verpackungsfraktion im zeitlichen Verlauf (nach Matthies u. Krömker in press)

5.4.4.4 *Kritik und Perspektiven*

Umweltpsychologische Forschung zur Veränderung von Umweltverhalten gibt es bereits seit den frühen 70er Jahren. Zunächst wurden konkrete Strategien – entnommen aus anderen Teilbereichen der Psychologie – eingesetzt und vergleichend bewertet. Hieraus resultiert ein fundiertes Wissen über die Effektivität klassischer Interventionsstrategien (z. B. Belohnung, Wissensvermittlung, soziale Modelle) sowie über deren Grenzen und „Nebenwirkungen" (nicht intendierte Wirkungen wie Reaktanz, Gefährdung der intrinsischen Motivation usw.). Verhaltensbereiche, für die Techniken erprobt wurden sind Littering, Recycling, Energiesparen und die Förderung einer ökologischen Verkehrsmittelwahl. Bereiche wie „Wassersparen" wurden bisher kaum berücksichtigt. Auch zur Förderung umweltschonenden Verhaltens im Betrieb gibt es vergleichsweise wenig Studien.

Es hat sich gezeigt, dass eine Kenntnis der Wirksamkeit von Einzelmaßnahmen allein für die Planung einer Intervention nicht ausreicht. Seit 1989 werden Konzepte erarbeitet, mit deren Hilfe sich Maßnahmenpakete zielgruppenangepasst entwickeln lassen. Interventionsforschung wird heute nicht mehr nur als Feldexperiment begriffen, sondern ebenso als Evaluation eines komplexen Prozesses. Dieser beginnt mit der Analyse und Dokumentation des Ist-Zustandes, beinhaltet eine genaue Zielgruppenanalyse sowie Zielfestsetzung und bindet sowohl bei der Planung als auch bei der Durchführung die Zielgruppe weitgehend mit ein. Diese Prozesse zu analysieren und in ihrer Langzeitwirksamkeit zu evaluieren stellt die aktuelle Herausforderung an die umweltpsychologische Interventionsforschung dar.

5.4.5 Perspektiven umweltpsychologischer Forschung

Wie in diesem Kapitel gezeigt werden konnte, hat die Psychologie in den letzten 30 Jahren eine Fülle von Leistungen erbracht, die im Rahmen einer interdisziplinären Umweltforschung zur Lösung gesellschaftlich relevanter Umweltfragen maßgeblich beitragen können (s. Tabelle 5.3).

Tabelle 5.3. Lösungsbeiträge der Umweltpsychologie – orientiert an den eingangs formulierten Leitfragen

Wie wird die Umweltkrise wahrgenommen?	Welche negativen psychischen Folgen erwachsen aus der Umweltbelastung?	Unter welchen Bedingungen verhalten Menschen sich umweltverträglich?
- Beschreibung der Strukturierung und Bewertung von Umweltproblemen aus der Sicht von Laien	- Nachweis der Relevanz von Umwelteinflüssen auf die psychische Gesundheit	- Entwicklung von Erklärungsmodellen
- Aufzeigen von Anknüpfungspunkten für die Umweltkommunikation	- Modelle zur Erklärung verschiedener Einflussmöglichkeiten von Umweltbelastungen auf psychische und somatische Gesundheit	- Aufzeigen von Barrieren für Verhaltensänderungen (z. B. Gewohnheiten)
	- Entwicklung von Interventionsstrategien (z. B. Risikokommunikation)	- Generierung von Ansatzpunkten für verhaltensändernde Interventionen
		- Bereitstellen eines Bündels erprobter Interventionsstrategien
		- Aufzeigen der Grenzen von Interventionsstrategien
		- Entwicklung von Heuristiken zur Gestaltung komplexer Maßnahmen

Im allgemeinen Diskurs über Umweltprobleme und Bewältigungsmöglichkeiten ist die Berücksichtigung psychologischen Wissens oftmals jedoch nicht ausreichend. Hier sind immer noch „Laientheorien" anzutreffen, die die Möglichkeiten für eine effektive Problemlösung nicht selten verstellen. Mosler u. Gutscher (1998) machen dies deutlich, indem sie einige populäre Thesen zur Lösung von Umweltproblemen aufführen (z. B. „Wenn die Leute informiert sind, so ändern sie ihr Verhalten" oder „Umweltverhalten lässt sich sehr gut mittels Anreizen oder Verboten lenken") und diese aus psychologischer Sicht problematisieren. Umweltschutzkompetenz wird immer noch primär den Natur- und Technikwissenschaften zugesprochen, und die Psychologie wird häufig erst als „Nothelferin" ins Gespräch gebracht, z. B. wenn technische Maßnahmen keine Akzeptanz finden.

Mögliche Ursachen für diesen Zustand sind auch auf Seiten der Psychologie zu suchen. Neben einer besseren Kommunikation ihrer Lösungsbeiträge und einer Vermittlung psychologischen Sachwissens an Praktiker, wäre zu fordern, dass die Umweltpsychologie in stärkerem Maße „Werkzeuge" entwickelt, die von Praktikerinnen einfach zu nutzen sind (z. B. Leitfäden für die Planung von Interventionen; Analyserahmen für gescheiterte Maßnahmen o. Ä.). Dies ist bisher nur in Ansätzen geschehen (z. B. Homburg u. Matthies 1998; Kals 1996b).

Abschließend möchten wir zu Bedenken geben, dass ein Eingriff in menschliches Erleben und Verhalten nicht nur Wissen über psychologische Zusammenhänge erfordert, sondern auch eine darüber hinausgehende grundsätzliche psychologische Kompetenz (z. B. Kenntnis von Methoden zur Analyse und Evaluation; Fähigkeiten zur Gestaltung von Interaktionen und Kommunikation). Diese Kompetenz ist in vielen Bereichen nicht durch einfache „Werkzeuge" ersetzbar, wenn es beispielsweise um die Entlastung von Menschen mit Umweltängsten geht oder um die Erzielung einer grundlegenden Verhaltensänderung. In diesen Fällen ist dafür zu plädieren, direkt psychologische Dienstleistungen in Anspruch zu nehmen.

5.5 Reviewfragen

1. Welches sind die dominanten umweltpsychologischen Forschungs- und Beratungsfelder?
2. Welchen aktuellen Stellenwert hat die Umweltpsychologie in der umweltwissenschaftlichen Diskussion?
3. Wie können die drei Forschungstraditionen im Bereich „Wahrnehmung der Umweltthematik" weiterentwickelt werden?
4. Welche psychischen Folgen kann eine Umweltkrise bewirken?
5. Welche perspektivische Erweiterung erbringt die Umweltpsychologie für die Erklärung von Umweltverhalten?
6. Welches sind die aktuellen Herausforderungen an die umweltpsychologische Interventionsforschung?

6 Umweltbildung – Umweltberatung – Umweltkommunikation

G. Michelsen
Institut für Umweltkommunikation
Universität Lüneburg

6.1 Einführung

Vor Seiten der Politik wurden in den vergangenen 30 Jahren immer wieder Forderungen an den Bildungsbereich gestellt, der Umweltkrise durch verstärkte Bildungsanstrengungen zu begegnen und der Bevölkerung Möglichkeiten anzubieten, sich bei umweltrelevanten Entscheidungen beraten zu lassen. Umweltbildung und Umweltberatung erreichten zunehmende Bedeutung, verstärkt durch den Weltumweltgipfel von Rio de Janeiro im Jahr 1992, auf dem mit der Unterzeichnung der Agenda 21 eine neue Ära in der Umweltpolitik eingeleitet wurde. Seitdem macht der Begriff der nachhaltigen Entwicklung die Runde, ohne allerdings bislang in der breiten Bevölkerung angekommen zu sein. Nicht zuletzt deshalb wird gerade von der Politik immer mehr von Umweltkommunikation als Möglichkeit gesprochen, die dazu beitragen soll, die Idee der nachhaltigen Entwicklung bei den Menschen anschlussfähig zu machen.

In diesem Beitrag soll die wissenschaftliche Diskussion um die Entwicklung von Umweltbildung, -beratung und -kommunikation von ihren Anfängen bis heute aufgegriffen werden, wobei zunächst deren Einordnung in die umweltpolitische Entwicklung erfolgt. Im Anschluss daran werden Umweltbildung und -beratung in ihrer theoretischen und praktischen Entwicklung diskutiert. Die Diskussion um Umweltkommunikation einschließlich Risikokommunikation wird im letzten Teil des Beitrags aufgenommen, wobei die künftige Bedeutung und mögliche Perspektiven dieses Instruments angesprochen werden.

6.2 Umweltbildung

6.2.1 Zum Begriff Umweltbildung

Für Umweltbildung stehen unterschiedliche Begriffe wie Umwelterziehung oder Ökopädagogik, Naturpädagogik, ökologisches Lernen, Umweltlernen oder auch ökologische Schlüsselqualifikationen. Bereits 1970 wurde folgender Begriff in der angelsächsischen Literatur geprägt, der lange Zeit die allgemeine Diskussion um Umweltbildung bestimmt hat:

> Environmental education is the process of recognising values and clarifying concepts in order to develop skills and attitudes necessary to understand and appreciate the interrelatedness among man, his culture, his biological surroundings. Environmental education also entails practice in decision-making and self-formulation of a code of behavior about issues concerning environmental quality. (International Union for Conservation of Nature an National Resources/IUCN 1970)

Danach wird Umweltbildung als ein Prozess verstanden, Werte zu erkennen und Begriffe zu klären, um Fertigkeiten und Einstellungen zu entwickeln, die nötig sind, um die Wechselbeziehungen zwischen dem Menschen, seiner Kultur und seiner natürlichen Umwelt verstehen und schätzen zu können. Umweltbildung erfordert darüber hinaus auch praktische Erfahrungen im Treffen von Entscheidungen und in der Selbstfindung von Verhaltensweisen, die sich auf Fragen der Umweltqualität beziehen. Der Rat von Sachverständigen für Umweltfragen (SRU) hat in seinem Umweltgutachten von 1994 einen Begriff von Umweltbildung zugrunde gelegt, der davon ausgeht, dass durch Bildungsprozesse den Menschen Einsichten, Einstellungen und Werthaltungen vermittelt werden können, die den Erhalt der Umwelt durch eine dauerhaft-umweltgerechte Entwicklung ermöglichen. Umweltbildung wird als ein alle Bildungsbereiche umfassender Begriff verstanden. Spätestens seit die Bund-Länder-Kommission für Bildungsplanung und Forschungsförderung (BLK) im Sommer 1999 ihr neues Förderprogramm (vgl. BLK 1999) aufgelegt hat, spricht man auch von einer „Bildung für eine nachhaltige Entwicklung".

In verschiedenen Veröffentlichungen wird Umweltbildung als Bestandteil von Allgemeinbildung verstanden, über die eine eigenständige Auseinandersetzung mit der belebten und unbelebten Natur und mit der Rolle, die Menschen (als Teil der Natur und als kulturell geformte und Kultur produzierende Wesen) darin spielen, ermöglicht werden soll (vgl. Stoltenberg 1999). Das Verhalten des Menschen zu sich selbst und zur Natur ist eine kulturelle Leistung. Was wir als Natur wahrnehmen, ist durch unsere kulturell geformte Wahrnehmung bestimmt. Umweltbildung soll dazu befähigen, dieses Verhältnis zu verstehen, zu reflektieren und im Sinne einer nachhaltigen Entwicklung zu gestalten. Das Ziel besteht darin, Menschen zu qualifizieren, sich an der Gestaltung heutiger sozialer, ökologischer und ökonomischer Verhältnisse so zu beteiligen, dass dieses nicht auf Kosten anderer Menschen und nicht auf Kosten künftiger Generationen geschieht. Umweltbildung soll weiterhin dazu beitragen, Menschen zu ermutigen und sie dabei zu unterstützen, ihre Kompetenzen und vielfältige Sichtweisen zu entwickeln. Dabei geht es darum, zukunftsfähige Lebensstile und Gestaltungsmöglichkeiten, Verhaltensweisen, ethische Positionen, Handlungsmöglichkeiten im Alltag, nachhaltige Konsummuster und Zusammenhänge zwischen einer befriedigenden Lebensweise und Umweltbedingungen kennen zu lernen und erproben zu können. Voraussetzungen dafür sind die Entwicklung von vielfältigen Wahrnehmungs- und Ausdrucksfähigkeiten, von grundlegendem Sach-, Orientierungs- und Zusammenhangswissen über Alltagssituationen, die Verstehen und Handeln erfordern.

6.2.2 Die politische Diskussion um Umweltbildung

6.2.2.1 Internationale Entwicklung

Umweltbildung steht spätestens seit Ende der 60er Jahre international auf der Tagesordnung. Seitdem haben zahllose internationale Konferenzen stattgefunden, die mit dem Ziel durchgeführt wurden, Umweltbildung in den verschiedenen Bildungsbereichen zu etablieren (vgl. Tabelle 6.1). In Aktivitäten zur Umweltbildung wird vor allem das Bemühen der Vereinten Nationen (VN) und ihrer Organisationen deutlich, das Thema Umweltbildung weltweit zu verankern.

Tabelle 6.1 Umweltbildung international: Programme, Initiativen, Erklärungen und Aktivitäten

Jahr	Initiativen / Aktivitäten / Erklärungen
1970	- Nevada Konferenz (IUCN, World Conservation Union); - Man and Biosphere (UNESCO-Programm)
1972	- United Nations Conference on the Human Environment in Stockholm (1. Weltumweltkonferenz)
1975	- International Environmental Education Programme (IEEP) von UNESCO/UNEP; - Belgrader Erklärung
1977	- Intergovernmental Conference on Environmental Education mit Tbilisi Declaration (Tiflis-Konferenz von UNESCO/UNEP)
1980	- World Conservation Strategy (UNEP/IUCN/WWF)
1987	- International Congress on Environmental Education (Moskau-Konferenz von UNESCO / UNEP); - Our Common Future (Brundtland-Bericht)
1988	- EU-Entschließung zur Umweltbildung
1989	- Erklärung der 90er Jahre zur ‚World Decade for Environmental Education' durch UNEP
1991	- Caring for the Earth: A Strategy for Sustainable Living (UNEP/IUCN/WWF)
1992	- EU-Entschließung zur Umweltbildung; - United Nations Conference on Environment and Development (UNCED) in Rio de Janeiro (2. Weltumweltkonferenz); - International Workshop on Environmental Education, veranstaltet durch Nichtregierungsorganisationen in Rio de Janeiro
seitdem	- Einrichtung der „Kommission der Vereinten Nationen für Nachhaltige Entwicklung" (CSD); - verschiedene kontinentale Aktivitäten

Als logische Fortsetzung aller bislang initiierten internationalen Umweltbildungsaktivitäten hat die UNESCO 1977 zur ersten weltweiten Konferenz über Umwelterziehung nach Tiflis eingeladen. Umweltbildung wird hier als integraler Bestandteil von kontinuierlich stattfindenden Bildungsprozessen verstanden, die über die schulische Bildung hinaus lebenslang andauern. Als globale Kategorien von Zielen der Umweltbildung werden genannt: Bewusstsein wecken, Kenntnisse erwerben, Einstellungen vermitteln, Fähigkeiten aneignen und Mitwirkung ermöglichen. Hieraus wird als grundlegendes Ziel von Umweltbildung abgeleitet,

> das komplexe Wesen der natürlichen und künstlichen Umwelt verstehen zu lehren und die erforderlichen Kenntnisse, Wertvorstellungen, Verhaltensweisen und praktischen Fähigkeiten erwerben zu lassen, die in die Lage versetzen, in verantwortungsbewusster und wirksamer Weise am Erkennen und Lösen von Umweltproblemen und an der Gestaltung der Umweltqualität teilzuhaben. (UNESCO 1978)

Diese Konferenz sollte entscheidenden Einfluss auf das Verständnis und die Weiterentwicklung von Umweltbildung haben.

Eine weitere zwischenstaatliche UNESCO-Konferenz – International Congress on Environmental Education – in Moskau (1987) verabschiedete einen „Internationalen Aktionsplan für Umwelterziehung“ (vgl. UNESCO-Verbindungsstelle für Umwelterziehung 1988) in den neunziger Jahren, in dem die Erfahrungen seit der ersten Konferenz ausgewertet und vor allem Vorschläge für die Integration von Umweltthemen in Schule, Hochschule und Forschung unterbreitet wurden. Die internationale Diskussion über Umwelt und dauerhafte Entwicklung, die von den genannten Veröffentlichungen und Ereignissen ausgelöst wurde, hatte 1992 ihren Höhepunkt auf der Konferenz der Vereinten Nationen zu Umwelt und Entwicklung (United Nations Conference on Environmental and Development, UNCED) in Rio de Janeiro. Auf ihr wurden neben vielen anderen wichtigen Erklärungen und Übereinkünften die Agenda 21 verabschiedet. Dieses Dokument, das als eine freiwillige Selbstverpflichtung zu charakterisieren ist, beschreibt Handlungsmöglichkeiten, die ergriffen werden müssen, um das Ziel einer nachhaltigen Entwicklung zu erreichen. Obwohl in der Agenda 21 in fast allen Kapiteln durchgängig auf Umweltbildung Bezug genommen wird, wird in Kapitel 36 dieses Dokuments explizit die Frage Bildung, öffentliches Bewusstsein und Ausbildung thematisiert und ein entsprechender Handlungskatalog aufgestellt (vgl. Bundesministerium für Umwelt, Naturschutz und Reaktorsicherheit o. J.).

6.2.2.2 *Nationale Entwicklung*

Seit Anfang der 70er Jahre wird der Umwelterziehung – dieser Begriff wurde zunächst benutzt – auch auf nationaler Ebene eine zunehmende Aufmerksamkeit zuteil. Es lassen sich vier Phasen unterscheiden, die in der folgenden Tabelle 6.2 charakterisiert werden.

Tabelle 6.2 Phasen der Umweltbildung auf nationaler Ebene

Phase	Beschreibung
1. Phase:	In dieser Phase, die von Anfang der 70er bis Anfang der 80er Jahre dauerte, stehen vor allem politische Erklärungen zur Umwelterziehung in Verbindung mit Umweltpolitik im Vordergrund. Sie kann als „programmatische" Phase der Umweltbildung charakterisiert werden.
2. Phase:	Im Zeitraum Anfang der 80er bis Anfang der 90er Jahre stehen Initiativen und Aktivitäten im Vordergrund, die zum einen auf die praktische Umsetzung von Umweltbildung in verschiedenen Bildungsbereichen abzielen, zum anderen aber auch u. a. durch Modellversuche neue Umweltbildungskonzepte erproben. Dieser Zeitraum kann als „pragmatische" Phase der Umweltbildung bezeichnet werden.
3. Phase:	Anfang der 90er Jahre setzte in der wissenschaftlichen Diskussion um Umweltbildung die Auseinandersetzung darüber ein, ob und unter welchen veränderten Voraussetzungen Umweltbildung weiter zu verfolgen ist. Die Zweifel über die Wirksamkeit bisheriger Umweltbildungsarbeit mehrten sich. Dieser ist als „reflexive Phase" der Umweltbildung zu beschreiben.
4. Phase:	Seit Ende der 90er Jahre steht in der Diskussion um Umweltbildung die Frage im Vordergrund, wie das Thema „Nachhaltigkeit" bzw. „Sustainable Development" theoretisch wie praktisch in Umweltbildung integriert werden kann bzw. der Ansatz Umweltbildung weiterzuentwickeln ist. Dieser aktuelle Entwicklungsstrang ist als „zukunftsorientierte" Phase der Umweltbildung zu kennzeichnen.

Ein Überblick über die verschiedenen Initiativen und Aktivitäten zur Umweltbildung (vgl. Tabelle 6.3) seit ihren Anfängen zeigt, dass diese ab der zweiten Hälfte der 80er Jahre deutlich zugenommen und vor allem seit der Weltumweltkonferenz nochmals einen zusätzlichen Schub auf gesellschaftlicher Ebene, aber auch auf der Ebene der politischen Beratungsgremien ausgelöst haben. Bemerkenswert ist auch, dass bereits sehr früh in den 70er Jahren Umweltbildungsaktivitäten außerhalb traditioneller Bildungsinstitutionen stattgefunden haben, die eng mit der Arbeit und dem Engagement von Bürgerinitiativen verknüpft waren, wie z. B. die VHS Wyhler Wald (vgl. Michelsen u. Siebert 1985).

Für den deutschsprachigen Raum erfuhren die Tifliser Empfehlungen eine weitere Präzisierung auf einer Arbeitskonferenz zur Umwelterziehung in München (1978). Dabei ging es insbesondere darum, wie diese Empfehlungen in das Bildungssystem zu integrieren und Formen des Zusammenwirkens von öffentlichen und privaten Institutionen sowie die Einbeziehung der Massenmedien zu ermöglichen seien. Vor allem standen Überlegungen zur schulischen Umweltbildung im Vordergrund, die in der Folge darin im Beschluss der Ständigen Konferenz der Kultusminister (KMK) zu „Umwelt und Unterricht" (1980) ihren Niederschlag fanden. In diesem Beschluss wurden für den Schulunterricht die Erzeugung von Bewusstsein für Umweltfragen, die Förderung eines verantwortlichen Umgangs mit der Umwelt und die Erziehung zum umweltbewussten Verhalten als erklärte Ziele von Umwelterziehung formuliert.

Tabelle 6.3 Umweltbildungsaktivitäten auf nationaler Ebene

Jahr	Programme, Initiativen, Aktivitäten
1971	- Umweltprogramm der Bundesregierung mit Forderungen zur Umwelterziehung
1975	- Volkshochschule Wyhler Wald als Aktivität von Bürgerinitiativen
1978	- Umweltgutachten des Rates von Sachverständigen für Umweltfragen (SRU); - UNESCO-Folgekonferenz in München
1980	- KMK-Empfehlungen zur Umwelterziehung (Rahmenrichtlinien)
1986	- BMBW-Symposium „Zukunftsaufgabe Umweltbildung“
1987	- Umweltgutachten des Rates von Sachverständigen für Umweltfragen (SRU); - BMBW-Arbeitsprogramm „Umweltbildung“; - Bund-Länder-Kommission (BLK) für Bildungsplanung und Forschungsförderung: Modellversuchsprogramm „Umweltbildung“
1988	- BIBB-Empfehlungen zur beruflichen Umweltbildung; - Enquête-Kommission des Deutschen Bundestages „Vorsorge zum Schutz der Erdatmosphäre“ mit dem Bericht „Schutz der Erdatmosphäre – eine Herausforderung für die Bildung“ (1990)
1989	- Entwurf eines Gesamtkonzeptes zur Umweltbildung durch BMBW
1990	- Enquête-Kommission des Deutschen Bundestages „Zukünftige Bildungspolitik – Bildung 2000“; - Gesetz zur Errichtung der Deutschen Bundesstiftung Umwelt
1991	- BIBB-Empfehlungen zur beruflichen Umweltbildung
1992	- Bundestags-Drucksache 12/3768: Umweltbildung und Umweltwissenschaften
1993	- Jahresgutachten 1993 des Wissenschaftlichen Beirats der Bundesregierung: Globale Umweltveränderungen (WBGU)
1994	- Umweltgutachten 1994 des Rats von Sachverständigen für Umweltfragen (SRU); - Enquête-Kommission des Deutschen Bundestages „Vorsorge zum Schutz der Erdatmosphäre“ und Enquête-Kommission des Deutschen Bundestages „Schutz des Menschen und der Umwelt“ – Bericht: Die Industriegesellschaft gestalten; - Bundestags-Drucksache 12/8451: Umwelt 1994 – Politik für eine nachhaltige, umweltgerechte Entwicklung; - Wissenschaftsrat „Stellungnahme zur Umweltforschung in Deutschland“
1995	- Jahresgutachten 1995 des Wissenschaftlichen Beirats der Bundesregierung: Globale Umweltveränderungen (WBGU)
1996	- Jahresgutachten 1996 des Wissenschaftlichen Beirats der Bundesregierung: Globale Umweltveränderungen (WBGU); - Umweltgutachten 1996 des Rats von Sachverständigen für Umweltfragen (SRU)
1997	- Bundestags-Drucksache 13/7054: Auf dem Weg zu einer nachhaltigen Entwicklung in Deutschland; - Bundestags-Drucksache 13/8213: Antwort der Bundesregierung auf die Große Anfrage zur Umweltbildung
1998	- Schlussbericht der Enquête-Kommission des Deutschen Bundestages „Schutz des Menschen und der Umwelt“; - BLK-Orientierungsrahmen „Bildung für eine nachhaltige Entwicklung“
1999	- BLK-Förderprogramm „Bildung für eine nachhaltige Entwicklung“; - Bundestags-Drucksache 14/1353: Antrag „Bildung für eine nachhaltige Entwicklung“
2000	- Bundestags-Drucksache 14/3319: Beschluss „Bildung für eine nachhaltige Entwicklung“

6.2.2.3
Einfluss von Beratungsgremien

Bemerkenswert ist, dass sich auch verschiedene Beratungsgremien von Regierung und Parlament immer wieder mit Fragen der Umweltbildung auseinandergesetzt haben. Zunächst ist der Rat von Sachverständigen für Umweltfragen (SRU) zu erwähnen, der sich bereits in seinen Umweltgutachten von 1978 und 1987 u. a. mit der Frage beschäftigt hat, wie über eine Stärkung des Umweltbewusstseins umweltgerechtes Verhalten hervorgerufen werden kann. Darin wurde bereits deutlich gemacht, dass die Vermittlung von Umweltwissen allein nicht ausreicht, sondern vor allem auch Handlungsangebote und Anreize für umweltgerechtes Verhalten gegeben sein müssen; hiermit wird bereits eine Relativierung von Umweltbildung vorgenommen und eine Verknüpfung zu politischen, ökonomischen und gesellschaftlichen Rahmenbedingungen hergestellt. Eine besondere Rolle haben auch die in der zweiten Hälfte der 80er Jahre eingerichteten Enquête-Kommissionen des Deutschen Bundestages zu den Themenfeldern „Bildung“ und „Klima“ gespielt. In der Enquête-Kommission „Zukünftige Bildungspolitik – Bildung 2000“ standen neben anderen Aspekten vor allem die des „Umweltlernens“ in der Berufsbildung und der beruflichen Weiterbildung im Vordergrund, wobei die Forderung nach ökologischen Schlüsselqualifikationen erhoben wurde.

Die Rio-Konferenz der Vereinten Nationen 1992 ist auch als Beginn einer dritten Phase umweltbildungspolitischer Aktivitäten zu sehen. Das Kapitel 36 der Agenda 21 der Konferenz der Vereinten Nationen (UNCED) macht deutlich, dass das Konzept einer nachhaltigen Entwicklung (Sustainable Development) als neue Basis für Umweltbildung zu betrachten ist. Eine umwelt- und entwicklungsorientierte Bildung soll sich sowohl mit der Dynamik der physikalischen/biologischen und der sozioökonomischen Umwelt als auch mit der menschlichen Entwicklung auseinandersetzen und alle relevanten Fachdisziplinen einbinden sowie formale, nonformale Methoden und wirksame Kommunikationsmittel einsetzen.

Das Umweltgutachten 1994 des Rates von Sachverständigen für Umweltfragen (SRU) greift dieses Konzept auf und versucht, es für die Umweltbildung in Deutschland zu konkretisieren (vgl. Rat von Sachverständigen für Umweltfragen 1994). Im „Sustainability-Ethos“ geht es nach Auffassung des SRU darum, die ökonomische und soziale Entwicklung des Menschen mit den ökosystemaren Mechanismen der Natur und ihrer Eigenschaften dauerhaft in Einklang zu bringen. Als Schlüsselprinzip dieses umweltethischen Ansatzes wird „Retinität“ genannt, womit die Gesamtvernetzung der Kulturwelt mit der Natur gekennzeichnet ist. Die entscheidende „ökologische Schlüsselqualifikation“ sieht der SRU im Verstehen dieses Prinzips, wobei unterstellt wird, dass „Verstehen“ auch zu Handeln führt. Der SRU schätzt die sogenannten „Vermittlungsinstanzen“, Bildung und Medien, als wichtige Kompetenzträger ein. Beim Schließen der Schere zwischen technisch-ökonomischer und ökologischer Entwicklung werden den Bildungsinstitutionen und den in ihnen arbeitenden Menschen eine besondere Bedeutung zugewiesen. Im Umweltgutachten von 1996 werden diese Überlegungen fortgeführt und unter dem Aspekt der „pädagogischen Vermittlung“ des Sustainability-Leitbildes diskutiert (vgl. Rat von Sachverständigen für Umweltfragen 1996).

Daneben hat sich auch der „Wissenschaftliche Beirat der Bundesregierung: Globale Umweltveränderungen“ (WBGU) in seinen Jahresgutachten von 1993 und 1995 zu Wort gemeldet und sich u. a. mit Fragen zu globalen Umweltveränderungen durch den Menschen und seinen psychosozialen Einflussfaktoren beschäftigt (vgl. Wissenschaftlicher Beirat Globale Umweltveränderungen 1993 und 1996). Da viele globale Umweltprobleme nicht unmittelbar anschaulich und erlebbar sind, kommt nach Auffassung des WBGU ihrer Vermittlung in alltäglicher Kommunikation, durch die Medien oder durch Bildungsmaßnahmen große Bedeutung zu. Der WBGU geht noch einen Schritt weiter und formuliert Kriterien, die den Rahmen für Umweltbildung abgeben können (WBGU 1996a). Danach ist Umweltbildung situationsorientiert anzulegen, indem Themen aus dem lokalen und regionalen Umfeld aufgegriffen werden sollen, die für die Lernenden (z. B. Schülerinnen und Schüler) bedeutsam sind; weiterhin soll angestrebt werden, Lernenden einen handelnden Umgang mit Umweltproblemen zu ermöglichen, indem sich Lernprozesse z. B. auf die Umgestaltung der schulischen oder näheren Umgebung ausrichten (Handlungsorientierung); weiterhin dürfen gesellschaftliche Bezüge von Umweltproblemen nicht ausgeklammert werden (Problemorientierung). Als bedeutsam werden zwei weitere Kriterien für die Umweltbildung erachtet: Antizipation und Partizipation. Antizipation heißt zunächst einmal, wünschenswerte Ereignisse zu selektieren und darauf hinzuarbeiten, neue Alternativen bereitzustellen. Es gehört weiterhin ein Denken dazu, das zu erwartende künftige Entwicklungen bzw. Beeinflussungen von Natur- und Anthroposphäre trotz deren zwangsläufiger Unsicherheit bereits in die Gestaltung des jetzigen Lebensstils einbezieht. Hinsichtlich der Bewertung von Natur- und Umweltzuständen werden außerdem Fähigkeiten gebraucht, die für die Beteiligung an derartigen Bewertungsprogrammen grundlegend sind. Dabei handelt es sich vor allem um partizipatorische Möglichkeiten, die sich insbesondere auf die damit verbundenen Entscheidungen im Rahmen eines gesellschaftlichen Diskurses beziehen (vgl. Bolscho u. Michelsen 1997).

Gemeinsames Merkmal der beiden Sachverständigengremien – SRU und WBGU – ist die Erkenntnis, dass Umweltprobleme auf der politischen Ebene nicht nur administrativ, technisch oder ökonomisch gelöst werden können und auf der Bildungsebene allein die Vermittlung von Wissen auch nicht ausreicht, sondern dass ein Umdenken erforderlich ist, das die Beziehung des Menschen zu seiner Umwelt auf ein neues Fundament stellt und zu verändertem Handeln führt. Der im Brundtland-Report eingeführte und durch die Rio-Konferenz populär gewordene Begriff der „Nachhaltigkeit“ wird als möglicher Bezugsrahmen gesehen, der auch für die Einbeziehung globaler Aspekte von Umweltentwicklung geeignet ist.

6.2.3 Theoretische Diskussionsstränge in der Umweltbildung

6.2.3.1 Frühe Phase

Seit Ende der 70er Jahre findet eine stärker theoretisch orientierte Diskussion zur Umweltbildung statt, die sich durch verschiedene Schwerpunkte kennzeichnen lässt, ohne dass damit eine zeitliche Abfolge der Theoriediskussion noch eine absolute Vollständigkeit der verschiedenen Aspekte beschrieben ist (vgl. Tabelle 6.4) (vgl. Beyersdorf et al. 1998):

- Umweltbildung wird als naturpädagogischer Ansatz verstanden und als unmittelbare Begegnung und pflegerischer Umgang mit Natur im Bildungsprozess interpretiert. Naturbeobachtung, Sinneswahrnehmung oder Naturerfahrung sind Stichworte, die eng mit diesem Ansatz zusammenhängen. Diesem Ansatz wird unter anderem der Vorwurf gemacht, dass die gesellschaftliche Dimension wie auch der Handlungsaspekt nicht angemessen in das theoretische Gebäude integriert ist.
- Umweltbildung wird als umwelterzieherischer Ansatz interpretiert, der darauf abzielt, im pädagogischen Prozess vor allem kurzfristige Handlungsmöglichkeiten zu eröffnen, ohne zunächst auf die tieferen Ursachen der Umweltzerstörung einzugehen. Umwelterziehung stellt die bestehende gesellschaftliche Ordnung nicht grundsätzlich in Frage, wobei Schule vor allem als Ort der Umwelterziehung gesehen wird. In diesem Ansatz wird eine gesellschaftskritische Position vermisst, ebenso wird der in erster Linie auf das Individuum bezogene pädagogische Ansatz kritisiert.
- Umweltbildung wird als ökopädagogischer Ansatz diskutiert, wobei Ökopädagogik als gesellschaftskritischer Reflexionsansatz zu charakterisieren ist, der insbesondere auf die Grenzen pädagogischen Wirkens verweist. Im Zentrum steht die Überlegung, dass wir uns in einem Reflexionsprozess begeben sollten, in dem wir unsere individuelle, aber auch die gesellschaftspolitische Situation auf mögliche Zukunftsorientierungen hin hinterfragen. Zu dieser Position wird u. a. angemerkt, dass hier keine konkrete pädagogische Konzeption entwickelt wird, die auch für die praktische Bildungsarbeit weiterführende Anregungen bereit hält.
- Umweltbildung wird als lebensweltlich orientierter Ansatz verstanden. Dieser Ansatz knüpft an die Lebenswelt der Teilnehmenden an Bildungsveranstaltungen und deren Deutungsmuster an. Er versucht, einen didaktischen Rahmen auf der Grundlage unterschiedlicher Kriterien wie Betroffenheit, Ganzheitlichkeit, Vernetzung, Wissenschaftsorientierung oder Handlungsorientierung zu entwickeln, der für die praktische Bildungsarbeit relevant erscheint. Hier wird u. a. kritisiert, dass er möglicherweise zu individuenbezogen und nur schwer in die praktische Bildungsarbeit umzusetzen ist.
- Umweltbildung wird als ökologisches Lernen interpretiert, das außerhalb aller Institutionen stattfindet und nicht „verpädagogisiert" ist. Heute findet dieser

Ansatz zumindest in Teilen seine Fortsetzung in der Bildungsarbeit beispielsweise von Umweltorganisationen wie Greenpeace (z. B. in den „Greenteams") oder in der Erwachsenenbildung im Rahmen von sogenannten „Tu was" – Aktivitäten.

Tabelle 6.4 Theoriediskussion in der Umweltbildung

Theoriediskussion in den 80er Jahren	Theoriediskussion in den 90er Jahren
Naturpädagogik	psychologisch orientierte Umweltbildung
Umwelterziehung	ökologische Schlüsselqualifikation
Ökopädagogik	verständigungsorientierter Ansatz
Lebensweltorientierung	konstruktivistische Umweltbildung
Ökologisches Lernen	Umweltbildung / „kulturelle" Wende
Innovatives Lernen	Bildung für eine nachhaltige Entwicklung

Dies ist in groben Zügen die Diskussion um theoretische Konzepte der Umweltbildung vor allem in den 80er Jahren. Es ist ergänzend unter anderem auch noch die Position des Club of Rome zu erwähnen (vgl. Peccei u. Club of Rome 1979), der sich bereits Ende der 70er Jahre kritisch mit dem sogenannten „tradierten" Lernen auseinander gesetzt und in seinem Ansatz des „innovativen Lernens" die Begriffe antizipatorisches und partizipatorisches Lernen geprägt hat, die heute in dem Ansatz „Bildung für eine nachhaltige Entwicklung" eine zentrale Rolle spielen. Oder es wäre ein theoretisches Konzept zur beruflichen Umweltbildung zu nennen, das von Nitschke vorgeschlagen wurde und in dem Ganzheitlichkeit als ein entscheidendes Grundprinzip der beruflichen Umweltbildung entfaltet wird, um von der einseitig zweckrationalen Zugangsweise wegzukommen und ein ausgewogenes Verhältnis zwischen Verstand, Ästhetik und Ethik zu fördern (vgl. Nitschke 1991).

6.2.3.2 Jüngere Phase

Hinsichtlich der Perspektiven und Trends der Theoriediskussion zur Umweltbildung lassen sich folgende theoretische Diskussionsstränge verdeutlichen:

- Seit einiger Zeit greifen umweltpsychologische Erkenntnisse stärker in die Theoriediskussion zur Umweltbildung ein. Hier ist u. a. auf Arbeiten zu verweisen, die die Umweltkrise als Krise des menschlichen Verhältnisses zur Umwelt interpretieren. Um dieses Verhältnis zu bestimmen und zu verändern, ist nach Auffassung von Umweltpsychologen Wissen über die Bedingungen von Verhalten erforderlich. Da das Verhalten zu erlernen ist, wird an Stelle der

Begriffe Umweltbildung oder Umwelterziehung der Terminus Umweltlernen bevorzugt. Dieses Lernen ist als hoch komplexe Aufgabe anzusehen, denn nachweislich besteht eine erhebliche Diskrepanz zwischen Bewusstsein und Verhalten. Abstraktes Wissen steht nur wenig in direkter Beziehung zum Verhalten. Weiterhin ist zu differenzieren zwischen einer Verhaltensabsicht und dem tatsächlichen Verhalten. In diesem Zusammenhang wird u. a. die Diskussion um Interventionsstrategien geführt. Dabei stehen folgende Aspekte im Vordergrund: Information und Aufklärung, Lernen an Vorbildern, Angebot von Verhaltensmöglichkeiten sowie Einsatz von Verhaltensverstärkern wie extrinsische Motivationen mit dem Ziel, eine intrinsische Motivation zu bewirken.

- Die Enquête-Kommission des Deutschen Bundestages „Bildung 2000“ hat die theoretische Auseinandersetzung über ökologische Schlüsselqualifikationen Anfang der 90er Jahre insbesondere für die berufliche Bildung neu belebt (vgl. Deutscher Bundestag 1990). Diese Diskussion wurde vom Sachverständigenrat für Umweltfragen fortgeführt. Nach Auffassung des SRU muss Umweltbildung die Vermittlung von ökologischen Schlüsselqualifikationen zur Bewältigung der Umweltkrise beinhalten. Das Verstehen des ökologischen Schlüsselprinzips der Vernetzung (Retinität) setzt beim Menschen die grundlegende Fähigkeit des Denkens in Zusammenhängen voraus. Neben dem Erkennen von gesetzmäßigen Abläufen gehört hierzu das Aufspüren und Beheben von „Störfaktoren“, die einen Einfluss auf Natur und Umwelt ausüben. Dies schließt zugleich die Fähigkeit zur Reflexion ein, die das individuelle Verhalten und das gesellschaftliche Handeln hinterfragt, wie auch antizipatorisches Fähigkeiten, die es ermöglichen, künftige Entwicklungen und Beeinflussungen von Natur und Umwelt abzuschätzen. Hinsichtlich der Bewertung von Natur- und Umweltzuständen sind durch ökologische Schlüsselqualifikationen außerdem Möglichkeiten für die Beteiligung an diesen Bewertungsprozessen zu eröffnen. In dem von der Bund-Länder-Kommission für Bildungsplanung und Forschungsförderung 1998 verabschiedeten Orientierungsrahmen für eine Bildung für eine nachhaltige Entwicklung taucht dieser Gedanke erneut auf, wobei insgesamt 22 Schlüsselqualifikationen diskutiert werden (vgl. BLK-Orientierungsrahmen 1998).
- Verständigung und Kommunikation als zentrale Elemente von Umweltbildung bilden einen weiteren Strang der Theoriediskussion, der sich darauf konzentriert, den einzelnen in die Lage zu versetzen, die Motive für sein Alltagshandeln genauer im Blick zu haben und in bezug auf Umweltauswirkungen in Frage zu stellen. Ausgangspunkt dieses Ansatzes bilden systemtheoretische und damit verbundene Überlegungen zur ökologischen Kommunikation (vgl. Luhmann 1986). Umweltbildung soll danach zur Verbesserung einer verständigungsorientierten Kommunikation in der Gesellschaft beitragen. Im Rahmen dieses Ansatzes steht die entscheidungsorientierte Selbstreflexion. In enger Beziehung hierzu stehen die Überlegungen des Konstruktivismus, der als Wahrnehmungs- und Erkenntnistheorie davon ausgeht, dass das Gehirn ein menschliches Organ ist, das Welten festlegt, aber keine Welten spiegelt. Es konstruiert eine Wirklichkeit neben anderen möglichen Wirklichkeiten, allerdings ist es eine Konstruktion mit hoher Viabilität, d. h. diese Konstruktion muss in die Welt

„passen". Grundsätzliche Kritik üben die Konstruktivisten vor allem an Modellen, die Erkennen und Lernen als Abbildung, Widerspiegelung und Verinnerlichung objektiver Realitäten definieren. Sie bestreiten auch, dass das gelernt wird, was gelehrt wird; vielmehr gehen sie davon aus, dass Lernen ein eigensinniger und eigenwilliger Vorgang ist. Die konstruktivistische Erkenntnistheorie bestätigt eine subjektorientierte Pädagogik, die die Selbststeuerung und Selbstverantwortung des lernenden Individuums betont. Eine Nähe zum lebensweltlichen Ansatz der Umweltbildung ist nicht zu verkennen (vgl. Siebert 1999).

- Ein weiterer Diskussionsstrang in der Umweltbildung ist durch den Begriff „Kulturelle Wende" (vgl. de Haan et al. 1997) zu charakterisieren, zu dem auch die Auseinandersetzung mit Lebensstilen gehört. Hierzu zählen u. a. Formen des Sprechens, des Sich-Kleidens, des Benehmens, der Geselligkeit, der Gefühlsstruktur, aber auch wie man sich selbst einschätzt und was man für Ausdrucksformen der Persönlichkeit hält. Die Attraktivität neuer Lebensstile wird sich über kulturelle Neuorientierungen herausstellen können. In der Auseinandersetzung um diese Seite der Ökologie liegt die neue Dimension der Umweltbildung. Wer in diesem Feld unterrichten will oder Curricula entwickelt, kann dies nicht ohne Rückbezug auf die Umweltbewusstseinsforschung und die Forschungen zu den Lebensstilen tun. Ein weiterer theoretischer Diskussionsstrang ist in dem Ansatz „Bildung für eine nachhaltige Entwicklung" zu sehen.

6.2.4 Umweltbildung im Sinne einer Bildung für eine nachhaltige Entwicklung

6.2.4.1 Nachhaltige Entwicklung

Das Leitbild „Nachhaltigkeit" hat der Diskussion um die Weiterentwicklung von Umweltbildung in der jüngsten Zeit neue Impulse gegeben. Es wird sogar von einem Paradigmenwechsel in der Umweltbildung gesprochen (vgl. Stoltenberg u. Michelsen 1999). Die Definition, dass nachhaltige oder dauerhafte Entwicklung eine Entwicklung ist, die die Bedürfnisse der Gegenwart befriedigt, ohne zu riskieren, dass künftige Generationen ihre eigenen Bedürfnisse nicht befriedigen können, stößt auf eine breite Zustimmung. Die Enquête-Kommission des Deutschen Bundestages „Schutz des Menschen und der Umwelt" spitzt diese Definition weiter zu und formuliert:

> Mit dem Leitbild einer nachhaltig, zukunftsverträglichen Entwicklung wird ein Entwicklungskonzept beschrieben, das den durch die bisherige Wirtschafts- und Lebensweise in den Industrieländern verursachten ökologischen Problemen und den Bedürfnissen in den Entwicklungsländern unter Berücksichtigung der Interessen künftiger Generationen gleichermaßen Rechnung trägt. (Enquête-Kommission „Schutz des Menschen und der Umwelt" des Deutschen Bundestages 1994)

Gleichwohl sind eine Fülle von Konflikten vorprogrammiert, wenn man es mit der Verknüpfung von ökologischen, sozialen und ökonomischen Entwicklungsdimensionen, die der Leitvorstellung zugrunde liegt, ernst meint (vgl. Rat von Sachverständigen für Umweltfragen 1994).

Die Verflechtung globaler ökologischer Krisenphänomene mit wachsenden Armutsproblemen oder die Auflösung des klassischen Nord-Süd-Konfliktes durch die Tatsache, dass auch im „Norden“ zunehmend typische „Süd-Probleme“ deutlich werden, sind nur zwei Phänomene, die deutlich machen, dass neue Vorstellungen und politische Entscheidungsformen zur Gestaltung gesellschaftlicher Entwicklungen erforderlich sind. Hierzu existiert allerdings kein eindeutiges Leitbild. Allein der häufig benutzte Begriff „nachhaltig“ kann auf sehr verschiedene Art und Weise ausgelegt werden, d. h. die gewisse Beliebigkeit ist ein wichtiger Kritikpunkt an diesem Konzept.

Die gängige Definition von Nachhaltigkeit stellt die Befriedigung der Bedürfnisse des Menschen in den Vordergrund. Dabei geraten der Erhalt der Natur bzw. der Schutz ökologischer Systeme, der Artenvielfalt und der nicht erneuerbaren Ressourcen nur insoweit ins Blickfeld, als diese für eine dauerhafte gesellschaftliche Entwicklung notwendig erscheinen: Natur- und Umweltschutz wird als angemessener Bestandteil der Naturnutzung durch den Menschen wahrgenommen, also eine eindeutige anthropozentrische Sichtweise. Die Gegenposition einer öko- bzw. biozentrischen Sicht sieht die Umwelt nicht allein im Kontext der Bedürfnisbefriedigung der Menschen. Hier wird statt von „Umwelt“ eher von „Mitwelt“ gesprochen und es lassen sich entsprechend weitreichende Konsequenzen für das Verständnis von „Nachhaltigkeit“ ziehen. Allerdings muss betont werden, dass diese Position in der Agenda 21 keine Rolle spielt.

Die Kritik an dem Konzept „Nachhaltigkeit“ ist auch noch unter anderen Gesichtspunkten fortzuführen (vgl. u. a. Eblinghaus u. Stickler 1996). Hier werden nur einige Aspekte aufgeführt, die bedenkenswert sind, ohne damit den Anspruch auf Vollständigkeit zu erheben:

- Das Konzept „Sustainable Development“ stellt nicht die Frage nach den Macht- und Herrschaftsverhältnissen. Die Ursachen für die Umwelt- und Verteilungsprobleme werden nur oberflächlich thematisiert. Die Erfahrungen und die Geschichte der neuen sozialen Bewegungen, ihre Analysen und auch ihre Selbstkritik spielen keine Rolle. Vielmehr wird ein Klima des „Ärmel-Aufkrempelns“ verbreitet – nach dem Motto: Gemeinsam werden wir es schon schaffen.
- Das Konzept „Sustainable Development“ geht von der Unverzichtbarkeit von Wirtschaftswachstum aus. Dadurch soll das Armutsgefälle zwischen Nord und Süd ausgeglichen und das Bevölkerungswachstum aufgehoben werden. Es wird unterstellt, dass erhöhte Reichtumsproduktion vor allem in den Industrieländern einen Überschuss produziert, der irgendwie auch bei den Ärmsten ankommt, d. h. es wird vom sogenannten „trickle-down-effect“ ausgegangen mit der Hoffnung, irgend etwas werde schon nach unten durchsickern.
- Das Konzept „Sustainable Development“ geht davon aus, dass mit dem System des westlichen Kapitalismus die offensichtlichen Probleme weltweit gelöst werden können. D. h. den Industrienationen wird eine Führungsrolle zuge-

schrieben, verbunden mit der Erwartung, dass vor allem die Länder der sogenannten „Dritten Welt“ nach den Vorstellungen der Länder der sogenannten „Ersten Welt“ gesunden können.

- Das Konzept „Sustainable Development“ ist ein „top-down“ – Konzept, das versucht, notwendige Veränderungen von oben nach unten durchzusetzen, wodurch zunächst einmal bestehende Strukturen festgeschrieben werden. Überspitzt könnte man sagen, es wird davon ausgegangen, dass die breite Bevölkerung u. a. über den Prozess von (Bewusstseins-) Bildung schon irgendwie das mittragen wird, was die „Herrschenden“ zur Lösung von Problemen vorschlagen.

Diese Kritik heißt nicht, dass das Konzept von Nachhaltigkeit und viele der mit der Agenda 21 festgehaltenen Konsequenzen grundsätzlich in Frage gestellt werden sollen. „Nachhaltigkeit“ bietet einen Diskussions- und Handlungsrahmen für eine integrierte Perspektive ökologischer, sozialer und ökonomischer Entwicklungsaspekte. Sie betrifft neben den Dimensionen Ökologie, Soziales, Ökonomie auch die Dimension Kultur, da durch das Leitbild „Nachhaltigkeit“ auch unsere Lebensform, Wertvorstellungen, Wissenschaft und Technik, Bildung, um nur einige Stichworte zu nennen, tangiert werden (vgl. Jüdes 1996).

Mit dem Begriff „Sustainable Development“ oder Nachhaltigkeit scheint sich in den letzten Jahren trotz aller Kritik eine politische Leitvorstellung entwickelt zu haben, auf die sich über alle Interessenkonflikte hinaus Menschen auf der Welt verständigen können. Nachhaltige Entwicklung zu verstehen, die die Bedürfnisse der Gegenwart befriedigt, ohne zu riskieren, dass künftige Generationen ihre eigenen Bedürfnisse nicht befriedigen können, stößt auf eine breite Zustimmung. Es geht um die Verknüpfung von ökologischen, sozialen, kulturellen und ökonomischen Entwicklungsdimensionen, die der Leitvorstellung zugrunde liegen. Dabei sind folgende Strategien von Bedeutung: die Ressourcenproduktivität, d. h. der Wirkungsgrad pro Einheit, ist deutlich zu erhöhen bzw. der Stoff- und Energieverbrauch absolut zu senken (Effizienzstrategie) und die Stoff- und Energieströme sind qualitativ und quantitativ an die Regenerationsfähigkeit der Ökosysteme anzupassen (Konsistenzstrategie).

Allerdings stoßen diese Strategien auch auf ihre Grenzen, wenn diese nicht zugleich mit Selbstbescheidung und Verzichtsbereitschaft bei den Menschen verbunden sind. Es geht zusätzlich darum, die umwelt- und ressourcenbelastende Praktiken einzuschränken bzw. durch weniger belastende Praktiken zu ersetzen (Suffizienzstrategie). Durch diese Strategien induzierte Innovationen werfen automatisch die Frage nach der politischen Durchsetzung wie auch nach der gesellschaftlichen Akzeptanz auf. Umwelteinstellungen und Umweltverhalten erhalten in diesem Zusammenhang eine ganz neue Bedeutung, weil nach ganz anderen Orientierungen für Leben und Wirtschaften gefragt wird. Hiermit eng verknüpft ist eine weitere Strategie, die als Bildungsstrategie charakterisiert werden soll, in der es um die Auseinandersetzung mit der Idee von Nachhaltigkeit und mit den damit gestellten Aufgaben sowie um die Förderung von „Nachhaltigkeitsbewusstsein“ geht.

6.2.4.2 Bildung für eine nachhaltige Entwicklung

Mit dem Konzept „Nachhaltigkeit“ sind besondere Anforderungen an Lernen verbunden bzw. sie verdienen besondere Aufmerksamkeit (vgl. Stoltenberg u. Michelsen 1999). Sie sollen im folgenden kurz angedeutet werden. Zunächst zum Aspekt der Komplexität: Schon unsere Wahrnehmung und unsere Analyse von Problemen ist an unsere Erfahrungen gebunden und ist abhängig von Kontexten. Dazu gehören die soziale Stellung (also die materielle Situation), das kulturelle und das soziale Kapital, über das man verfügt, das jeweilige Verhältnis, in dem man sich aktuell zu dem Problem befindet. Dazu gehört damit für wissenschaftlich ausgebildete Menschen auch die Wissenschaftsdisziplin und deren Methoden, da deren spezifische Fragestellungen und Interessen die jeweilige Sichtweise bestimmen. Wir nehmen die Komplexität der Welt also unter einer bestimmten Perspektive wahr. Wollen wir uns kritisch mit der Realität auseinandersetzen, sind wir darauf angewiesen, die Perspektivität unserer Wahrnehmung und die anderer erkennen und reflektieren zu können. Wenn wir darüber hinaus berücksichtigen, dass wir aktuell in unterschiedlichen sozialen Rollen handeln, schließt die notwendige Selbstreflexion auch das Nachdenken über die Schwierigkeit ein, die eigenen verschiedenen Sichtweisen zu integrieren. Eine andere Perspektive verstehen zu können, setzt nun nicht nur Empathie voraus (sich einfühlen und andere Sichtweisen zulassen). Kritisch mit der Situation umgehen, heißt auch: nach den Ursachen der unterschiedlichen Sichtweisen fragen; und es bedeutet, nach Ungleichheit, nach gesellschaftlichen Machtverhältnissen, nach Durchsetzungs- und Entscheidungsstrukturen zu fragen. Hier ist gesellschaftliche Kompetenz gefordert.

Ein anderer Aspekt betrifft die Offenheit. Es gibt keine Sicherheit im Handeln, in den Entscheidungen zum Verhältnis von Mensch und Natur: wissenschaftliche Aussagen sind nur zu Teilaspekten und dazu noch nicht eindeutig vorhanden; auf historische Erfahrungen kann in der Regel nicht zurückgegriffen werden; Menschen machen Fehler, übersehen wichtige Aspekte – selbst, wenn sie versuchen, ihre subjektive Perspektivität zu überwinden und gesellschaftliche Prozesse zu organisieren, die einen möglichst umfassenden Erkenntnisstand repräsentieren. Vor allem aber: unsere tradierte Art zu denken (nämlich kausal-linear) und zu lernen, passt anscheinend nicht auf die Natur. Darauf verweist beispielsweise der Physiker Hans-Peter Dürr, wenn er zu zeigen versucht, dass sich dank der Einsichten der Quantenphysik nun zeige, dass „der Wahrscheinlichkeitscharakter unserer Aussagen nicht allein von der subjektiven Unkenntnis herrührt, sondern dem Naturgeschehen selbst eingeprägt ist“ (Dürr 1994). Aus der Sicht der Quantenphysik, wenn man also auf die kleinsten Teile der Materie blickt, ist die Zukunft prinzipiell unbestimmt, weil man die Vorstellung aufgeben muss, dass die Materie eine eindeutige Entwicklungsrichtung hat. Vielmehr bildet sie sich im jeweiligen Augenblick „aus einer qualifizierten Unbestimmtheit neu“. „Auch für das der Natur zugehörige menschliche Leben gilt darum, dass Natur nicht determiniert ist; es können nur Wahrscheinlichkeiten für – in der Regel unendlich viele – mögliche Realisierungen prognostiziert werden“. Wie kann man auf dem Weg zur Nachhaltigkeit mit dieser Offenheit umgehen? Handelnd Nachhaltigkeit lernen setzt ein reflektiertes Risikobewusstsein voraus, die Fähigkeit zur Risikoabwägung und „Urteilsvorsicht". Das gilt individuell (z. B. in der verantwortlichen Arbeit von Wissenschaftlerinnen und Wissenschaftlern), das gilt aber auch gesellschaftlich. Wieweit man in natürliche Wirkungszusammenhänge und relativ stabile Mensch-Natur-Beziehungen eingreifen kann, ist – im Bewusstsein der Grenzen unserer Erkenntnismöglichkeiten – nur in einem demokratischen gesellschaftlichen Diskurs zu leisten. Auf dieser Grundlage sind als Ausdruck der lernenden Gesellschaft Regelsysteme zu schaffen, für die eine in der Verfassung abgesicherte Wertentscheidung der Gesellschaft zum Verhältnis von Mensch und Natur orientierend sein könnte.

6.2.4.3
Syndromansatz

Wenn wir uns mit Bildung und Nachhaltigkeit auseinandersetzen, müssen wir uns auch über die möglichen Inhalte Klarheit verschaffen, schließlich ist die inhaltliche Dimension nicht beliebig. Oder um es bildungstheoretisch im Anschluss an Klafki zu sagen: „Bildung im Medium des Allgemeinen" wird verwirklicht durch die „Konzentration auf die Auseinandersetzung mit epochaltypischen Schlüsselproblemen unserer kulturellen, gesellschaftlichen, politischen, individuellen Existenz" (vgl. Klafki 1995). Das Leitbild Nachhaltigkeit ist sozusagen eine Suchanweisung dafür, diese Probleme zu identifizieren. Es ermöglicht eine „Hierarchisierung der Relevanzen" in den Themenfeldern. Dabei lassen sich – zumindest analytisch – zwei Felder von Inhalten unterscheiden: solche, die „die Person stärken" ganz im Sinne von Hentigs, wenn man sich mit ihnen auseinandersetzt, die einen fähig machen, sich zu sich selbst und zu anderen zu verhalten, so dass Selbstbestimmung, Mitbestimmung, Solidarität möglich werden, und solche, die gegenwärtig als wesentlich für nachhaltige, zukunftsfähige Entwicklungsprozesse bzw. als deren wesentliche Gefährdungsmomente identifiziert werden können oder die „die Sachen klären" (vgl. von Hentig 1991).

Der bereits erwähnte WBGU hat mit seinem „Syndromkonzept" (Wissenschaftlicher Beirat der Bundesregierung Globale Umweltveränderungen 1996b) eine Auswahl und Darstellung von zentralen Themenfeldern gewählt, die auch der Vernetztheit der Probleme gerecht zu werden versuchen. Er hat im System Erde auf der Grundlage von Expertenwissen sogenannte „Krankheitsfelder" identifiziert, in denen kritische Veränderungen zu konstatieren sind[30]. Der Grundidee des Ansatzes zufolge lassen sich globale Umweltveränderungen in eine überschaubare Anzahl von Mustern – für sehr viele verschiedene Weltregionen typische Mensch-

[30] Der WBGU hat bisher 16 Syndrome identifiziert: Hoher-Schornstein-Syndrom, Sahel-Syndrom, Favela-Syndrom, Raubbau-Syndrom, Müllkippen-Syndrom, Suburbia-Syndrom, Grüne-Revolution-Syndrom, Landflucht-Syndrom, Altlasten-Syndrom, Katanga-Syndrom, Massentourismus-Syndrom, Verbrannte-Erde-Syndrom, Dust-Bowl-Syndrom, Kleine-Tiger-Syndrom, Aralsee-Syndrom, Havarie-Syndrom.

Natur-Interaktionen – reduzieren und modellieren. Dazu sind verschiedene Schritte erforderlich (Reusswig 1997):

- Identifikation der Sphären (Domänen, Bereiche), die für Globale Umweltveränderungen bedeutsam sind (Biosphäre, Wirtschaft, Pedosphäre, Hydrosphäre, Gesellschaftliche Organisationen etc.),
- Identifikation der wichtigsten Zustandsänderungen (Trends) des Erdsystems, die den Globalen Wandel beschreiben,
- Verknüpfung der Trends zu typischen Mustern der Trendinteraktion im Sinne der Suche nach Ursache-Wirkungs-Beziehungen (Beziehungsgeflechte) auf der Basis von Expertenwissen und Fallstudien,
- Indikatorgestützte Suche nach Dispositionsräumen für Syndrome,
- Datengestützte Identifikation der aktuellen Stärke (Intensität) eines Syndroms weltweit und
- Modellierung möglicher Syndromverläufe auf der Basis semiquantitativer und qualitativer Methoden.

Eine Basisannahme des Ansatzes ist es, dass sich über die Vermeidung von Nicht-Nachhaltigkeit leichter ein Konsens erzielen lässt als über den exakten Pfad der Nachhaltigkeit. Zudem geht die Syndromforschung davon aus, dass viele „positiven" Nachhaltigkeitsvorstellungen, die das Konzept über „Suffizienz" und „Effizienz" operationalisieren, die Fundierung in Fragen der Konsistenz oft vermissen lassen. Der Syndromansatz versucht insgesamt, unser Wissen über Nicht-Nachhaltigkeit zu vertiefen, um ein besseres Verständnis für nachhaltige Entwicklungsoptionen in der Zukunft zu erreichen. Interessant ist der „Syndromansatz aus verschiedenen Gründen" (de Haan u. Harenberg 1999). Der Syndromansatz

- beruht auf der globalen Vernetzungsperspektive und beschreibt relevante Verknüpfungen sozialer, ökologischer und ökonomischer Trends und Parameter (Globalität, Komplexität, Interdisziplinarität),
- arbeitet problemlösungsorientiert auf der Basis vorläufigen Wissens (Umgang mit vorläufigem Wissen und Risiken),
- bietet Möglichkeiten zur Vermeidung von Fehlentwicklungen innerhalb der Syndrome durch gezieltes Gegensteuern (Zukunftsbezug),
- bezieht die Reaktionen der Gesellschaft oder einzelner Gruppen bei der Einschätzung von Krisen ein (Reflexivität),
- beschreibt Trends als objektivierbare und aggregierte Handlungsfolgen und geht vom individuellen Handeln aus, ohne jedoch gleichzeitig den Zweck und Anspruch der Politikwirksamkeit aufzugeben(Individual- und Politikbezug),
- hat bietet den lokal und global Handelnden „weiche" Entscheidungshilfen in Form von Entwicklungskorridoren und -optionen und eröffnet damit Gestaltungs-, Diskurs- und Partizipationschancen.

Es wird deutlich, dass eine Orientierung an den Syndromen des globalen Wandels nicht nur ökologische, sondern auch soziale Effekte zeigt, von denen einige unmittelbar ersichtlich sind: z. B. weniger Schadstoffausstoß führt zur Verbesserung der gesundheitlichen Situation, weniger Verkehrslärm führt zu mehr Wohlbefinden. Zudem gibt es aber auch weniger sichtbare Effekte: So hat weniger Ressourcenverbrauch mehr intergenerationelle Gerechtigkeit zur Folge. Man erkennt hier also die sozialen Implikationen einer ökologischen und ökonomischen nachhaltigen Entwicklung.

6.2.4.4 *Gestaltungskompetenz*

Allgemeines Ziel einer Bildung für eine nachhaltige Entwicklung ist die „Gestaltungskompetenz“. Mit Gestaltungskompetenz wird das nach vorne weisende Vermögen bezeichnet, die Zukunft von Gesellschaften, in denen man lebt, in aktiver Teilhabe im Sinne nachhaltiger Entwicklung modifizieren und gestalten zu können. Mit ihr kommt die offene Zukunft in den Blick. Darin sind ästhetische Elemente ebenso aufgehoben wie z. B. die Frage nach den Formen künftigen Wirtschaftens oder Konsums. Die Notwendigkeit der Gestaltungskompetenz lässt sich sowohl bildungstheoretisch als auch aus der nachhaltigen Entwicklung heraus begründen. Denn diese Kompetenz zielt nicht allein auf unbestimmbare zukünftige Lebenssituationen ab, sondern auf die Fähigkeit zur Gestaltung dieser Zukunft durch das Individuum in Kooperation mit anderen.

Gestaltungskompetenz umfasst vor diesem Hintergrund antizipatorisches Denken, das auf Simulationen, Prognosen, und Risikoabschätzungen basiert wie auch auf utopischen Entwürfen. Sie umfasst lebendiges, komplexes, interdisziplinäres Wissen, um zu Problemlösungen zu gelangen, die nicht nur auf eingefahrenen und bekannten Bahnen basieren. Damit ist die Fähigkeit des Selbstentwurfs und der Selbsttätigkeit im Kontext einer Gesellschaft gemeint, deren Trend zur Individualisierung ungebrochen ist; und es wird damit die Fähigkeit verbunden, in Gemeinschaften partizipativ die eigene Umwelt gestalten und sich an allgemeinen gesellschaftlichen Entscheidungsprozessen kompetent beteiligen zu können.

Gestaltungskompetenz fächert sich in verschiedenen Kompetenzbereiche auf (vgl. de Haan u. Harenberg 1999):

- Verständigungskompetenz, d. h. die Fähigkeit und das Wissen für eine Verständigung mit anderen, um zu einer gemeinsamen Kultur der nachhaltigen Entwicklung zu gelangen.
- Vernetzungs- und Planungskompetenz, d. h. die Fähigkeit, unter der Prämisse der Retinität (d.i. die Vernetzung von Kultur- und Naturwelt) und Nicht-Linearität denken und planen zu können.
- Kompetenz zur Solidarität, d. h. die Fähigkeit, Solidarität zu entwickeln und sich für inter- und intragenerationelle Gerechtigkeit einzusetzen.
- Motivationskompetenz, d. h. die Fähigkeit, sich selbst zu motivieren und Freude daran zu empfinden, sich tätig und zukunftsgerichtet im Sinne der nachhaltigen Entwicklung zu entfalten.
- Reflexionskompetenz, d. h. die Fähigkeit zur distanzierten Selbst- und Fremdwahrnehmung, zur Selbstdistanz und Toleranz und zur Entwicklung von Leitbildern für eine ökologisch, ökonomisch und sozial zukunftsfähige Weltgestaltung.

Umweltbildung im Sinne einer Bildung für eine nachhaltige Entwicklung verfolgt einen Ansatz, in dem Selbstbestimmung, Selbsttätigkeit und Selbstreflexion eine zentrale Rolle spielen.

6.3 Umweltberatung

6.3.1 Ziele der Umweltberatung

Seit etwa Mitte der 80er Jahre wird Umweltberatung als ein umweltpolitisches Instrument neben anderen zur Verbesserung der Umweltsituation diskutiert und auch praktisch eingesetzt. Für die Umweltberatung ist die Diskrepanz zwischen Umweltbewusstsein und umweltgerechten Handeln sowohl auf individueller als auch auf gesellschaftlicher Ebene ein entscheidender Ausgangspunkt ihrer Arbeit. Umweltberatung richtet sich an Bürgerinnen und Bürger, Institutionen, Behörden und Unternehmen unterschiedlichster Art und wird von verschiedenen Institutionen, Organisationen, Verbänden, Privatunternehmen angeboten und durchgeführt. Umweltberatung ist in einer ersten Annäherung als umweltpolitisches Instrument neben anderen zur Veränderung des Lebens- und Konsumverhaltens von Privatpersonen oder der Wirtschaftsweise von Institutionen und Unternehmen hin zu einem umweltverträglicheren Handeln zu verstehen (vgl. Zimmermann 1988).

Es ist ein Hauptziel der Umweltberatung, bei dem Adressaten der Beratung ein Verständnis und Bewusstsein zu entwickeln, das motiviert, umweltbewusst zu leben bzw. der Umwelt keine Schäden zuzufügen oder zumindest die Belastung der Umwelt zu verringern (z. B. Wasser, Energie und Rohstoffe einzusparen, den Boden nicht zu vergiften, Pflanzen zu schonen und ihre Lebensbedingungen zu verbessern, die Lebens- und Nahrungsräume der Tiere zu erhalten und die Luft und das Wasser sauber zu halten). Umweltbewusst leben kann deshalb u. a. bedeuten, bestimmte Produkte, die umweltbelastend sind, gar nicht mehr zu verwenden oder sie durch Umweltprodukte zu ersetzen bzw. zumindest ihren Ge- oder Verbrauch einzuschränken. Hier kann es u. a. für die Umweltberatung zu rechtlichen Problemen kommen (Mohr 1989). Umweltberatung kann aber auch dazu führen, dass in einem Unternehmen Produktionsabläufe geändert, andere Produkte hergestellt oder bisherige Produkte, die negative Umweltauswirkungen hatten, nicht mehr hergestellt werden. Ähnliche Veränderungen sind auch für Behörden oder politische Entscheidungsgremien denkbar, die aufgrund von Ergebnissen der Umweltberatung Planungsprozesse grundlegend ändern oder auch ganz fallen lassen. Hieraus wird deutlich, dass Umweltberatung in sehr unterschiedlichen Feldern wirkt und damit auch verschiedene Schwerpunkte aufweist. So spricht man u. a. von Energieberatung, Abfallberatung, Kommunale Umweltberatung oder Ökologische Unternehmensberatung.

6.3.2
Entwicklung der Umweltberatung

6.3.2.1
Anfänge

Die ursprüngliche Idee der Umweltberatung ging von der „Aktionsgemeinschaft Umwelt, Gesundheit, Ernährung e.V." (AUGE) in Hamburg unter der Federführung M. Gege aus. Dieses Konzept sah vor, dass arbeitslose, naturwissenschaftlich ausgebildete Lehrer über ABM-Stellen in Kommunalverwaltungen eingestellt werden, um private Haushalte vor Ort, also zu Hause, in Umweltfragen zu beraten. Es wurden bei diesem Konzept die Aspekte „Umwelt" und „Arbeit" miteinander verknüpft. Diesem sogenannten „Winter-Modell" lagen zwei Annahmen zugrunde:

- Umweltschutz soll sich rentieren.
- Die Maßnahmen einzelner Personen führen in der Summe zu einzelwirtschaftlichen und volkswirtschaftliche Effekten.

Diese programmatische Orientierung, die von der Rationalität des Konsumentenverhaltens ausgeht, findet sich als Argumentation in dem Projekt „Umweltberatung für Haushalte" wieder, wobei davon ausgegangen wurde, dass

- Konsum und die Abfallproduktion privater Haushalte einen Anteil an den Umweltbelastungen von über 30 % ausmachen,
- die Bürger durch Information und Motivation in die Lage versetzt werden können, ihre Umweltbelastungen zu verringern,
- dabei gleichzeitig Kosteneinsparungen eintreten können.

Es wurde davon ausgegangen, dass sich die Umweltberatungen in absehbarer Zeit selbst finanzieren können, da den Haushalten gezeigt werden sollte, dass sie durch Umweltmaßnahmen auch ökonomische Vorteile erzielen können. Bereits 1985 wurden die ersten Umweltberater in verschiedenen Kommunen tätig. Im folgenden Jahr wurde gemeinsam mit dem Forschungsinstitut Prognos AG in Basel ein bundesweites Modellprojekt „Umweltberatung für Haushalte und Gemeinden" gestartet. Mit dieser Kooperation wurde aus der Umweltberatung ein umweltpolitisches Instrument, denn Umweltberatung sollte Teil der kommunalen Umweltpolitik werden und dadurch sowohl Anstöße für die Entwicklung kommunaler Umweltkonzepte geben, als auch die Akzeptanz und Nutzung kommunaler Angebote fördern. Es wurden weiterhin umfangreiche Programme zur Umweltberatung entwickelt, die alle maßgeblich von AUGE initiiert wurden. Nicht zuletzt nahm das Projekt Umweltberatung auch internationale Formen an. AUGE von der EG-Kommission in Brüssel beauftragt, das Modell der Umweltberatung in Spanien, Frankreich und Großbritannien einzuführen. Im spanischen Bilbao wurden fünfzehn Umweltberater eingestellt, in Coventry zwölf und im Elsaß fünf, außerdem entstanden Projekte in der Schweiz, in Österreich und in Luxemburg.

6.3.2.2 Institutionalisierungsansätze

Seit 1989 stehen auch dem Umweltbundesamt Finanzmittel zur Förderung von Umweltberatungsprojekten zur Verfügung. Seitdem werden unterschiedliche Projekte bei unterschiedlichen Trägern unterstützt. Schon in den Jahren zuvor förderte das Umweltbundesamt eine Fortbildungsreihe der Stiftung Verbraucherinstitut in Berlin zur Qualifikation für Umweltberater. Beim Umweltbundesamt werden vor allem Projekte für den Aufbau von Umweltberatungskapazitäten und die modellhafte Erarbeitung von Beratungsinhalten einschließlich der Fortbildung gefördert. Der Umweltberater konzentriert sich insbesondere auf die Zielgruppen, die mit der herkömmlichen Verbraucherberatung nicht erreicht werden können. Seit 1991 fördert auch die Deutsche Bundesstiftung Umwelt in Osnabrück Projekte und Modellversuche zur Umweltberatung. Allein 1994 wurden im Förderbereich „Umweltinformationsvermittlung und Umweltberatung" Vorhaben mit einer Fördersumme von über 22 Millionen DM unterstützt. In den damaligen Förderrichtlinien der Stiftung heißt es:

> Die nachhaltige Verbesserung der ökologischen Gesamtsituation wird entscheidend durch eine effektive Weitergabe und Umsetzung bereits vorhandener Wissenspotentiale erreicht. Dabei kommt einer Informationsvermittlung, die möglichst vielen Menschen auf vielfältige Weise den Zugang ermöglicht, und einer Umweltberatung, die sich intensiv speziellen Zielgruppen zuwendet, eine besondere Bedeutung zu. Wichtig ist, dass die Wissensvermittlung von ethischer Reflexion begleitet wird. (Umweltstiftung 1994)

Im Zuge der konkreten Ausübung der Tätigkeit als Umweltberater hat sich bereits 1987 in Baden-Württemberg der erste Berufsverband der Umweltberater gegründet. Weitere Gründungen erfolgten in anderen Bundesländern. Derzeit gibt es Landesverbände unter anderem in Baden-Württemberg, Bayern, Berlin, Hessen / Rheinland-Pfalz, Niedersachsen, Nordrhein-Westfalen, Saarland, Schleswig-Holstein und für die neuen Bundesländer die „Umweltberatung Nordost". Der Bundesverband für Umweltberatung wurde 1989 zur Unterstützung und Vernetzung für die Umweltberatung gegründet und richtete 1990 eine Bundesgeschäftsstelle mit Sitz in Bremen ein. Der Bundesverband nimmt neben Dienstleistungsaufgaben für seine Mitglieder auch die bundesweite politische Vertretung der Umweltberatung wahr.

Es muss festgestellt werden, dass die Idee der Umweltberatung schnell aufgegriffen, verbreitet und an vielen Orten in unterschiedlichen Modellen erprobt wurde. Die Umweltberatung hat sich bis heute zu einer professionellen Dienstleistung entwickelt. Insgesamt ist die Umweltberatung in Deutschland durch eine große Vielfalt von Organisations-, Finanzierungs-, Trägerschafts-, Ausbildungs- und Kooperationsmodellen gekennzeichnet. Der Blick in andere europäische Länder zeigt, dass vor allem Umweltberatungsaktivitäten in Österreich, in der Schweiz, in Frankreich, Belgien, Luxemburg und Italien festzustellen sind, aber auch erste Ansätze in Ländern wie der Tschechischen Republik oder Ungarn zu erkennen sind. Auf europäischer Ebene gibt es die Vereinbarung „Umweltberatung Europa" in Wien, die die Idee und das Instrument Umweltberatung weiter verbreiten möchten.

6.3.3 Anforderungen an Umweltberatung

Umweltberatung ist auf dem Weg ein Beruf zu werden. Bislang verfügt Umweltberatung allerdings noch nicht über präzise Qualifikationsanforderungen, Ausbildungsinhalten und Tätigkeitsmerkmalen. In diesem Zusammenhang muss man sich allerdings über den Berufsbegriff im Klaren sein. Der Berufsbegriff wird vielfach sowohl alltagssprachlich als auch wissenschaftlich unscharf und vieldeutig verwendet. Berufe können „als relativ tätigkeitstunabhängige, gleichwohl tätigkeitsbezogene Zusammensetzungen und Abgrenzungen von spezialisierten, standardisierten und institutionell fixierten Mustern von Arbeitskraft, die unter anderem als Ware am Arbeitsmarkt gehandelt und gegen Bezahlung in fremdbestimmten, kooperativ-betrieblich organisierten Arbeits- und Produktionszusammenhängen eingesetzt werden" (Beck et al. 1980) definiert werden. Jedoch ist ein Beruf nicht automatisch deckungsgleich mit einer Tätigkeit. Der Berufsbegriff beschreibt Fähigkeiten und weniger konkrete Aufgaben des Arbeitsplatzes. In der Umweltberatung sind diese vor allem zu kennzeichnen als analytische, kreative und kommunikative Fähigkeiten, indem komplexe Probleme des Umweltschutzes untersucht, Lösungswege angeboten, Problemlösungsprozesse moderiert, Realisierungsmöglichkeiten entwickelt und Erprobungsprozesse evaluiert werden (vgl. Opladen 1994). Umweltberatung ist bislang nicht als Ausbildungsberuf anerkannt, daher bemüht sich u. a. der Bundesverband für Umweltberatung vor allem um Mindestqualitätsstandards für die Umweltberatung.

Um in formaler Hinsicht als Beruf anerkannt zu sein, müssen bestimmte Kriterien erfüllt werden. Hierzu gehören: Spezifischer Ausbildungsgang mit Abschluss, erworbene Fähigkeiten als Handelsobjekt auf dem Arbeitsmarkt, spezifische Einsatzfelder und abgrenzbarer Nutzen, bestimmte Erwartungen an Arbeitsplatz, Variabilität von Tätigkeit. Weder gibt es bis heute einen spezifischen Ausbildungsgang mit einem entsprechenden Abschluss, noch hat sich hinsichtlich der Erwartungen an den Arbeitsplatz „Umweltberater" bislang ein einheitliches Bild herauskristallisiert, so dass man auch erst vom Beginn eines Professionalisierungsprozesses sprechen kann. Kriterien eines Professionalisierungsprozesses sind wiederum die Einrichtung formalisierter Ausbildungsgänge, außerdem eine Kontrolle des Zugangs zum Beruf, die Zunahme beruflicher Autonomie und eine Steigerung von Prestige und Einkommen. Außerdem setzt Professionalisierung einen gesellschaftlichen Bedarf voraus (Opladen 1994).

Weitgehend scheint Einigkeit darüber zu bestehen, wie das Qualifikationsprofil Umweltberatung aussehen sollte. Den fachlichen Kenntnissen im Umweltschutz sind vor allem Schlüsselqualifikation (funktionale, extrafunktionale), kommunikative Kompetenzen und dispositive Fähigkeiten gefordert.

Die Entwicklung der vergangenen Jahre hat gezeigt, dass sich auch unter schwierigen Arbeitsmarktbedingungen neue Tätigkeitsfelder erschlossen haben, insbesondere in Bereichen, in denen spezifische Umweltqualifikationen gefordert wurden. Umweltberatung wird sich – so die sich abzeichnende Perspektive – in den nächsten Jahren weiter als berufliche Tätigkeit etablieren und wichtige Aufgaben im Rahmen von Umweltkommunikationsprozessen wahrnehmen.

6.4 Umweltkommunikation

6.4.1 Von der Umweltbildung zur Umweltkommunikation

Bis Mitte der 90er Jahre wurde die Bedeutung der Umweltbildung immer wieder hervorgehoben. Von Umweltkommunikation wurde kaum gesprochen. Dies lag vor allem daran, dass zu diesem Zeitpunkt die Diskussion verstärkt darüber einsetzte, wie sich das theoretische Verständnis von Umweltbildung, aber auch deren praktische Umsetzung verändern müsse, um den Herausforderungen gerecht werden zu können, die sich aus der Agenda 21 ergaben.

Mit der Frage, wie Ideen der Agenda 21 so allgemeinverständlich gemacht werden können, dass ihr zunächst eher globaler Charakter auch für den einzelnen Menschen an Bedeutung gewinnt, hat immer mehr auch der Begriff Umweltkommunikation an Raum gewonnen. Nicht zuletzt ist es der Partizipationsgedanke, der den Weg von der Umweltbildung zur Umweltkommunikation weist. Runde Tische, Zukunftswerkstätten, Planungszellen oder Forumsveranstaltungen sind Ausdruck von Mitwirkungsmöglichkeiten, die Bildung und Kommunikation verknüpfen.

An den Förderschwerpunkten der Deutschen Bundesstiftung Umwelt lässt sich diese Entwicklung gut nachvollziehen: Hatte sie zu Beginn der 90er Jahre noch den Förderschwerpunkt „Umweltbildung" mit den Förderbereichen „Umweltinformationsvermittlung/-beratung" und „Umweltbildung" ausgelobt, heißt nun einer der Förderschwerpunkte „Umweltkommunikation" u. a. mit den Bereichen „Verbreitung und Umsetzung des Nachhaltigkeitsthemas auf lokaler Ebene" und „Umweltkommunikation für Kinder und Jugendliche in den Massenmedien".

Was den Begriff Umweltkommunikation betrifft, gibt es hierfür wie so häufig in den Sozialwissenschaften keine eindeutige Definition. Ob der Gedanken- und Informationsaustausch zu Umweltproblemen und möglichen Lösungsansätzen im privaten Gespräch, über die Massenmedien oder im Auftrag staatlicher Institutionen stattfindet, ob in Form eines Buches, einer Broschüre oder einer Unterrichtsstunde – alle diese Ebenen und Formen können unter den Begriff Umweltkommunikation fallen. Umweltkommunikation bezeichnet demnach ein komplexes, eigendynamisches Geschehen innerhalb unserer Gesellschaft, an dem viele gesellschaftliche Akteure und Gruppen beteiligt sind (Franz-Balsen 1998). Umweltkommunikation ist kein modischer Begriff, sondern beschreibt eine neue Entwicklung in der gesellschaftlichen Wahrnehmung und Verarbeitung von Umweltproblemen. Er bedarf jedoch der theoretischen Durchdringung, wie Umweltthemen zur Sprache kommen und Lösungsstrategien verhandelt werden (Michelsen et al. 1999).

6.4.2 Untersuchungen zur Risikokommunikation

Wenn wir über Umweltprobleme kommunizieren, dann sprechen wir zugleich auch über Umweltrisiken wie z. B. die Risiken der Klimaveränderung, der Atomkraftnutzung, des Artensterbens, des Ressourcenverbrauchs, der Luftverschmutzung, der Lärmbelastung. Wer Inhalte vermitteln will, ist zunächst einmal gut beraten, sich ein Bild von den Wahrnehmungsweisen seiner Kommunikationspartner zu machen. Die Vorstellung, Informationen würden sich umstandslose und mehr oder weniger automatisch in Wissen, Einstellungen und Verhalten umsetzen, ist durch verschiedene Untersuchungen widerlegt (u. a. de Haan u. Kuckartz 1996). Die oben diskutierten Erklärungsebenen von Umweltkommunikation haben dies auch verdeutlicht.

Die Risikoforschung (u. a. de Haan 1996) zeigt, dass der Umgang mit Risiken und die Einschätzung von Risiken kein Feld ist, in dem Rationalität eine zentrale Rolle spielt. So ist eine Möglichkeit, sich mit Risiken aus Sicht der Natur- und Ingenieurwissenschaften auseinander zu setzen und Indikatoren oder Grenzwerte zu definieren, aber etwas ganz anderes ist es, diese Erkenntnisse und Grenzwerte zu kommunizieren. Das Feld der Risikokommunikation beschäftigt sich vor allem mit Fragen des Übergangs vom naturwissenschaftlichen Risikoverständnis zur subjektiven Risikowahrnehmung. Verschiedene Studien, die de Haan einmal ausgewertet hat, machen deutlich, dass es eher die seltenen Ereignisse sind, die in der Bevölkerung am meisten gefürchtet werden. Die Liste der von der deutschen Bevölkerung für besonders gravierend erachteten Gesundheitsrisiken wird angeführt von Giftmüll, Asbest, verunreinigtem Trinkwasser, starken Medikamenten und Autoabgasen. Und noch mehr: Die Risikoeinschätzungen von Experten und Bevölkerung differieren erheblich. So gilt für die mit Risikostatistiken vertrauten Experten als gesichert, dass heute die Gesundheit der meisten Menschen durch die Gefährdungen am stärksten beeinträchtigt wird, die sie selbst verursacht haben (Bsp. Rauchen, Alkohol, Bewegungsmangel oder falsche Ernährung). Für die Bevölkerung dagegen gilt, dass sie viel mehr das Nichtkontrollierbare am stärksten fürchtet. Generell besteht eine Tendenz, die Wahrscheinlichkeit von relativ seltenen Ereignisse, die kurzfristig als Katastrophe von den Medien aufgegriffen werden (z. B. Flugzeugabsturz) zu hoch einzuschätzen, während tägliche Gefahren dagegen eher unterschätzt werden (z. B. Autofahren).

Es liegt nahe, die Medien und deren Auswahlkriterien als Verursacher von Umweltängsten und Unsicherheiten zu sehen. Über sie werden die Risiken kommuniziert, die mit der Ozonbelastung, der Klimaveränderung oder der Nutzung der Atomkraft verbunden sind. Manche Kommunikationswissenschaftler haben vor dem Hintergrund der durch die Medien vermittelten Katastrophenerfahrungen die These formuliert, dass Umweltängste der Bevölkerung als direkte Folge der Medienberichterstattung zu begreifen sind. Ein Appell an die Verantwortung der Journalisten macht allerdings keinen Sinn, weil die Risikowahrnehmung von Journalisten eher derjenigen der Bevölkerung gleicht und nicht derjenigen der Experten. Die international vergleichende Risikoforschung zeigt allerdings, dass man mit einer solch einfachen These auch nicht besonders weit kommt. Die Funktionsweise der Medien ist weltweit ähnlich, doch stellen international vergleichende Untersuchungen sehr starke Differenzen in der Risikowahrnehmung fest. Es ist offenbar die Gesellschaft, in der man lebt, die festlegt, welche Risiken man wahrnimmt und fürchtet.

Vergleichende Untersuchungen zur Risikowahrnehmung (u. a. Wildavsky 1993) haben eine Fülle von Belegen dafür zusammengetragen, das in verschiedenen Nationen und Völkern sehr unterschiedliche Risikowahrnehmungen existieren. Beispielsweise ist die Furcht vor dem Genus von chemisch vergifteten Nahrungsmitteln in Ländern mit einem durchaus vergleichbaren Standard an Lebensmitteln sehr unterschiedlich: Bei den Japanern findet man die höchste Furcht, bei den Amerikanern eine mittlere und bei den Norwegern die geringsten Ängste. In Deutschland wie auch in den USA sorgt man sich gegenüber unbekannten Umweltgefahren – was man nicht weiß, macht einem Angst. In Norwegen sieht man das wiederum anders: Wenn Risiken nicht offen zutage liegen, gelten sie zunächst einmal als nicht existent. Wenn also die Rede davon ist, dass die Risikowahrnehmung kulturell geprägt ist, so ist damit nicht nur gemeint, dass diese in verschiedenen Nationen und Kulturkreisen verschieden ist, sondern dass auch in jedem Land das soziale Milieu, in dem man sich bewegt, die Wahrnehmung prägt. Damit hängt zugleich die Bedeutung zusammen, die einem Risiko beigemessen wird (de Haan 1996).

Für die Wahrnehmung von Umweltrisiken spielt auch das Vertrauen eine Rolle. Danach ist weniger von Bedeutung, welche Aussagen über Umweltrisiken getroffen werden, als vielmehr das Vertrauen, das man der Person oder Institution zu schenken bereit ist, die diese Aussagen macht. Auch dazu gibt es Untersuchungen: mehr als zwei Drittel der deutschen Bevölkerung vertrauen Umweltverbänden wie Greenpeace u. a. oder setzen auf die Stiftung Warentest. Die Industrie dagegen ist nur für jedes zehnte Mitglied der Bevölkerung glaubwürdig. Nur noch die Politiker schneiden mit ihrer Glaubwürdigkeit – wenig überraschend – von unter fünf Prozent noch schlechter ab. Aber auch dieses Vertrauen in die Glaubwürdigkeit der Informationsquellen ist nicht für alle Personen gleich. Das Vertrauen hängt wiederum davon ab, wie man sich selbst politisch zuordnet. So fürchten sich Personen, die politisch eher konservativ sind und hierarchisch denken, weniger vor denkbaren gesundheits- und umweltschädigenden Folgen innovativer Techniken wie etwa der Gentechnologie. Sie glauben den Experten und Fachwissenschaftlern aus den Großtechnologien. Ähnlich verhalten sich auch wettbewerbsorientierte, liberal eingestellte Personen. Ganz anders hingegen sind gemeinwohlorientierte Menschen eingestellt. Sie sehen in jeder innovativen Technik tendenziell einen weiteren Baustein, der soziale Ungleichheit erzeugen wird und der Umwelt schadet.

Diese Beispiele von Untersuchungen in der Umwelt- und Risikokommunikation zeigen, wie notwendig die Auseinandersetzung gerade mit Fragen auch der Umweltkommunikation ist, will man sich mit den Ursachen, aber auch mit Lösungsstrategien von Umweltproblemen beschäftigen.

6.4.3 Handlungsfelder von Umweltkommunikation

Neben Umweltbildung und Umweltberatung gehören Umwelt-Öffentlichkeitsarbeit und Umweltjournalismus zur Umweltkommunikation. Diese Felder der Umweltkommunikation soll im Folgenden skizziert werden. Akteure im Bereich von Umwelt-Öffentlichkeitsarbeit sind zum einen Personen, die eine Ausbildung im journalistischen Bereich oder der Public Relations absolviert haben und die im Anschluss daran als Pressesprecher oder Medienbeauftragte für größere Verbände oder Unternehmen tätig sind. Es betätigen sich aber auch Personen mit anderer beruflicher Herkunft auf dem Gebiet der Umwelt-Öffentlichkeitsarbeit; sie sind z. B. mit der Abfallberatung in Kommunen betraut oder im Rahmen von Agenda-Prozessen aktiv und benötigen ein Instrumentarium, mit dem sie ihre Tätigkeiten und Informationen einem größeren Publikum zugänglich machen können. Es besteht ein Bedarf daran, Methoden und Instrumente für die unterschiedlichsten Aufgaben der Umwelt-Öffentlichkeitsarbeit zu entwickeln und insbesondere den „ungelernten“ Akteuren zu vermitteln, da Öffentlichkeitsarbeit dafür steht, Vertrauen, Zustimmung oder ein bestimmtes Verhalten hervorzurufen (Heidelbach 1997).

Öffentlichkeitsarbeit hat im Umweltbereich – insbesondere angesichts der Sensibilität der Themen und Problemfelder – verschiedene Hindernisse zu überwinden, wenn sie Resonanz erzeugen will. Vor allem müssen sich die Informationen angesichts der heutigen Informationsflut gegenüber anderen durchsetzen und entsprechend interessant und professionell „aufgemacht“ sein. Dies gilt nicht nur für die Aufbereitung der Materialien. Die Themen müssen weiterhin fachlich angemessen und trotzdem verständlich für die breite Öffentlichkeit sein. Dabei ist die Orientierung auf die jeweilige Zielgruppe besonders wichtig. Gleichzeitig gilt es, bei der Erstellung der Informationsmaterialien zu berücksichtigen, dass angestrebte Ziele leichter zu erreichen sind, wenn die Kommunikationspartner der Sache, um die es geht, aufgeschlossen und positiv gegenüberstehen. Bei der Erstellung von Konzepten zur Umwelt-Öffentlichkeitsarbeit sind also zunächst die eigenen Ziele der Öffentlichkeitsarbeit klar zu definieren, wobei die Ziele und Vorstellungen der jeweiligen Zielgruppe zu berücksichtigen sind.

Massenmedien nehmen in der modernen Gesellschaft verschiedene Funktionen wahr. Neben sozialer Orientierung, politischer Sozialisation, Regression / Regeneration, Herstellung von Öffentlichkeit, Kritik und Kontrolle wird ihnen auch eine gewisse Bildungs- und Erziehungsfunktion zugeschrieben im Sinne einer Befähigung, am Gesellschaftsleben teilzunehmen (vgl. Michelsen et al. 1999). Umweltjournalismus wird eine wesentliche Bedeutung für die Thematisierung von Umweltphänomenen in der Öffentlichkeit zugesprochen, da Massenmedien gesellschaftliche Konflikte aus einer spezifischen Perspektive reflektieren und erst dadurch die besondere Dynamik öffentlicher Konfliktdiskurse (Brand 1995) schaffen. Durch die Berichterstattung ist erreicht worden, dass jeder um die schlechte Situation der Umwelt weiß. Zudem wird die Wichtigkeit der medialen Berichterstattung für die Umweltbildung hervorgehoben, weil Medien den gesellschaftlichen Meinungsbildungsprozess, ebenso aber auch die Orientierung von Pädagogen und Lernenden stärker beeinflussen als institutionalisierte Bildungsangebote (Schleicher 1997). Gleichzeitig wird an der Umweltberichterstattung der Medien aber auch dahingehend Kritik geübt, dass sie u. a. Sensationen und Katastrophen orientiere, komplexe Themen zu sehr vereinfache, an herkömmliche Weltordnungsschemata angepasst sei und eine realitätsverzerrende Wirkung bei den Rezipienten bewirke.

In Untersuchungen zum Umweltjournalismus werden verschiedene Veränderungsvorschläge angebracht, die dieser Form der Berichterstattung entgegenwirken und damit zu einem „verbesserten" Umweltjournalismus führen sollen. Dabei geht es u. a. um die Veränderung der redaktionellen Strukturen durch Einrichten spezieller Umweltressorts, -seiten oder -sendeplätze wie auch durch Infiltration von Umweltthemen in sämtliche Ressorts oder durch Zusammenarbeit von Journalisten verschiedener Ressorts bei Umweltthemen (vgl. Hömberg 1993; Thorbrietz 1991), weiterhin um die Veränderung der journalistischen Aus- und Weiterbildung und um die Veränderung der Inhalte der Artikel durch die Vermittlung eines „Gebrauchsverstehens" (vgl. Kals 1996a; Littig 1995).

6.5 Neue Herausforderungen für Umweltbildung, -beratung und -kommunikation

Bis zu den 90er Jahren standen in der öffentlichen Diskussion die Umweltprobleme (u. a. Waldsterben, Regenwaldvernichtung, Klimakatastrophe) im Mittelpunkt. Diese wurden in den schillerndsten Szenarien beschrieben. Die Begriffe „Katastrophenpädagogik" in der Umweltbildung oder „Katastrophenjournalismus" in den Medien belegen dies ebenso wie „Umweltangst" oder „Zukunftsangst". Umweltkommunikation war in ihren Anfängen oft bevormundend. Heute weiß man, dass derartige Appelle eher gegenteilige Reaktionen provozieren und „Reaktanz" hervorrufen. Dialogische Kommunikation über das Für und Wider bestimmter Maßnahmen entspricht dagegen eher dem heutigen Stand. Das Phänomen Reaktanz wird noch verständlicher, wenn man sich die oben beschriebenen erkenntnistheoretischen Überlegungen des Konstruktivismus in Erinnerung ruft. Danach werden Beeinflussungen von außen aus konstruktivistischer Sicht eher gering eingeschätzt. Eine Kommunikation, die auf Interaktion setzt, kann dagegen eher Veränderungsprozesse im Denken und Handeln fördern.

Sozialwissenschaftliche Untersuchungsergebnisse haben viel zum besseren Verständnis der Bevölkerung als Adressat von Umweltkommunikation beigetragen. Sei es Lebenswelt- oder Lebensstilforschung, Freizeitforschung oder Konsumforschung: Die Ergebnisse zeigen, dass es in unserer Gesellschaft keine übereinstimmenden Wertvorstellungen mehr gibt, an die man appellieren könnte. Im heutigen Wertepluralismus gehen „postmaterialistische" Werte wie Umweltverantwortung mit ganz gegensätzlichen Werten einher oder geraten sogar in Konflikt mit ihnen. Menschen sind vielmehr „multidimensional" und damit als Zielgruppe weniger greifbar geworden. Ihre Bedürfnisse und Wünsche lassen sich allenfalls individuell erfassen. Auch diese Erkenntnis spricht für eine Umweltkommunikation, die auf Interaktion setzt.

Die moderne Umweltkommunikation ist geprägt von der Weltumweltkonferenz in Rio. Dabei geht der Blick weg von der Weltpolitik auf die Ebene von Regionen, Kommunen, Unternehmen und Institutionen wie z. B. Universitäten, die das Konzept „Sustainable Development" aufzunehmen und umzusetzen versuchen. Dass man sich mit einem solch moralisch-ethischen Konzept der Nachhaltigkeit in Kommunen, Unternehmen und Institutionen überhaupt konkret auseinandersetzt, ist in erster Linie auf die Agenda 21 zurückzuführen. An dieser Stelle soll das mit dem Stichwort „Lokale Agenda 21" verbundene Kapitel 28 der Agenda 21 erwähnt werden, in dem es heißt:

> Jede Kommunalverwaltung soll in einen Dialog mit ihren Bürgern, örtlichen Organisationen und der Privatwirtschaft eintreten und eine kommunale Agenda 21 beschließen. Durch Konsultationen und Herstellung eines Konsenses würden die Kommunen von ihren Bürgern und örtlichen Organisationen, von Bürger-, Gemeinde-, Wirtschafts- und Gewerbeorganisationen lernen. (BMU o. J.)

Wenn man sich vor Augen führt, dass kommunale Umweltkommunikation vor wenigen Jahren vor allem Einwegkommunikation war, scheint dieser Ansatz ungewöhnlich. Deutsche Kommunen kommen ihm auch nur eher zögerlich nach, wenngleich fast täglich neue Kommunen einen lokalen Agenda-Prozess starten. Partizipation der Bevölkerung als eine neue Qualität von Umweltkommunikation soll nicht nur Nachhaltigkeit auf den Weg bringen, sondern auch eine zukunftsfähige politische Kultur etablieren – das schafft zumindest Verunsicherung.

Dass Zeit und Raum für Kommunikation und Konsensfindung ganz wichtige Zwischenschritte bei der Aufstellung von Fahrplänen für die Zukunft sind, wird in der Agenda 21 immer wieder herausgestellt. Schließlich müssen Menschen aus bislang unterschiedlichen Sphären eine gemeinsame Sprache finden, bevor sie gemeinsam an komplexe Problemlösungen gehen können. Für die Umweltkommunikation ist die Agenda 21 eine der großen Herausforderungen. Sie steht vor der Aufgabe, für die Idee der nachhaltigen Entwicklung in der breiten Bevölkerung „Resonanz" zu erzeugen.

6.6 Reviewfragen

1. Wie ist der Begriff „Umweltbildung" zu definieren?
2. Welches sind die dominanten theoretischen Ansätze in der Umweltbildungsforschung?
3. Wie ist der Zusammenhang zwischen Umweltbildung und nachhaltiger Entwicklung?
4. Welches sind die berufsqualifizierenden Merkmale eines Umweltberaters?
5. Welches sind die neuen Herausforderungen für die Umweltbildung, -beratung und -kommunikation?

7 Quo vadis? Perspektiven der sozialwissenschaftlichen Umweltforschung

H. Meyer
Sozialwissenschaftliches Institut
Heinrich-Heine-Universität Düsseldorf

7.1 Einführung

Die in diesem Band zusammengefassten Beiträge ermöglichen dem Leser einen unkomplizierten Zugang zu den verschiedenen Disziplinen der sozialwissenschaftlichen Umweltforschung. Im Mittelpunkt stehen dabei zwei zentrale Ziele:

Zum einen sollen die bedeutendsten theoretischen und methodischen Konzepte der *Umweltpolitologie*, *Umweltplanung*, *Umweltsoziologie*, *Umweltpsychologie* und der *Umweltbildung, -beratung und -kommunikation* dargestellt werden. Zum anderen ist es Absicht der Autoren, wesentliche Themen- und Arbeitsbereiche der sozialwissenschaftlichen Umweltforschung zu umreißen, sodass auch Studienanfängern und anderen interessierten Lesern deutlich wird, welche Arbeit Sozialwissenschaftler in den einzelnen Forschungsfeldern leisten und welche Bedeutung die daraus resultierenden Ergebnisse für die gesamte Umweltforschung haben.

Während das erstgenannte Ziel schon im Einleitungskapitel des Bandes ausführlich behandelt wurde, soll an dieser Stelle zunächst eine Bilanz über ein Vierteljahrhundert sozialwissenschaftliche Umweltforschung gezogen werden. In einem weiteren Schritt sollen die aktuellen und zukünftigen Herausforderungen an die Sozialwissenschaften zur Lösung von Umweltproblemen herausgestellt werden. Die dabei ermittelten Chancen und Risiken bilden die Grundlage eines vorläufigen Ausblicks.

7.2 Zum aktuellen Stand der sozialwissenschaftlichen Umweltforschung

Bis auf die Umweltplanung, die die jüngste Disziplin innerhalb des Fächerkanons der sozialwissenschaftlichen Umweltforschung darstellt, können alle anderen auf eine mindestens 25-jährige Wissenschaftsgeschichte zurückblicken. Obwohl dieser Zeitraum im Vergleich mit anderen Sozial- oder gar Naturwissenschaften als sehr kurz erscheinen muss, haben die hier betrachteten Forschungsfelder in ihrer Gesamtheit die Umweltdebatte bisher kritisch begleitet und durch ihre Wissenschaftstätigkeit zu einem besseren Verständnis der Thematik beigetragen.

So ist es der *Umweltpolitologie* gelungen, die ökonomischen, politisch-institutionellen und soziokulturellen Entstehungs- und Erfolgsbedingungen von Umweltpolitik hinreichend zu bestimmen. Zu Recht verweist v. Prittwitz dabei auf die ländervergleichenden Analysestudien, die bisher vor allem sektorale Umweltpolitiken wie beispielsweise die Luftreinhaltepolitik oder die Chemikalienregulierung zum Untersuchungsgegenstand gehabt haben und räumlich zumeist auf einige wenige OECD-Staaten wie die U.S.A., Großbritannien oder die skandinavischen Vorreiterländer beschränkt geblieben sind. Jenseits dieser Umweltpolicy-Analysen sind ebenfalls umweltpolitische Ziel- und Planungsprozesse systematisch beleuchtet worden (vgl. Kapitel 2). Die Erarbeitung der theoretischen Grundlagen und Muster institutioneller Arrangements in der Umweltpolitik (vgl. v. Prittwitz 2000) und von Umweltregimen zeigen, dass die Umweltpolitologie auf dieser Ebene weitere Erfolge vorweisen kann. Nicht zuletzt sind die Untersuchungen zur Diffusion umweltpolitischer Innovationen (vgl. Kern 2000) Ausdruck dafür, dass auch die Ausbreitung bestimmter umweltrelevanter Standards, Techniken oder Verfahren von der umweltpolitologischen Forschung aufgegriffen werden.

Der relativ junge Wissenschaftszweig der *Umweltplanung* hingegen hat sich seit der Entwicklung der ersten nationalen Umweltpläne am Ende der 1980er Jahre stark darauf konzentriert, sowohl die programmatische Ausgestaltung dieser zu beleuchten als auch deren Wirksamkeit zu beurteilen. Damit steht dieser Ansatz in der Tradition klassischer *„Policy-Analysen"*, die in dieser speziellen Form aber auf strategische, langfristige und komplexe Umweltpolitikprogramme ausgerichtet sind. Erste Evaluationsansätze in ausgewählten OECD-Staaten haben deutlich die Schwächen der verschiedenen nationalen Umweltpläne herausgestellt (vgl. Jänicke et al. 1997). Diese liegen oftmals in einer vagen Zielformulierung, dem Fehlen konkreter Überprüfungs- und Umsetzungsfristen, einer Versteifung auf bisher angewandte umweltpolitische Instrumentarien, einer ungenügenden gesellschaftlichen Verankerung und einer geringen Integration in andere Politikbereiche, wie beispielsweise die Wirtschaftspolitik. Gerade bei dem letztgenannten Defizit konnten aber auch im Rahmen nationalstaatlicher Umweltplanungen Erfolge durch die Implementation von *„Policy-Packages"* erzielt werden. In skandinavischen Ländern und den Niederlanden haben Beispiele wie ökologische Finanzreformen oder Modernisierungsprozesse des öffentlichen Sektors entschieden dazu beigetragen, dass das Leitbild der Nachhaltigen Entwicklung auch in andere Politikfelder zunehmend integriert wurde. Nachweislich konnte so die Position von Umweltämtern und -ministerien im interministeriellen Abstimmungsprozess und deren Ansehen in der Bevölkerung gestärkt werden (vgl. Jänicke et al. 1997). Zusammengefasst haben die Evaluationen der Umweltplanungsprogramme ergeben, dass in den großen umweltpolitischen Problemfeldern, wie beispielsweise im Bereich des Klimaschutzes und im Verkehrssektor, nationale Umweltpläne bisher keinen durchschlagenden Erfolg erzielt haben. Dennoch zeichnet sich auch hier eine langsame Trendwende ab. Damit haben die international angelegten Forschungsarbeiten zur Umweltplanung in sehr kurzer Zeit bereits eindeutige Erfolgsbedingungen aber auch Defizite dieses neuen strategischen Ansatzes identifizieren können (vgl. Kapitel 3).

Die *Umweltsoziologie und -psychologie* können ebenso eine positive Bilanz über ihr Wirken vorweisen. Obwohl beide Disziplinen von unterschiedlichen Ansätzen ausgehen, kommen sie zu verblüffend ähnlichen Ergebnissen. Diese

Tatsache verwundert deshalb nicht, weil sowohl die Umweltsoziologie als auch die Umweltpsychologie die menschliche Wahrnehmung von Umweltbildern, -beeinträchtigungen und -krisen einerseits, das vorhandene Umweltbewusstsein und die Bedingungen umweltgerechten Verhaltens andererseits in den Mittelpunkt des Erkenntnisinteresses stellt. Unterscheidungen lassen sich jedoch eindeutig in der Vorgehensweise feststellen. Während die Umweltsoziologie soziale Gruppen oder Gesellschaften auf die angeführten Punkte hin untersucht, geht die Umweltpsychologie, die auch als ökologische Psychologie bezeichnet wird, von dem betroffenen Individuum aus. Repräsentative Befragungen für die Bundesrepublik Deutschland ergaben dabei, dass trotz gesellschaftlicher Heterogenität, die sich nicht zuletzt in unterschiedlichen sozialen Milieus und verschiedenen Lebensstilen widerspiegelt, die Mehrheit der Deutschen nur über relativ wenige Naturbilder verfügt (vgl. Zwick 1998b). Das Ergebnis der umweltsoziologischen Forschung zu den wahrgenommenen Naturbildern fasst Ortwin Renn unter zwei Aspekten zusammen (vgl. Kapitel 4). Demnach wird die Natur in einem hochindustrialisierten und dichtbevölkerten Land wie der Bundesrepublik Deutschland einerseits als ein Ort von optischer Schönheit mit Erholungs- und Reproduktionsfunktion aufgefasst, andererseits aber die permanente Bedrohung selbiger durch menschliches Wirtschaften und Einflussnahme gesehen, die einen bestimmten Schutz selbiger gebietet. Diese übergeordneten Werthaltungen und Einstellungen zu dem abstrakten Naturbegriff wurden von der Umweltpsychologie in weiterführenden Forschungsarbeiten zur kognitiven Struktur des Umweltbewusstseins in die Bereiche Einstellungen, Verhaltensbereitschaft und selbstberichtetes Verhalten diversifiziert. Die Umweltpsychologie hat dabei die anfängliche These der Umweltbewusstseinsforschung, dass ein hoher Grad an Umweltwissen eine positive Umwelteinstellung bewirkt und somit einen signifikanten Effekt auf das gelebte Umweltverhalten ausübt, eindeutig widerlegt. Ellen Matthies und Andreas Homburg verweisen diese auf aufklärerischem Ideengut basierende Wirkungskette ebenso wie Überlegungen zu Anreizstrukturen und Verboten, um umweltfreundliches Verhalten zu bewirken, in das Reich der „Laientheorien“. Die Umweltsoziologie hat weitergehende Klarheit bezüglich der Relevanz des Umweltthemas in Konkurrenz zu anderen Themen hervorgebracht. Ortwin Renn führt dabei zunächst die Diskrepanz zwischen den verschiedenen Studien an, die sich mit dem Stellenwert des Themas „Umwelt“ befassen. Wie auch immer das Ergebnis ausfällt, so sind grundsätzlich mehrere Unwägbarkeiten zu berücksichtigen. Überhöhte Werte können sich dabei in vorgegebenen Antwortkategorien durch eine gewisse soziale Erwünschtheit ergeben. Auch die Tatsache, dass die explizite Erwähnung des Umweltthemas im Antwortenkatalog zu einer Erinnerung an viele immer noch nicht gelöste, aber schon lange in der öffentlichen Diskussion stehenden Umweltprobleme führt, kann das Befragungsergebnis verfälschen. Udo Kuckartz hat dabei in seinen für das Umweltbundesamt durchgeführten Studien festgestellt, dass das Umweltthema zwar nicht mehr die tagespolitische Brisanz der 1980er Jahre besitzt, aber dennoch von allen Altersgruppen gleichermaßen als wichtig erachtet wird (vgl. Umweltbundesamt 2000). Charakteristisch bei der Wahrnehmung der Umwelt ist ein zunehmendes Gefährdungsgefälle. Wird die Umweltqualität der näheren Umgebung als vergleichsweise gut beurteilt, so nimmt mit der geographischen Entfernung vom eigenen Lebensmittelpunkt auch die Qualität der Umweltmedien entfernterer Regionen drastisch ab. So wird die globale Umweltqualität nur von 15 % als „recht gut“ und gar 1 % als „sehr gut“ bezeichnet (vgl. Umweltbundesamt 2000). Die Wahrnehmung der Umweltkrise ist gerade für die Umweltpsychologie von besonderer Bedeutung. Hierbei konnte nachgewiesen werden, dass Umweltbelastungen eindeutig nicht nur zu körperlichen, sondern auch zu psychischen Schäden bei den Betroffenen führen können (vgl. Guski 1993). Aufbauend auf dieser Erkenntnis hat die Umweltpsychologie verschiedene Interventionsstrategien ermittelt, um einerseits den negativen Folgen der Umweltkrise vorzubeugen, andererseits für betroffene Individuen abzumildern.

Auf der Ebene des Umweltverhaltens kommt es zu weiteren Überschneidungen mit der *Umweltbildung und -beratung*. Hier wird deutlich, wie innerhalb der Sozialwissenschaften zentrale Themenfelder von verschiedenen Forschungsrichtungen bearbeitet werden. Die Umweltsoziologie ging dabei zunächst wie die Umweltbildung in der Analyse des gezeigten Umweltverhaltens sehr pragmatisch vor. Verschiedene Untersuchungen zum Akteurshandeln haben dabei gezeigt, dass unterschiedliche Faktoren umweltschonendes Verhalten behindern und unterbinden können, sodass der Handelnde zu einem umweltschädlichen Verhalten gedrängt wird (vgl. Diekmann u. Jaeger 1996). Wichtig ist zunächst die Erkenntnis, dass der Akteur einer Handlung als primäres Ziel nicht den Schutz der Umwelt verfolgt, sondern versucht ein anderes vorrangiges Ziel zu erreichen, das entweder unter günstigen Umständen im Einklang mit der Umwelt steht oder, was leider sehr oft der Regelfall ist, die Umwelt belastet. Darüber hinaus ist ein Zusammenhang zwischen dem Akteur und seinem gesellschaftlichen Umfeld zu vermuten. Selbst wenn der Einzelne sich also gerne umweltbewusst verhalten würde, kann beispielsweise Gruppenzwang ihn zu einer gegensätzlichen Entscheidung beeinflussen. Andersartige Motivationen und Gefühlslagen können ebenso für umweltschädliches Verhalten verantwortlich sein, obwohl derselbe Mensch sich in einer ähnlichen Situation vielleicht ganz anders entschieden hätte. Alle diese Restriktionen zeigen die Grenzen des *Rational Choice-Modells* oder der *Theorie des Homo-Ökonomicus* (vgl. de Haan u. Kuckartz 1996; Diekmann u. Jaeger 1996). Dadurch haben die Umweltsoziologie, -psychologie und -bildung nicht unerheblich dazu beigetragen, die Umweltdebatte zu versachlichen und die deterministischen Modelle, die aus dem Bereich der Ökonomie ihren Weg in die sozialwissenschaftliche Umweltforschung gefunden haben, in ihrer Aussagekraft klar zu relativieren und in vielen Bereichen zu falsifizieren. Die drei genannten Forschungsbereiche haben vielmehr als Erfolgsbedingung für ein langfristiges umweltfreundliches Verhalten eine Kombination verschiedener Elemente identifiziert. Dieser Kombinationsansatz besteht aus von der Umweltpsychologie entwickelten Interventionsstrategien, Umweltwissensvermittlungs- und Kommunikationsformen der Umweltbildung und von der Umweltsoziologie ermittelten sozialen Netzwerkfunktionen, die den handelnden Individuen eine positive Rückkopplung geben.

Die Erfolge sozialwissenschaftlicher Umweltforschung zeigen sich am deutlichsten in der Beratungstätigkeit, die Sozialwissenschaftler in vielfältiger Weise ausüben. Hier sind allen voran die beiden wichtigsten bundesdeutschen politischen Umweltberatungsgremien zu nennen. Sowohl im „Rat von Sachverständigen für

Umweltfragen" als auch im „Wissenschaftlichen Beirat der Bundesregierung Globale Umweltveränderungen" sind sozialwissenschaftlich-orientierte Umweltforscher vertreten und werden als gleichwertige Mitglieder geschätzt. Aber auch andere Umweltinstitutionen wie das Freiburger Ökoinstitut, die Akademie für Technikfolgenabschätzung in Baden-Württemberg oder die Forschungsstelle für Umweltpolitik an der Freien Universität Berlin beschäftigen Sozialwissenschaftler, deren Sachverstand in Politik und Wirtschaft hoch geschätzt wird.

7.3 Die Fortentwicklung der Umweltdebatte

Um die Entwicklungspotentiale der Sozialwissenschaften innerhalb der Umweltwissenschaften aufzeigen und zukünftige Perspektiven möglichst realitätsnah bestimmen zu können, erscheint es sinnvoll, vorab die Fortentwicklung der Umweltdebatte näher in Augenschein zu nehmen. Denn nur wenn der Untersuchungsgegenstand hinreichend genau determiniert ist, kann die sozialwissenschaftliche Umweltforschung das Thema Umwelt mit all seinen Facetten zum Gegenstand des Erkenntnisinteresses erheben.

In den 1990er Jahren hat sich dabei ein erheblicher Wandel innerhalb der Umweltdiskussion vollzogen. Dieser kann ohne Übertreibung als *Paradigmenwechsel* bezeichnet werden, der an verschiedenen markanten Punkten sehr deutlich wird:

In den 1970er und 80er Jahren waren die alten, stark sektoral bestimmten Themen der Umweltverschmutzung für die Umweltdebatte von zentraler Wichtigkeit. Zu diesen klassischen Themen zählten neben der Bekämpfung des Schadstoffausstoßes der Industrieländer im Rahmen des Naturschutzes auch Versuche, die Lebensräume bedrohter Tier- und Pflanzenarten durch Schutzgebietsausweisungen zu sichern. Dabei konnten im erstgenannten Fall durch technologische Innovation sowohl im Bereich der *„End-of-pipe-Technologien"* als auch des integrierten Umweltschutzes in Produktionsprozessen große Erfolge erzielt werden, die für wichtige Umweltmedien wie Wasser und Luft zu bedeutsamen Verbesserungen führten, die auch von der Bevölkerung wahrgenommen wurden. Die einstige Umweltkatastrophenberichterstattung der Medien wandelte sich in den 1990er mehr und mehr zu einem Lobgesang der Umweltschutzerfolge. Gerade diese Erfolge wurden von allen gesellschaftlich relevanten Gruppen gefeiert, sodass sich ein gewisser Ökooptimismus auszubreiten drohte (vgl. Easterbrook 1996).

Die neuen Themen der Umweltdebatte sind anderer Natur. Es sind nicht mehr die plakativ darstell- und abgrenzbaren, engräumigen und mit technischen Mitteln leicht lösbaren Umweltprobleme, sondern vielmehr diffuse schleichende Umweltzerstörungen auf globaler Ebene (vgl. Weder 2000). Zu diesen neuen Themen zählen die weltweite Gefährdung der Biodiversität und die bereits stattfindende Klimaveränderung. Während einerseits die Biodiversität weltweit durch menschliche Eingriffe in Lebensräume gefährdet ist, führen durch globalen Handel in weit entfernte Gebiete eingeschleppte Arten, die sich massenhaft ausbreiten, ebenso zu einer Reduktion der jeweils heimischen Flora und Fauna. Auch die drohende Klimaveränderung läuft leise und schleichend ab und findet nur dann öffentliche Aufmerksamkeit, wenn sensationsträchtige Symptome derselben, wie im Sommer abgetaute Nordpoleiskappen auftreten. Neben diesen beiden Herausforderungen an eine entsprechende internationale Umweltpolitik schreitet im Rahmen der Globalisierung Ressourcenraubbau an Bodenschätzen und biologischen Naturgütern weiter fort. Die durch viele verschiedene Verursacher hervorgerufene allgemeine „Umwelthintergrundbelastungen" können unbestimmte Auswirkungen auf die menschliche Gesundheit, die sich durch gehäuftes Auftreten von Krankheitsbildern wie Allergien oder Atemwegserkrankungen bemerkbar machen, hervorrufen. Alle diese Probleme sind aufgrund der Komplexität der Thematik und dem Fehlen eindeutiger Ursache-Wirkungsbeziehungen nur noch schwer einer breiten Bevölkerungsschicht zu vermitteln, deren Aktivierungspotential durch die sichtbaren Erfolge im Umweltschutz nachgelassen hat.

Tabelle 7.1. Ausprägung und -wirkungen von Umweltproblemen im Wandel der Zeit

Kategorien	„alte" Umweltthemen	„neue" Umweltthemen
Zeitphasen	1970er/1980er Jahre	ab Mitte der 1990er Jahre
räumliche Ausdehnung	lokal, regional	global, räumlich nicht abgrenzbar
inhaltliche Ausdehnung	sektoral und medial begrenzt	medial nicht abgrenzbar
Komplexitätsgrad	gering/mittel, Ursachen sind eindeutig	Hoch, Ursachen sind diffus, ökologische Unsicherheit besteht
mediale Darstellbarkeit	einfache und plakative Darstellungsformen, da mit menschlichen Sinnen wahrnehmbar	schwierig medial aufzubereiten, da viel Hintergrundwissen erforderlich ist und die Umweltzerstörung oft schleichend ohne Groß- oder Katastrophenereignisse verläuft
Lösungsansätze	nationale technologische Innovation, Schadstoffeindämmung durch End-of-Pipe-Technologien, z. T. integrierte Prozesstechnologien	Internationale Vereinbarungen und Maßnahmen, integrierte Prozesstechnologien, „soziokratischer" Strukturwandel, weitergehende Konsum- und Verhaltensänderungen
gesellschaftliche Auswirkungen	hohes gesamtgesellschaftliches Problembewusstsein und Akzeptanz der getroffenen Gegenmaßnahmen	geringes gesamtgesellschaftliches Problembewusstsein, gering vorhandenes Aktivierungspotential in der Bevölkerung

Dieser Paradigmenwechsel stellt neue Herausforderungen an die Sozialwissenschaften. Als erstes sollen deshalb die für die Umweltpolitologie und Umweltplanung relevanten Veränderungen in der Umweltdiskussion aufgezeigt werden, die nicht von ungefähr herrühren, sondern deren Wurzeln bereits seit Beginn der gesamten Thematik bestehen. Denn gerade der in vielen westlichen Industriestaaten lange Zeit erfolgreich betriebene Ansatz der Schadstoffeindämmung durch technische Innovation hat dazu geführt, dass die Notwendigkeit zu weitergehenden Verhaltensänderungen nicht erkannt wurde. Zugespitzt formuliert bedeutet dies vielmehr, dass Umweltinnovationen zwar einen wirtschaftlichen bzw. technologischen Strukturwandel begünstigt haben, der Zwang zum „soziokratischen" jedoch bis jetzt herausgezögert worden ist. Politik und Gesellschaft haben bis heute eine wirkliche Implementation des Leitbildes der nachhaltigen Entwicklung für das 21. Jahrhundert, das bereits auf dem Erdgipfel von Rio de Janeiro im Jahre 1992 festgelegt wurde, weitgehend verzögert. Obwohl die Konventionen der Vereinten Nationen zum Schutz des Weltklimas, zur Erhaltung der Biodiversität, gegen die Ausbreitung der Wüsten sowie die Agenda 21 bereits als Wegweiser der internationalen Umweltpolitik gelten, hat es bisher auf nationaler Ebene nur geringe Anstrengungen gegeben, die darin vorgegebenen Ziele fristgemäß zu erreichen. Als ursächlich dafür müssen verschiedene Faktoren angesehen werden.

Die Durchsetzbarkeit langfristiger Umweltziele ist daher gering, weil sie häufig erst gar nicht auf die tagespolitische Agenda gesetzt werden. Politischen Akteuren erscheinen diese Themen vielfach nicht lohnend, da diesbezüglich der von der Gesellschaft ausgehende Problemdruck nicht besonders stark und die Möglichkeit des schnellen Erfolges einmal getroffener Entscheidungen nicht gegeben ist. Diese Dilemma-Situation tritt also deshalb ein, weil die neuen, komplexen Umweltprobleme grundsätzlich in sehr langen Zeitskalen anzugehen sind, die nicht dem Zeitmaß genereller politischer Entscheidungsfindung entsprechen. Um diese Widerstände zu durchbrechen, müssen vor allem auf dem Gebiet nationaler Nachhaltigkeits- und Umweltpläne immense Anstrengungen unternommen werden, die bisher nur in wenigen OECD-Staaten zum Erfolg führten. Weiterhin fürchten die politischen Akteure vielfach um die Wiederwahl, weshalb redistributive Maßnahmen, wie Energie- und sonstige verbrauchsbezogene Steuern, nur sehr zögerlich eingesetzt werden. Da es also wirksame Mechanismen gibt, die verhindern, die neuen Umweltprobleme wirklich von Grund auf anzugehen und stattdessen vielfach nur Placebomaßnahmen, in der Absicht eine Beruhigungswirkung zu erzielen, angewandt werden, enthält die politische Agenda vor allem im internationalen Kontext nur unbestimmte Absichtserklärungen, selten aber konkrete und verbindliche Vereinbarungen. Dadurch fristen diese Themen, obwohl ihnen eine ständige Virulenz zu eigen ist, auf der *„Public Agenda"* ein Schattendasein, aus dem sie mit erstaunlicher Regelmäßigkeit anlässlich von Großereignissen wie beispielsweise internationaler Konferenzen zum Klimaschutz ausbrechen, dann aber genauso schnell aus dem Rampenlicht wieder abtauchen. Nicht unwichtig erscheint hierbei die These aus der Politik-Analyse, dass ein Thema erst dann seinen Weg in den *„Policy-Cycle"* findet, wenn bereits eine denkbare Lösungsmöglichkeit besteht (vgl. Windhoff-Heritier 1987). Gerade globale Umweltprobleme, die keinen schnellen und einfachen Lösungsansatz bieten, scheinen diesen Zusammenhang zu bestätigen. Die mangelnde Berichterstattung der Medien zu den neuen Umweltproblemen, die komplex und unspektakulär und damit wenig medientauglich sind, trägt ihr übriges dazu bei. Dennoch darf aber nicht verkannt werden, dass das Umweltthema auf einen mittlerweile 15jährigen Medien- und Berichterstattungsboom zurückblicken kann, dessen Zenit aber bereits zweifellos überschritten wurde (vgl. Dyllick 1989). Damit treffen für das Thema Umwelt dieselben Gesetzmäßigkeiten zu, denen auch andere Themenbereiche im Rahmen eines Konjunkturzyklusses unterliegen. Zusätzlich haben zumeist gegensätzliche Interessen, wie beispielsweise die Wirtschaftspolitik, im Zuge der Globalisierung seit der zweiten Hälfte der 1990er Jahre an Durchsetzungsfähigkeit hinzugewonnen. Die Berücksichtigung von Umweltbelangen hat dabei auch unter anderen Ereignissen wie der Wiedervereinigung und anschnellender Arbeitslosenzahlen gelitten. Sogenannte Beschleunigungsgesetze haben bei Genehmigungsverfahren für Industrieanlagen eine Schwächung des Umweltschutzes mit sich gebracht. Auch durch die von Wirtschaftsverbänden zu Beginn der 1990er Jahre losgetretene Debatte um die Standortfrage Deutschland hat die Umweltpolitik an Terrain verloren, obwohl bereits zu diesem Zeitpunkt die insgesamt positiven volkswirtschaftlichen Effekte eines hohen Umweltschutzniveaus wissenschaftlich untermauert waren (vgl. Umweltbundesamt 1993). Besonders kleinere Staaten wie Dänemark oder die Niederlande haben angesichts struktureller Industriekrisen ihre Chancen frühzeitig erkannt. Durch die Symbiose von Umwelt- und Wirtschaftsinteressen ist es diesen Ländern gelungen, einen weitergehenden Strukturwandel als in der Bundesrepublik zu erzielen (vgl. Danish Ministerium of Environment and Energy 1996).

Die grundlegenden Veränderungen im Umgang mit dem Thema Umwelt spiegeln sich auch in den vom Umweltbundesamt in Auftrag gegebenen fortlaufenden Studien zum Umweltbewusstsein wider (vgl. Umweltbundesamt 2000). Gerade für Wissenschaftler im Bereich der Umweltsoziologie, -psychologie und Umweltbildung, -beratung und -kommunikation stellen die Ergebnisse dieser Erhebungen, die hier in Kurzform wiedergegeben werden sollen, große Herausforderungen dar.

Da es sich hierbei um eine repräsentative Zeitreihenstudie handelt, die im Verlauf des letzten Jahrzehnts im wesentlichen dieselben Fragestellungen beibehalten hat, lassen sich durchaus Veränderungen sowohl im Stellenwert, der dem Umweltschutz zugemessen wird, als auch in der Wahrnehmung von umweltrelevanten Faktoren erkennen. Die hieraus für die gesamte bundesdeutsche Bevölkerung ableitbaren Ergebnisse zeigen, dass der noch in der zweiten Hälfte der 1990er Jahre vorherrschende Abwärtstrend bezüglich des Umweltbewusstseins in der Bevölkerung gestoppt zu sein scheint. In der jüngsten Umfrage wurde der Umweltpolitik in Konkurrenz mit anderen Politikfeldern die gleiche Bedeutung wie der Renten- und Sozialpolitik zugemessen. Zwar liegt das Thema Umweltschutz in der Einschätzung der Bevölkerung als eines der wichtigsten Probleme in Deutschland noch weit hinter den ehemaligen Höchstständen am Ende der 1980er Jahre, konnte sich aber jenseits kurzfristiger tagespolitischer Themen als eine wichtige langfristige politische Aufgabe etablieren, der 94 % der Bevölkerung zustimmen. Dementsprechend stuft die große Mehrheit der Deutschen auch die Maßnahmen, die getroffen werden, um Umweltgüter vor Belastungen zu schützen, als bedeutsam ein. Bereits mehrfach in diesem Band angesprochene Umweltprobleme, wie z. B. der auch zu den neuen Umweltthemen dazugehörige Straßenverkehrslärm, gehören zu den Belästigungsformen im eigenen Wohnumfeld, wobei anzumerken ist, dass die überwiegende Mehrheit auch derjenigen, die sich durch den Straßenverkehrslärm belästigt fühlt, über einen eigenen PKW verfügt und diesen regelmäßig benutzt. Die Ambivalenz in diesem Punkt tritt auch bei der Akzeptanz von Tempolimits auf Autobahnen auf, die nur von einer Bevölkerungsminderheit begrüßt werden. Nur in wenigen Bereichen des täglichen umweltrelevanten Verhaltens lässt sich die *„Rational Choice-Theorie"* menschlichen Verhaltens so klar widerlegen, wie beim Gebrauch des Pkw. Insbesondere in Zeiten hoher Kraftstoffkosten wäre anzunehmen, dass rational handelnde Autofahrer die von der Automobilindustrie und -clubs angebotenen Fahrkurse mit Tipps zum Spritsparen entsprechend häufig nachfragen würden und so bis zu 25 % Kraftstoff einsparten. In der Realität trifft diese Annahme jedoch nicht zu. Zwar klagen viele Autofahrer über hohe Benzinpreise, die entsprechenden Einsparfahrkurse fristen aber immer noch im Gegensatz zum Fahrsicherheitstraining ein Nischendasein. Distributive Maßnahmen in der Verkehrspolitik hingegen wie der Ausbau des Öffentlichen Nahverkehrs oder die Verlagerung des Güterkraftverkehrs auf die Schiene treffen auf einhellige Zustimmung. Im gesamten Bedürfnisfeld „Mobilität" werden jedoch aus Umweltsicht betrachtete positive Ansätze wie ansteigende Fahrgastzahlen bei Öffentlichen Verkehrsmitteln durch einen Anstieg im Bereich der Freizeitmobilität, bei der insbesondere der Luftverkehr Zuwächse verzeichnet, zunichte gemacht. In den letzten fünf Jahren hat die Hälfte der Bevölkerung bei der Reinheit der Gewässer Verbesserungen wahrgenommen, während bei der Luft und dem Energiesparen nur etwas weniger als ein Drittel der Befragten große Fortschritte erkennen mag. Noch ernüchternder sind die Ergebnisse bezüglich der globalen Themen wie dem Klimaschutz. Obwohl die überwältigende Mehrheit den Klimaschutz als „sehr wichtig" oder „wichtig" erachtet, sind nur 9 % der Meinung, dass in diesem Bereich bisher Erfolge erzielt wurden. Eine Mehrheit von 58 % hingegen kritisiert die Bundesregierung für ihre vermeintliche Untätigkeit bei der Bearbeitung dieser wichtigen Zukunftsaufgabe.

Obwohl in den Abschnitten der Umweltbundesamtsstudien zum Umweltverhalten nur das verbal geäußerte erfasst werden kann und nicht das tatsächlich praktizierte, so muss generell davor gewarnt werden, beispielsweise die Zahlungsbereitschaft der Bevölkerung zu überschätzen. Auch hier kann es zu einer beträchtlichen Divergenz zwischen sozial erwünschten Antworten und der tatsächlichen Handlungsbereitschaft kommen. So müssen die aktuellen Ergebnisse der Umfrage, nach denen 12 % der Bevölkerung „sehr" und 59 % „eher bereit" sind, höhere Preise für umweltgerechtere Produkte zu zahlen, angezweifelt werden. Als realistischer erscheinen hier die Zahlen für die Bereitschaft der Bevölkerung, höhere Steuern für einen verbesserten Umweltschutz hinzunehmen. Hier liegt die Anzahl derjenigen, die bereit sind für den Umweltschutz Steuererhöhungen zu akzeptieren, um etwa 10 % unter derjenigen, die für ökologischere Produkte mehr Geld ausgeben würden. Bei der Einschätzung der ökologischen Steuerreform zeichnet sich aber auch hier ein kontroverses Bild ab. Zwar wird die Logik der Steuerreform, nach der der Faktor Arbeit verbilligt, der Ressourcenverbrauch hingegen verteuert werden soll, von etwa der Hälfte der Bevölkerung nachvollzogen, zwei Drittel halten die Reform aber für sozial ungerecht und 58 % sind der Meinung, dass die Ökosteuer keine Umweltprobleme löst. Diese Erkenntnis wird vom Umweltminister mit Bedauern zur Kenntnis genommen, der eingesteht, dass es „offenkundig bisher nicht ausreichend gelungen (ist), die Ökosteuer als Modernisierungsstrategie zu vermitteln" (Trittin 2000).[31]

Politische Parteien schneiden bei der im Vergleich mit Nicht-Regierungsorganisationen zugesprochenen Lösungskompetenz von Umweltproblemen generell schlecht ab, wobei die Partei Bündnis 90/Die Grünen mit einer sehr knappen positiven Bewertung unter allen Parteien noch am besten dasteht. Technologien wie die Atomenergie oder die Gentechnik, insbesondere die „grüne Gentechnik" werden mehrheitlich als besonders brisant abgelehnt. So befürworten auch 75 % der Bevölkerung den Ausstieg aus der Kernenergie und nur 6 % erklären sich eindeutig bereit, gentechnisch manipulierte Lebensmittel zu verzehren. Insgesamt sehen 90 % es als eine wichtige Aufgabe der Umweltpolitik, über gesundheits- und umweltgefährdende Produkte informiert zu werden. Von zunehmenden „starken" oder „sehr starken" Gesundheitsproblemen, die auf die Umweltverschmutzung zurückzuführen sind, gehen 75 % der Befragten aus. Auch glaubt eine überwältigende Mehrheit von 89 %, dass Allergien durch Umweltbelastungen hervorgerufen werden. Hier zeigen sich deutliche Zukunftsängste, die in der Bevölkerung weit verbreitet zu sein scheinen.

Äußerst prekär stellt sich die Lage bezüglich des Umweltwissens der Bevölkerung dar. Gerade die zukunftsfähigen Konzepte, die einen Beitrag zur Lösung der „neuen" und globalen Umweltthemen ermöglichen können, sind weiten Teilen der Bevölkerung unbekannt. Hier kann ein Auseinanderfallen der politisch-institutionellen einerseits und der öffentlichen Agenda andererseits konstatiert werden. So haben bisher nur 13 % der bundesdeutschen Bevölkerung von dem Begriff der „Nachhaltigen Entwicklung" gehört. Ein ähnliches Bild ergibt sich für den Bereich der „Lokalen Agenda 21". Hier sind es 15 %, die bisher etwas über solche Aktivitäten vernommen haben. Daher kommt Kuckartz zu dem Schluss, dass „... nach wie vor Kommunikationsdefizite in Bezug auf das Leitbild Nachhaltige Entwicklung ..." (UBA 2000) bestehen.

Das von der Politik begrüßte Gesamtergebnis der Umweltbundesamtsstudie, nach der das Umweltbewusstsein der Bevölkerung insgesamt angewachsen ist (vgl. BMU 2000), wird jedoch durch teilweise gegenteilige Ergebnisse der Verbraucher-Analyse relativiert. Während nämlich 1992 noch 69,7 % der Befragten angaben, gezielt umweltschonende Produkte zu kaufen, so hat sich dieser Wert bis heute kontinuierlich auf 47,1 % abgesenkt (vgl. Verlagsgruppe Bauer 05/2000). Damit haben sich nach dieser Studie die Konsumgewohnheiten der Deutschen hin zu einem genussfreudigeren Lebensstil verändert, bei dem der Umweltschutzaspekt vielfach in den Hintergrund tritt. Erfreulicherweise konnte diese Studie aber auch nachweisen, dass manche umweltfreundlichen Verhaltensweisen zur Gewohnheit geworden sind. So gaben 83,2 % der Befragten an, Ge-

[31] Vgl. Bundesministerium für Umwelt, Naturschutz und Reaktorsicherheit – BMU (September 2000): http://www.bmu.de.

tränke möglichst in Mehrwegflaschen zu kaufen. Dieser Anteil blieb damit seit 1992 unverändert.

Die wesentliche Aufgabe der zukünftigen sozialwissenschaftlichen Umweltforschung besteht darin, durch wissenschaftliche Arbeiten auf die neuen Herausforderungen einzugehen und so einen Beitrag zur Lösung der heutigen und zukünftigen Umweltprobleme zu leisten. Deshalb sollen im folgenden Abschnitt Entwicklungsperspektiven der verschiedenen sozial-umweltwissenschaftlichen Disziplinen aufgezeigt werden.

7.4 Zukünftige Arbeitsfelder der sozialwissenschaftlichen Umweltforschung

In Abschnitt 7.2 wurde bereits auf die in 25 Jahren erzielten Ergebnisse der sozialwissenschaftlichen Umweltforschung verwiesen. Diese sind beachtlich und können sich durchaus mit anderen Wissenschaftsgebieten, wie den Wirtschafts- und Rechtswissenschaften, messen. Diese Leistung darf aber nicht als Ruhekissen angesehen werden, denn auch zukünftig sind die Sozialwissenschaften gefordert, aktiv an der Lösung der nun anstehenden „neuen" Umweltprobleme durch intensive Forschungsarbeit mitzuwirken.

Die von den einzelnen Autorinnen und Autoren bereits in ihren Einzelbeiträgen aufgezeigten Perspektiven sollen deshalb in diesem Ausblick zusammengefasst und weiterentwickelt werden.

Für den Teilbereich der *Umweltpolitologie* bemängelt Volker von Prittwitz zu Recht die bisher gezogenen zeitlichen, räumlichen und thematischen Grenzen (vgl. Kapitel 2). Die einseitige Konzentrierung auf die Analyse sektoraler Umweltpolitiken klassischer Untersuchungsländer wie die U.S.A., Dänemark, die Niederlande und andere wenige OECD-Staaten war zwar bisher ein wesentliches Erfolgsmodell der umweltpolitologischen Forschung, scheint aber den neuen Herausforderungen nicht mehr angemessen zu sein. Vielmehr sollte eine Horizonterweiterung der Umweltpolitologie erfolgen, die sich auf der thematischen Ebene neuen Themen, wie der von Volker von Prittwitz vorgeschlagenen Weltraumpolitik unter Umweltgesichtspunkten, widmet. Solche Themenvorschläge klingen zunächst zwar exotisch, können aber aufgrund ihrer zukünftigen Brisanz der Umweltpolitologie das Image einer Vorreiterwissenschaft geben. Aber auch irdische Umweltpolitik bietet über das Bisherige hinaus noch eine Vielzahl bedeutender Themenbereiche, die zur Zeit noch nicht ausreichend von der Umweltpolitologie besetzt sind. Dazu gehören zweifellos Fragestellungen, die sich mit internationalen umweltpolitischen Themen beschäftigen und sich aus der einseitigen Blickrichtung der OECD-Staaten befreien. Gerade über die sich entwickelnden Staaten der Südhemisphäre gibt es nur wenige Erkenntnisse, wie die Umweltpolitik in diesen Ländern institutionell verankert ist, welche internen Umweltregime es in und zwischen den Staaten gibt und welche Kapazitätsdefizite dort vorherrschen. Insbesondere vor dem Hintergrund der Schlüsselrolle, die Süd-Süd-Kooperationen für die zukünftige globale Umweltpolitik spielen werden, ist es zwingend erforderlich, Erkenntnisse auf diesem Gebiet zu akkumulieren. Jenseits der bereits vorhandenen Studien zum Themenfeld des Klimaschutzes sollte das Konzept der Nachhaltigen Entwicklung und Lokalen Agenda 21 aus der einseitigen ökologischen Perspektive herausgeführt werden. Zum einen würde eine stärkere Einbeziehung und Verknüpfung ökologischer, sozialer und ökonomischer Aspekte dem Leitbild als Ganzes stärker gerecht werden und die Akzeptanz des Konzepts „Zukünftiger Entwicklung" stärken. Zum anderen bekäme die Umweltpolitologie durch eine weitergehende Kooperation mit anderen sozial- und wirtschaftswissenschaftlichen Disziplinen einen Impuls, um aus eingefahrenen Bahnen auszubrechen. Interdisziplinäre Anknüpfungspunkte gibt es für die Umweltpolitologie auch über die umweltpolitisch relevanten Auswirkungen der neuen Informations- und Kommunikationstechniken oder der Gen- und Biotechnologie. Neben diesen zukünftigen Perspektiven wird aus heutiger Sicht der Prozess der EU-Osterweiterung und dessen umweltpolitische Auswirkungen sowohl auf die heutigen Mitgliedsstaaten der Europäischen Union als auch die Beitrittsländer selbst von besonderer Bedeutung sein. Hier scheinen auch weitergehende Untersuchungen zu Diffusionsprozessen und neuartigen umweltpolitischen Instrumenten von großer Relevanz zu sein.

Gerade in der *Umweltplanung* sind diese neuen umweltpolitischen Instrumente in der Form eines nationalen Gesamtpaketes gebündelt. Forschende auf diesem Gebiet sind dabei zunächst vom Mainstream der umweltpolitologischen Forschung ausgegangen und haben in Länderstudien nationale Umweltpläne verschiedener OECD-Staaten untersucht. Auch hier wurden ausgiebig die Vorreiterländer Holland, Dänemark, Schweden und Südkorea in den Mittelpunkt des Erkenntnisinteresses gestellt. Da in diesen Pionierländern der strategischen Umweltplanung bereits in manchen Fällen ein Jahrzehnt seit Planinitiierung vergangen ist und beispielsweise in den Niederlanden sogar schon zwei Folgeprogramme aufgelegt wurden, konnte bereits eine Programmevaluation erfolgen. Bei dieser Bilanzierung gelang es, erste Muster von Erfolgen und Misserfolgen von Umweltplanung zu identifizieren. Mit diesen Evaluationsergebnissen ging auch die inhaltliche Klärung von Umweltplanungsbegriffen einher. Jenseits dieser auf die Umweltplanung angewandten Policy-Analysen kam es jedoch bis auf erste Arbeiten zur Diffusion von nationalen Umweltplänen zu einem gewissen inhaltlichen Stillstand. So werden nationale Umweltpläne in der fachlichen Diskussion in ihrer Wirkung häufig überbewertet. Diese Tatsache rührt mutmaßlich daher, dass die Grenzen von Umweltplanung nicht hinreichend bekannt sind. Ebenso sind die Prozesse, die beim Aushandeln von Umweltplänen eine Rolle spielen, bisher nur unzureichend untersucht worden.

In die Erörterung dieses Fragenkontexts gehören sicherlich auch Überlegungen zu neuen Netzwerkstrukturen, die sich in diesen Ländern ausgebildet haben. Hierbei würden ländervergleichende Forschungsvorhaben zusätzlichen Erkenntnisgewinn über den Nutzen dieses neuen umweltpolitischen Allround-Instruments bringen. Letztendlich stellen sich auch Fragen, in wieweit nationale Umweltplanung bereits ein Teil des internationalen Innovationswettbewerbs geworden ist und welche integrativen Kräfte aus Umweltplänen im intraministeriellen Kampf um Interessendurchsetzung zum Wohl der Umweltpolitik entstehen können. Alle diese Fragestellungen sind bis jetzt nur ansatzweise bearbeitet worden und bieten somit im Forschungsfeld Umweltplanung noch große Betätigungsfreiräume.

Die von Ortwin Renn angeführten drei Gefahren „Gefangenheit im Zerrspiegel des Konstruktivismus", „Instrumentalisierung der Umweltsoziologie" und die Gefahr der „Sündenbockfalle" (vgl. Kapitel 4) scheinen für die Weiterentwicklung der *Umweltsoziologie* in der Tat wesentliche Hemmschuhe zu sein.

So kann eine Überbewertung des Konstruktivismusgedankens nicht nur zu einer Entfremdung der Umweltsoziologie von den anderen sozial-umweltwissenschaftlichen Fächern, sondern sogar die Gefahr der Abwertung genuiner Forschungsleistungen dieses Faches gegenüber der gesamten übrigen Wissenschaftswelt mit sich bringen. Eine zu starke konstruktivistische Orientierung würde in letzter Konsequenz realitätsferne Gesellschaftsformen erschaffen. Dieses Stadium hat die Umweltsoziologie jedoch längst überwunden und ein Rückfall hierbei wäre äußerst schmerzlich. Vielmehr sollte die Umweltsoziologie die noch weitgehend ungeklärten Fragestellungen im Bereich der ökologischen Unsicherheit aufnehmen und fortentwickeln (vgl. Simonis u. Wätzold 1997). So ist beispielsweise die Festlegung von bestimmten Grenzwerten und ihre gesellschaftliche Akzeptanz bisher nur unzureichend geklärt. Weiterreichender Forschungsbedarf besteht darüber hinaus noch immer in Bezug auf die Wahrnehmung von Umweltrisiken (vgl. Beck 1996). Hier gilt es über Zeiträume hinweg zu untersuchen, wie unterschiedliche gesellschaftliche Milieus Risiken einschätzen. Dieser Ansatz führt weiter zu dem Problemkreis, dass nachhaltige Lebensstile, so wie sie vom Leitbild der Nachhaltigen Entwicklung verlangt werden, zu den heutigen Milieustrukturen nur sehr bedingt kompatibel sind. Hier sollte im Rahmen der neueren Wertewandeldiskussion untersucht werden, warum die Durchdringung vor allem der lust- und freizeitorientierten Lebensstile mit Nachhaltigkeitswerten so schwierig ist und welche Instrumente und Anreize sich dennoch bieten, auch in diesen Lebensentwürfen entsprechende Handlungs- und Verhaltensweisen zu institutionalisieren.

Dabei darf die Umweltsoziologie nicht Gefahr laufen, sich selbst als ein absolutes Instrumentarium zur Integration des Sustainability-Gedankens in die Gesellschaft zu sehen. Starke normative Gesellschaftsentwürfe werden leicht als Indoktrination empfunden und stoßen damit auf Ablehnung.

Die *„Sündenbockfalle"* ergibt sich durch eine thematische Einengung des Forschungsgegenstandes auf umweltbeeinflussende Großtechnologien wie die Atomwirtschaft, Gentechnik und chemische Industrie. Die pauschale Verteufelung einzelner Wirtschafts- und Industriebranchen ist jedoch wenig hilfreich, da sie eine Ablenkungsfunktion von den tieferliegenden und schwerer adressierbaren Umweltproblemen übernimmt und somit eine gewisse Beruhigungsfunktion ausübt. Außerdem ist eine pauschale Verurteilung sogenannter Verursacherbereiche wie beispielsweise der gesamten chemischen Industrie heute nicht mehr zeitgemäß und sachlich nicht haltbar, da viele Betriebe dieser Sparte in der Vergangenheit große Anstrengungen im Umweltschutz unternommen haben und heute Umweltschutzauflagen sogar als einen Wettbewerbsvorteil sehen. Auch über den generellen Verzicht auf den Einsatz von Technologien kann die Umweltsoziologie nicht allein entscheiden, da es Aufgabe der Gesellschaft und der Politik ist, die Grenzen für bestimmte Anwendungen und Verfahren entweder über die Akzeptanz des

Konsumenten oder das staatliche Gewaltmonopol zu bestimmen. Die Umweltsoziologie sollte hier die Entwicklung und Akzeptanz neuer Technologien wie der Gen- und Biotechnologie kritisch begleiten und untersuchen, wie die Bevölkerung diese neuen Möglichkeiten einschätzt und ihnen gegenübersteht, wie diese Einschätzungen zustande kommen und wie die breite Anwendung dieser neuen Technologien die Gesellschaft beeinflussen wird. Hierbei stellt sich ähnlich wie bei der Umweltpolitologie die Frage, wie sie der Multidimensionalität von Nachhaltigkeit gerecht werden kann. Eine Möglichkeit, diesem Anspruch zu genügen, ergibt sich im Forschungsfeld der Biodiversität. Hier besteht derzeit noch ein Defizit bei der systematischen Aufarbeitung von Globalisierungserscheinungen wie der weltweiten Patentierung von Organismen durch internationale Konzerne, während zumeist Naturgesellschaften diese als ihr kulturelles Erbe ansehen. So bietet der Kontext „Globalisierung und Gesellschaft" für Umweltsoziologen im Forschungsbereich nicht nur weite Betätigungsfelder, sondern erhöht auch die Integrationsfähigkeit mit anderen Wissenschaften. Damit leistete die Umweltsoziologie einen wesentlichen Beitrag dazu, dass die gesamte Umweltdiskussion nicht länger als ein rein technisch-industriestrukturelles, sondern als ein gesellschaftliches Problem wahrgenommen werden würde.

Die *Umweltpsychologie* hat bisher durch viele Studien zur kognitiven Repräsentation, zu den negativen psychischen Auswirkungen von Umweltgefährdungen und deren Vermeidung bzw. Abmilderung und zu dem Bereich des umweltrelevanten Verhaltens und Verhaltensänderungen Erfolge erzielt. Weitere Analysen sind hier sicherlich notwendig, um die bisher gewonnenen Erkenntnisse systematisch zu testen und zu untermauern. Um aber den psychologischen Herausforderungen im Bereich des Sustainable Developments gerecht zu werden, muss die umweltpsychologische Forschung in den drei zuvor genannten Hauptbereichen zunehmend globale Themen behandeln. Im Bereich der Wahrnehmung der Umweltkrise ist noch nicht hinreichend geklärt, welche psychologischen Faktoren dazu führen, dass die Mehrheit der Befragten in Umweltbewusstseinsstudien den Umweltzustand des eigenen Lebensumfelds grundsätzlich besser beurteilt als denjenigen weit entfernter Regionen. Ein zukünftig an Bedeutung gewinnender Forschungskomplex wird sicherlich das Thema „Umweltbelastungen und Gesundheit" sein. Hier bieten sich gute Verknüpfungspunkte zwischen der Umweltmedizin und der Umweltpsychologie. Für die praktische Anwendungsseite sollte aufgrund der Nähe der einzelnen Forschungsfelder zusammen mit der Umweltsoziologie und der Umweltbildung, -beratung und -kommunikation ein dauerhafter interdisziplinärer Forschungsverbund eingerichtet werden, um zu einem wirksamen Katalog an Interventionsmechanismen zu gelangen. Das seit 1994 für sechs Jahre eingerichtete DFG-Schwerpunktprogramm „Mensch und globale Umweltveränderungen: sozial- und verhaltenswissenschaftliche Dimensionen" hat mit seinen fünf Arbeitsgruppen dafür bereits eine gute Ausgangsbasis geschaffen.[32]

Die in den verschiedenen Forschungsfeldern ausgemachten Grenzen treffen teilweise auch auf das Gebiet der *Umweltbildung* zu. Forschungsperspektiven zur

[32] Vgl. Arbeitsgruppe „Multidisziplinäre Ansätze zur Verhaltensänderung" (Oktober 2000): http://www.eco-intervention.de.

Umweltberatung und -kommunikation werden wegen des zu geringen Forschungsaufkommens an dieser Stelle unter dem Begriff der Umweltbildungsforschung subsummiert und nicht separat beleuchtet. Bedauerlicherweise erstreckte sich der Großteil der bisherigen Studien nur auf den Bereich der schulischen Umweltbildung. Inhaltlich sind einerseits Umweltwissen und -einstellungen abgefragt, andererseits Umweltbildungskonzepte, -modelle und -strukturen evaluiert worden. In enger Anlehnung zum Letztgenannten hat darüber hinaus Interventionsforschung stattgefunden. Das geringe Engagement der Deutschen Forschungsgemeinschaft bei der Förderung von Umweltbildungsstudien ist im wesentlichen darin zu suchen, dass es derzeit keine strategisch ausgerichtete Pädagogikforschung auf dem Gebiet der Umweltbildung gibt. Vor allem die Umweltpsychologie und -soziologie decken einen Großteil der Umweltbildungsforschung ab, sodass diese kein eigenständiges Profil entwickeln konnte. Auch ist der Umweltbildungsforschung eine gewisse Methodenschwäche zu unterstellen, da bisher nur einfache quantitative Erhebungen durchgeführt wurden (vgl. de Haan u. Kuckartz 1998). Zukünftige Forschungsfelder gibt es genug, wenn es der Umweltbildungsforschung gelungen ist, ihre technischen Schwächen abzulegen. Auf der institutionellen Ebene müssten dabei zunächst die Inhalte und Formen der Umweltbildung und die Leistungsfähigkeit der existierenden Einrichtungen untersucht werden. Umweltbildungsmaßnahmen sollten außerdem in ländervergleichenden Studien analysiert und bewertet werden (vgl. SRU 1994). Erst danach wäre die Umweltbildungsforschung in der Lage, zusammen mit der Umweltpsychologie und der -soziologie gemeinsame Studien auf dem Gebiet der Interventionsforschung und Zielgruppenforschung durchzuführen. Eine auf die Identifizierung von Erfolgsbedingungen ausgerichtete Kontextforschung in der Umweltbildung müsste versuchen, die politischen, soziokulturellen und sozioökonomischen Faktoren ausfindig zu machen, um beispielweise die Ursachen dafür ermitteln zu können, warum nur einem Bruchteil der bundesdeutschen Bevölkerung die Begriffe der Nachhaltigen Entwicklung oder der Lokalen Agenda 21 geläufig sind (vgl. WBGU 1996b). Abrundend wären in einer Praxistransferforschung die Diffusionsprozesse zu bestimmen, die für die Ausbreitung umweltbildnerischer Maßnahmen relevant sind.

Wie bereits oben erwähnt, haben manche Disziplinen schon untereinander Forschungsverbünde ins Leben gerufen. Andere hingegen führen noch ein zu stark auf das Fach ausgerichtetes Eigenleben mit geringer Außenwirkung. Die Zukunft der sozialwissenschaftlichen Umweltforschung liegt aber in interdisziplinären Forschungsvorhaben. Nur so kann es den Sozialwissenschaften im umweltwissenschaftlichen Fächerkanon gelingen, Synergieeffekte zu nutzen und den zukünftigen Herausforderungen gerecht zu werden. Dieses kann aber nur ein Zwischenschritt sein. Das letztendlich zu erreichende Ziel muss darin bestehen, dass die sozialwissenschaftlichen Fächer mit den Natur- und Ingenieurwissenschaften in gemeinsamen Forschungsvorhaben auf gleicher Augenhöhe zusammenarbeiten.

7.5 Reviewfragen

1. Wie lässt sich der aktuelle Stand der sozialwissenschaftlichen Umweltforschung zusammenfassen?
2. Welcher Paradigmenwechsel hat sich innerhalb der Diskussion um die Umweltproblematik vollzogen?
3. Welche Herausforderungen hat dieser Paradigmenwechsel an die sozialwissenschaftliche Umweltforschung gestellt?
4. Welches sind die zukünftigen Untersuchungsgegenstände der sozialwissenschaftlichen Umweltforschung?

Literatur

Aarebrot FH, Bakka PH (1997) Die vergleichende Methode in der Politikwissenschaft. In: Berg-Schlosser D, Müller-Rommel F (Hrsg) Vergleichende Politikwissenschaft. UTB Verlag, Opladen, S 49-66

Aarts H (1996) Habit and decision making: The case of travel mode choice. Psych. Dissertation, Katholieke Universiteit Nijmegen

Abildgaard J (2000) Energiepolitik und Energieplanung in Dänemark. In: Jänicke M, Jörgens H (Hrsg) Umweltplanung im internationalen Vergleich: Strategien der Nachhaltigkeit. Springer, Berlin, S 39-52

Adams B (1998) Timescape of Modernity: The Environment & Invisible Hazards. Routledge, London, New York

Ajzen I (1991) The theory of planned behavior: Some unresolved issues. Organizational Behavior and Human Decision Processes 50: 179-211

Ajzen I, Fishbein M (1980) Understanding attitudes and predicting social behavior. Englewood-Cliffs, Prentice-Hall

Altner G (1997) Umweltethische Aspekte von Umweltberatung. In: Michelsen G (Hrsg) Umweltberatung: Grundlagen und Praxis. Economica, Bonn, S 16-19

Altvater E, Brunnengräber A, Haake M, Walk H (1997) Vernetzt und Verstrickt: Nicht-Regierungs-Organisationen als gesellschaftliche Produktivkraft. Westfälisches Dampfboot, Münster

Altvater E, Mahnkopf B (1997) Grenzen der Globalisierung: Ökonomie, Ökologie und Politik in der Weltgesellschaft. Westfälisches Dampfboot, Münster

Amery C (1976) Natur als Politik: Die ökologische Chance des Menschen. Rowohlt, Reinbek bei Hamburg

Andreas K (1994) Nervensystem. In: Marquardt H, Schäfer SG (Hrsg) Lehrbuch der Toxikologie. Wissenschaftsverlag, Mannheim, S 291-312

Aurand K, Hazard B (1993) Die Rolle und Bedeutung von Information für die Umweltmedizin. In: Aurand K, Hazard B, Tretter F (Hrsg) Umweltbelastungen und Ängste: Erkennen – Bewerten – Vermeiden. Westdeutscher Verlag, Opladen, S 15-27

Aurand K, Hazard B, Tretter F (Hrsg) (1993) Umweltbelastungen und Ängste: Erkennen – Bewerten – Vermeiden. Westdeutscher Verlag, Opladen

Bächler G (1998) Umweltzerstörung im Süden als Ursache bewaffneter Konflikte. In: Carius A, Lietzmann KM (Hrsg) Umwelt und Sicherheit: Herausforderungen für die internationale Politik. Springer, Berlin, S 111-135

Bamberg S (1999) Umweltschonendes Verhalten: Eine Frage der Moral oder des richtigen Anreizes? Zeitschrift für Sozialpsychologie 30/1: 57-76

Bamberg S, Schmidt P (1993) Verkehrsmittelwahl: Eine Anwendung der Theorie geplantes Verhalten. Zeitschrift für Sozialpsychologie 24: 25-37

Bamberg S, Schmidt P (1999) Die Theorie geplanten Verhaltens von Ajzen: Ansätze zur Reduktion des motorisierten Individualverkehrs in einer Kleinstadt. Umweltpsychologie 3/3: 24-31

Bandelow NC (1999) Lernende Politik: Advocacy-Koalitionen und politischer Wandel am Beispiel der Gentechnologiepolitik. Edition Sigma, Berlin

Barker RG (1968) Ecological Psychology. Stanford University Press, Stanford

Barthe S, Brand K-W (1996) Reflexive Verhandlungssysteme: Diskutiert am Beispiel der Energiekonsens-Gespräche. In: Prittwitz V v (Hrsg) Verhandeln und Argumentieren: Dialog, Interessen und Macht in der Umweltpolitik. Leske und Budrich, Opladen, S 71-109

Battelle Institut Frankfurt (1977) Einstellung und Verhalten der Bevölkerung gegenüber verschiedenen Energiegewinnungsarten. Battelle, Frankfurt am Main

Bayerische Rück (Hrsg) (1993) Risiko ist ein Konstrukt. Knesebeck, München

Beck U (1986) Risikogesellschaft: Auf dem Weg in eine andere Moderne. Suhrkamp, Frankfurt am Main

Beck U (Hrsg) (1991) Politik in der Risikogesellschaft. Suhrkamp, Frankfurt am Main

Beck U (1993) Die Erfindung des Politischen. Suhrkamp, Frankfurt am Main

Beck U (1996) Weltrisikogesellschaft, Weltöffentlichkeit und globale Subpolitik: Ökologische Fragen im Bezugsrahmen fabrizierter Unsicherheiten. In: Diekmann A, Jaeger CC (Hrsg) Umweltsoziologie. Kölner Zeitschrift für Soziologie und Sozialpsychologie, Sonderheft 36: 119-147

Becker G, Berg JV, Coenen R (1980) Überblick über empirische Ergebnisse zur Akzeptanzproblematik der Kernenergie. KfK-Report 2964, Kernforschungszentrum, Karlsruhe

Becker R, Kals E (1997) Verkehrsbezogene Entscheidungen und Urteile: Über die Vorhersage von umwelt- und gesundheitsbezogenen Verbotsforderungen und Verkehrsmittelwahlen. Zeitschrift für Sozialpsychologie 28: 197-209

Bell AP, Greene TC, Fisher JD, Baum A (1996) Environmental Psychology. Harcourt Brace, Fort Worth

Bell MM (1998) An Invitation to Environmental Sociology. Pine Forge Press, Thousand Oaks

Berger IE (1997) The demographics of recycling and the structure of environmental behavior. Environment and Behavior 29/4: 515-531

Berg-Schlosser D, Müller-Rommel F (Hrsg) (1997) Vergleichende Politikwissenschaft. Leske und Budrich, Opladen

Beyer A (Hrsg) (1998) Nachhaltigkeit und Umweltbildung. Krämer, Hamburg

Beyersdorf M, Michelsen G, Siebert H (Hrsg) (1998) Umweltbildung: Theoretische Konzepte, empirische Erkenntnisse, praktische Erfahrungen. Luchterhand, Neuwied

Biermann F (1998) Weltumweltpolitik zwischen Nord und Süd: Die neue Verhandlungsmacht der Entwicklungsländer. Nomos, Baden-Baden

Biermann F (2000) Zukunftsfähigkeit durch neue institutionelle Arrangements auf der globalen Ebene? Zum Reformbedarf der internationalen Umweltpolitik. In: Prittwitz V v (Hrsg) Institutionelle Arrangements in der Umweltpolitik: Zukunftsfähigkeit durch innovative Verfahrenskombinationen? Leske und Budrich, Opladen, S 103-115

Binder M (1999) Wachstum, Strukturwandel und Umweltschutz. FFU-Report 99-5, Forschungsstelle für Umweltpolitik, Freie Universität Berlin

Blamey R (1998) The activation of environmental norms: Extending Schwartz's modell. Environment and Behavior 30/5: 676-708

Blazejczak J, Edler D, Hemmelskamp J, Jänicke M (1999) Umweltpolitik und Innovation: Politikmuster und Innovationswirkungen im internationalen Vergleich. In: Klemmer P (Hrsg) Umweltinnovationen: Fallstudien zum Anpassungsverhalten in Wirtschaft und Gesellschaft. Analytica, Bonn, S 9-34

Blöbaum A, Hunecke M, Matthies E, Höger R (1997) Ökologische Verantwortung und private Energie- & PKW-Nutzung. Bericht Nr. 49, Fakultät für Psychologie, Ruhr-Universität Bochum

Böhm G, Mader S (1998) Subjektive kausale Szenarien globaler Umweltveränderungen. Zeitschrift für Experimentelle Psychologie 45/4: 270-285

Bolscho D, Michelsen, G (1997) Umweltbildung unter globalen Perspektiven. Bertelsmann, Bielefeld

Bolscho D, Seybold H (1996) Umweltbildung und ökologisches Lernen: Ein Studien- und Arbeitsbuch. Cornelsen Scriptor, Berlin

Bonß W (1996) Die Rückkehr der Unsicherheit: Zur gesellschaftstheoretischen Bedeutung des Risikobegriffes. In: Banse G (Hrsg) Risikoforschung zwischen Disziplinarität und Interdisziplinarität. Edition Sigma, Berlin, S 166-185

Bostrom A, Morgan MG, Fischhoff B, Read D (1994) What do people know about global climate change? Risk Analysis 14/6: 959-969

Bottenberg EH (1996) Eine Einführung in die Sozialpsychologie: Geöffnet für einige humanistische und ökologische Fragen. Roderer, Regensburg

Bradbury JA (1989) The Policy Implications of Differing Concepts of Risk. Science, Technology, and Human Values 14: 80-399

Brand K-W (1997) Probleme und Potentiale einer Neubestimmung des Projektes der Moderne unter dem Leitbild „Nachhaltige Entwicklung". In: Brand K-W (Hrsg) Nachhaltige Entwicklung: Eine Herausforderung an die Soziologie. Leske und Budrich, Opladen, S 9-32

Brand K-W (Hrsg) (1997) Nachhaltige Entwicklung: Eine Herausforderung an die Soziologie. Leske und Budrich, Opladen

Brand K-W, Eder K, Poferl A (1997) Ökologische Kommunikation in Deutschland. Westdeutscher Verlag, Opladen

Brandon G, Lewis A (1999) Reducing household energy consumption: A qualitative and quantitative field study. Journal of Environmental Psychology 19: 75-85

Bratt C (1999) Consumers' environmental behavior: Generalized, sector-based, or compensatory? Environment and Behavior 31: 28-44

Breitmeier H, Gehring T, List M, Zürn M (1993) Internationale Umweltregimes. In: Prittwitz V v (Hrsg) Umweltpolitik als Modernisierungsprozess: Politikwissenschaftliche Umweltforschung und -lehre in der Bundesrepublik. Leske und Budrich, Opladen, S 163-191

Brewer GD, Leon P d (1983) The Foundations of Policy Analysis. Dorsey Press, Homewood, Illinois

Bringezu S (1998) Ausgangssituation, Ziele und Planungselemente für ein integriertes Ressourcenmanagement. In: Kujath HJ, Moss T, Weith T (Hrsg) Räumliche Umweltvorsorge: Wege zu einer Ökologisierung der Stadt- und Regionalentwicklung. Edition Sigma, Berlin, S 157-177

Broek J v d (1999) Silent Revolution: Dutch Industry and the Dutch Government are working together for a better environment. Vortragsmanuskript für den Workshop „Nationale Nachhaltigkeitsstrategien in ausgewählten Industrieländern" der Arbeitsgemeinschaft für Umweltfragen e.V. (AGU), 26.8.99, Bonn

Brüggemann U (1995) Mülltrennung in der Schule: Durchführung und Evaluation einer umweltpsychologischen Intervention. Unveröffentlichte psych. Diplomarbeit, Ruhr-Universität Bochum

Brüggemann U (1998) „Dem Abfall eine Abfuhr erteilen" – eine Strategie zur Abfallvermeidung für die Schulen einer Großstadt. Umweltpsychologie 1/2: 78-88

Buchwald K, Engelhardt W (Hrsg) (1996) Bewertung und Planung im Umweltschutz. Umweltschutz: Grundlagen und Praxis, Band 2. Economica, Bonn

Bühl WL (1981) Ökologische Knappheit: Gesellschaftliche und technologische Bedingungen ihrer Bewältigung. Vandenhoeck und Ruprecht, Göttingen

Buhne R (1976) Die internationale Verflechtung der Umweltproblematik. Schwartz, Göttingen

Bulmahn E (2000) Innovationen für eine nachhaltige Entwicklung. In: Jänicke M, Jörgens H (Hrsg) Umweltplanung im internationalen Vergleich: Strategien der Nachhaltigkeit. Springer, Berlin, S 163-170

BUND, Misereor (Hrsg) (1996) Zukunftsfähiges Deutschland: Ein Beitrag zu einer global nachhaltigen Entwicklung. Birkhäuser, Basel

Bundesministerium für Umwelt, Naturschutz und Reaktorsicherheit – BMU (Hrsg) (o. J.) Umweltpolitik: Konferenz der Vereinten Nationen für Umwelt und Entwicklung im Juni 1992 in Rio de Janeiro – Dokumente – Agenda 21. Köllen Druck und Verlag GmbH, Bonn

Bundesministerium für Umwelt, Naturschutz und Reaktorsicherheit – BMU (1996) Umweltbewußtsein in Deutschland 1996: Ergebnisse einer repräsentativen Bevölkerungsumfrage. Eine Information des Bundesumweltministeriums, BMU, Bonn

Bundesministerium für Umwelt, Naturschutz und Reaktorsicherheit – BMU (1998a) Nachhaltige Entwicklung in Deutschland: Entwurf eines umweltpolitischen Schwerpunktprogramms. BMU, Bonn

Bundesministerium für Umwelt, Naturschutz und Reaktorsicherheit – BMU (1998b) Umweltbewußtsein in Deutschland 1998: Ergebnisse einer repräsentativen Bevölkerungsumfrage. Eine Information des Bundesumweltministeriums, BMU, Bonn

Bundesministerium für Umwelt, Naturschutz und Reaktorsicherheit (2000) (Hrsg) Pressemitteilung 117/00 vom 30.06.2000, Berlin

Bundesverband für Umweltberatung – bfub (Hrsg) (1995) Heidelberger Thesen zur Umweltberatung. Luchterhand, Bremen

Bund-Länder-Kommission für Bildungsplanung und Forschungsförderung – BLK (1998) Bildung für eine nachhaltige Entwicklung: Orientierungsrahmen. H 69, BLK-Geschäftsstelle, Bonn

Bund-Länder-Kommission für Bildungsplanung und Forschungsförderung – BLK (1999) Förderprogramm Bildung für nachhaltige Entwicklung. Materialien, H 72, BLK-Geschäftsstelle, Berlin

Bungarten HH (1978) Umweltpolitik in Westeuropa: EG, internationale Organisationen und nationale Umweltpolitik. Europa-Union-Verlag, Bonn

Bunke D, Eberle U, Grießhammer R (1995) Umweltziele statt Last-Minute-Umweltschutz: Nationale und internationale stoffbezogene Zielvorgaben. Öko-Institut, Freiburg

Burgess RL, Clark RN, Hendee IC (1971) An experimental analysis of anti-litter-procedures. Journal of Applied Behavior Analysis 4: 71-75

Burn SM (1991) Social psychology and the stimulation of recycling behaviors: The block leader approach. Journal of Applied Social Psychology 21: 611-629

Busse I, Matthäus S (1993) Psychologische Interventionen zur Müllreduktion im Heimbereich. Unveröffentlichte psych. Diplomarbeit, Ruhr-Universität Bochum

Bussmann W, Klöti U, Knoepfel P (Hrsg) (1997) Einführung in die Politikevaluation. Helbing und Lichtenhahn, Basel

Buttel F (1987) New Directions in Environmental Sociology. Annual Review of Sociology 13: 465-488

Buttel FH, Taylor PJ (1992) Environmental Sociology and Global Environmental Change: A Critical Assessment. Society and Natural Resources 5: 211-230

Carew-Reid J, Prescott-Allan R, Bass S, Dalal-Clayton B (1994) Strategies for National Sustainable Development: A Handbook for Their Planning and Implementation. Earthscan, London

Carius A (1996) Strategische Umweltplanung in Portugal: Das Fundament steht. Politische Ökologie Juli/August 1996: 15-16

Carius A, Lietzmann KM (Hrsg) (1998) Umwelt und Sicherheit: Herausforderungen für die internationale Politik. Springer, Berlin

Carius A, Sandhövel A (1998) Umweltpolitikplanung auf nationaler und internationaler Ebene. Aus Politik und Zeitgeschichte B 50/98: 11-20

Carson R (1962) The Silent Spring. Houghton Mifflin, Boston

Catton WR (1980) Overshoot: The Ecological Basis of Revolutionary Change. University of Illinois Press, Urbana

Catton WR, Dunlap RE (1978) Environmental Sociology: A New Paradigm. The American Sociologist 13: 41-49

Citlak B, Kreyenfeld M (1999) Wahrnehmung von Umweltrisiken: Empirische Ergebnisse für die Bundesrepublik Deutschland. Zeitschrift für angewandte Umweltforschung 12/1: 112-119

Clarke L, Short JF (1993) Social Organization and Risk: Some Current Controversies. Annual Review of Sociology 19: 375-399

Cohen MJ (Ed) (1999) Risk in the Modern Age: Social Theory, Science and Environmental Decision-Making. Mac Gillan, London

Commoner B (1971) Wachstumswahn und Umweltkrise. Bertelsmann, München

Daele W v d (1992) Concepts of Nature in Modern Societies. In: Dierkes M, Biervert B (Ed) European Social Science in Transition. Campus und Westview Press, Frankfurt am Main, S 526-560

Dahlstrand U, Biel A (1997) Pro-environmental habits: Propensity levels in behavioral change. Journal of Applied Social Psychology 27: 588-601

Dake K (1991) Orienting Dispositions in the Perceptions of Risk: An Analysis of Contemporary Worldviews and Cultural Biases. Journal of Cross-Cultural Psychology 22: 61-82

Dalal-Clayton B (1996) Getting to Grips with Green Plans: National Level Experience in Industrial Countries. Earthscan, London

Damkowski W, Precht C (1995) Public Management: Neuere Steuerungskonzepte für den öffentlichen Sektor. Kohlhammer, Stuttgart

Danish Energy Agency (1996) Energy in Denmark. Kopenhagen

Danish Ministerium of Environment and Energy (Ed) (1996) Energy 21: The Danish Government's Action Plan for Energy. Copenhagen

Davidson DJ, Freudenburg WR (1996) Gender and environmental risk concerns. Environment and Behavior 28: 302-339

Darier E (1999) Focoult and the Environment: An Introduction. In: Darier E (Ed) Discourses of the Environment. Blackwell, Oxford, S 1-34

Demerit D (1998) Science, Social Constructivism and Nature. In: Brown B, Castree N (Ed) Remarking Reality: Nature at the Millenium. Routledge, London, S 173-193

DeYoung R (1993) Changing behavior and making it stick: The conceptualization and management of conservation behavior. Environment and Behavior 25/4: 485-505

Deutscher Bundestag (1990) Schlußbericht der Enquête-Kommission ‚Zukünftige Bildungspolitik – Bildung 2000'. Drucksache 11/7820, Bonn

Dickens P (1992) Society and Nature: Towards a Green Social Theory. Temple University Press, Philadelphia

Diekmann A, Frantzen A (1995) Kooperatives Umwelthandeln: Modelle, Erfahrungen, Maßnahmen. Ruegger, Chur

Diekmann A, Jaeger C (1996) Aufgaben und Perspektiven der Umweltsoziologie. In: Diekmann A, Jaeger C (Hrsg) Umweltsoziologie. Westdeutscher Verlag, Opladen, S 11-27

Diekmann A, Preisendörfer P (1991) Umweltbewusstsein, ökonomische Anreize und Umweltverhalten. Schweizer Zeitschrift für Soziologie 17: 207-231

Diekmann A, Preisendörfer P (1992) Persönliches Umweltverhalten: Diskrepanzen zwischen Anspruch und Wirklichkeit. Kölner Zeitschrift für Soziologie und Sozialpsychologie 2: 226-251

Dierkes M, Fietkau H-J (1988) Umweltbewußtsein – Umweltverhalten. Rat der Sachverständigen für Umweltfragen (Hrsg) Materialien zur Umweltforschung: Band 15. Kohlhammer, Stuttgart

Dietz T (1988) Social Impact Assessment as Applied Human Ecology: Integrating Theory and Method. In: Borden R, Young G, Jacobs J (Ed) Human Ecology: Research and Applications. Society for Human Ecology, College Park, MD, S 220-227

Dietz T, Stern PC, Guagnano GA (1998) Social structural and social psychological bases of environmental concern. Environment and Behavior 30/5: 450-471

Donkers R (2000) Umweltpolitik in der Europäischen Union: Ein neuer Weg. In: Jänicke M, Jörgens H (Hrsg) Umweltplanung im internationalen Vergleich: Strategien der Nachhaltigkeit. Springer, Berlin, S 53-67

Doran CF, Hinz MO, Mayer-Tasch PC (1976) Umweltschutz: Politik des peripheren Eingriffs. Eine Einführung in die politische Ökologie. Luchterhand, Neuwied-Darmstadt

Dörner D (1996) Der Umgang mit Unbestimmtheit und Komplexität und der Gebrauch von Computersimulationen. In: Diekmann A, Jaeger C (Hrsg) Umweltsoziologie. Kölner Zeitschrift für Soziologie und Sozialpsychologie, Sonderheft 36: 489-515

Dose N (1997) Die verhandelnde Verwaltung: Eine empirische Untersuchung über den Vollzug des Immissionsschutzrechts. Nomos, Baden-Baden

Douglas M, Wildavsky A (1982) Risk and Culture. University of California Press, Berkeley

Downs A (1972) Up and Down with Ecology: The „Issue-Attention-Cycle". Public Interest 28: 38-50

Duncan OD (1964) From Social System to Ecosystem. Sociological Inquiry 31: 140-149

Dunlap RE (1980) Paradigmatic Change in Social Science: From Human Exemptionalism to an Ecological Paradigm. American Behavioral Scientist 24: 5-14

Dunlap RE (1987) Public Opinion on the Environment in the Reagan Ara. Environment 29: 7-11 und 33-37

Dunlap RE (1997) The Evolution of Environmental Sociology: A brief History and Assessment of the American History. In: Redclift M, Woodgate G (Ed) The International Handbook of Environmental Sociology. Edward Elgar, Cheltenham, S 21-39

Dunlap RE, Catton WR (1994a) Toward an Ecological Sociology: The Development, Current Status, and Probable Future of Environmental Sociology. In: D'Antonio WV, Sasaki M, Yonebayashi Y (Ed) Ecology, Society and the Quality of Social Life. Transaction, New Brunswick, S 11-31

Dunlap RE, Catton WR (1994b) Struggling with Human Exemptionalism: The Rise, Decline and Revitalization of Environmental Sociology. The American Sociologist 25: 5-30

Dunlap RE, Kraft ME, Rosa EA (Ed) (1993) Public Reactions to Nuclear Waste. Duke University Press, Durham

Dunlap RE, Liere KD v (1984) Commitment to the dominant social paradigm and concern for environmental quality. Social Science Quarterly 65: 1013-1028

Dunlap RE, Lutzenhiser LA, Rosa EA (1994) Understanding Environmental Problems: A Sociological Perspective. In: Bürgenmeier B (Ed) Economy, Environment, and Technology: A Socio-Economic Approach. Sharpe, Armonk, S 27-49

Dunlap RE, Mertig AG (1995) Global concern for the environment: Is affluence a prerequisite? Journal of Social Issues 51/4: 121-137

Dürr H-P (1994) Respekt vor der Natur – Verantwortung für die Natur. Piper, München

Dyllick T (1989) Ökologisch bewusste Unternehmensführung: Der Beitrag der Managementlehre. Schriftenreihe der Schweizerischen Vereinigung für ökologisch bewusste Unternehmensführung 1, St. Gallen

Easterbrook G (1996) A Moment on the Earth: The coming Age of Environmental Optimism. Penguin Books, New York

Eblen RA, Eblen WR (Ed) The Encyclopedia of the Environment. Houghton Mifflin, Boston, S 655

Eblinghaus H, Stickler A (1996) Nachhaltigkeit und Macht: Zur Kritik von Sustainable Development. IKO – Verlag für Interkulturelle Kommunikation, Frankfurt am Main

Ehrlich PR, Ehrlich A (1991) Healing the Planet: Strategies for Resolving the Environmental Crisis. Addison-Wesley, New York

Enquête-Kommission Schutz des Menschen und der Umwelt des Deutschen Bundestages (Hrsg) (1994) Die Industriegesellschaft gestalten: Perspektiven für einen nachhaltigen Umgang mit Stoff- und Materialströmen. Economica, Bonn

Enquête-Kommission Schutz des Menschen und der Umwelt des Deutschen Bundestages (1997) Konzept Nachhaltigkeit: Fundamente für die Gesellschaft von morgen. Deutscher Bundestag, Bonn

Ernst AM (1997) Ökologisch-soziale Dilemmata. Psychologische Verlags Union, Weinheim

Evans FC (1956) Ecosystem as the Basic Unit in Ecology. Science 123: 1127-1128

Evans GW, Cohen S (1987) Environmental stress. In: Stokols D, Altman I (Ed) Handbook of environmental psychology. Wiley, New York, S 571-610

Evans GW, Colome SD, Shearer DF (1988) Psychological reactions to air pollution. Environmental Research 45: 1-15

Ewers H-J, Rennings K (1996) Quantitative Ansätze einer rationalen umweltpolitischen Zielbestimmung. Zeitschrift für Umweltpolitik und Umweltrecht (ZfU) 4/1996: 413-439

Festinger L (1957) A Theory of Cognitive Dissonance. Stanford University Press, Stanford

Fichter H (1996) Unterwegs zur ökologischen Wirtschaftspolitik: Berlins Erfahrungen bei der ökologischen Modernisierung politischer Institutionen. Edition Sigma, Berlin

Fietkau HJ (1981) Umweltpsychologie und Umweltkrise. In: Fietkau HJ, Gorlitz D (Hrsg) Umwelt und Alltag in der Psychologie. Beltz, Weinheim, S 113-135

Fietkau HJ, Kessel H (1981) Umweltlernen. Hain, Königstein/Taunus

Fietkau HJ, Kessel H, Tischler W (1982) Umwelt im Spiegel der öffentlichen Meinung. Campus, Frankfurt am Main

Fiorino DJ (2000) Umweltplanung und technologische Innovation: Eine Form des Politiklernens? In: Jänicke M, Jörgens H (Hrsg) Umweltplanung im internationalen Vergleich: Strategien der Nachhaltigkeit. Springer, Berlin, S 131-150

Fischer A (1998) Wege zu einer nachhaltigen beruflichen Bildung: Theoretische Überlegungen. Bertelsmann, Bielefeld

Fischer M (1998) Überlegungen zu einer ortsbezogenen gesundheitspsychologischen Forschung: Das Konzept der „Ökostationen". In: Kals E (Hrsg) Umwelt und Gesundheit: Die Verbindung ökologischer und gesundheitlicher Ansätze. Psychologische Verlags Union, Weinheim, S 214-226

Fischer W (1992) Klimaschutz und internationale Politik: Die Konferenz von Rio zwischen globaler Verantwortung und nationalen Interessen. Shaker Verlag, Aachen.

Fishbein M, Ajzen I (1975) Belief, attitude, intention, and behavior: An introduction to theory and research. Addison-Wesley, Reading

Fisher A (1987) Risk Communication: Getting Out the Message about Radon. EPA Journal 13/9: 27-29

Fleischer F (1988) Zur Methodologie umweltpsychologischer Beratung. In: Lösch F, Skowronek H (Hrsg) Beiträge der Psychologie zu politischen Planungs- und Entscheidungsprozessen. Deutscher Studien Verlag, Weinheim, S 145-151

Foljanty-Jost G (1997) Die Bedeutung Japans für vergleichende Umweltpolitikforschung: Vom Modell zum Auslaufmodell? In: Mez L, Weidner H (Hrsg) Umweltpolitik und Staatsversagen: Perspektiven und Grenzen der Umweltpolitikanalyse. Edition Sigma, Berlin, S 314-322

Foljanty-Jost G (2000) Japans nationaler Umweltrahmenplan: Ende des umweltpolitischen Reformstaus? In: Jänicke M, Jörgens H (Hrsg) Umweltplanung im internationalen Vergleich: Strategien der Nachhaltigkeit. Springer, Berlin, S 89-102

Franz-Balsen A (1995) Informationsvermittlung in der Umweltbildung oder über den Umgang mit Nichtwissen. In: Nolda S (Hrsg) Erwachsenenbildung in der Wissensgesellschaft. Klinkhardt, Bad Heilbrunn, S 140-170

Franz-Balsen A, Roth S, Schmitz U, Ebert A (1997) Umweltkommunikation I: Studienbrief zum FKU. Universität Lüneburg

Freudenburg WR (1992) Heuristics, Biases, and the Not-So-General Publics: Epertise and Error in the Assessment of Risks. In: Krimsky S, Golding D (Ed) Social Theories of Risk. Praeger, Westport, S 229-250

Freudenburg WR, Gramling R (1989) The Emergence of Environmental Sociology. Sociological Inquiry 59: 439-452

Frey BS, Foppa K (1986) Human behavior: Possibilities explain actions. Journal of Economic Psychology 7: 137-160

Frey RL (1993) Der Ansatz der Umweltökonomie. In: Frey RL (Hrsg) Mit Ökonomie zur Ökologie: Analyse und Lösungen des Umweltproblems aus ökonomischer Sicht. Schäffer-Poeschel, Stuttgart, S 3-22

Fuhrer U (1995) Sozialpsychologisch fundierter Theorierahmen für eine Umweltbewußtseinsforschung. Psychologische Rundschau 46/2: 93-103

Fuhrer U, Wölfing S (1997) Von den sozialen Grundlagen des Umweltbewußtseins zum verantwortlichen Umwelthandeln: Die sozialpsychologische Dimension globaler Umweltproblematik. Huber, Bern

Fülgraff G (2000) Zum Beitrag der Enquête-Kommission „Schutz des Menschen und der Umwelt" zur Entwicklung einer Nachhaltigkeitsstrategie in Deutschland. In: Jänicke M, Jörgens H (Hrsg) Umweltplanung im internationalen Vergleich: Strategien der Nachhaltigkeit. Springer, Berlin, S 205-220

Gale RJP (1997) Canada's Green Plan. In: Jänicke M, Carius A, Jörgens H (Hrsg) Nationale Umweltpläne in ausgewählten Industrieländern. Springer, Berlin, S 97-120

Gardner GT, Stern PC (1996) Environmental problems and human behavior. Allyn and Bacon, Boston

Gaßner H, Holznagel LM, Lahl U (1992) Mediation: Verhandlungen als Mittel der Konsensfindung bei Umweltstreitigkeiten. Economica, Bonn

Gege M (1988) Vom Sinn und Zweck der Umweltberatung. In: Zimmermann M (Hrsg) Umweltberatung in Theorie und Praxis. Birkhäuser, Basel

Gehring T (1995) Regieren im internationalen System: Verhandlungen, Normen und Internationale Regimes. Politische Vierteljahresschrift 2: 197-219

Gehring T, Oberthür S (Hrsg) (1997) Internationale Umweltregimes: Umweltschutz durch Verhandlungen und Verträge. Leske und Budrich, Opladen

Geller ES (1989) Applied behavior analysis and social marketing: An integration for environmental preservation. Journal of Social Issues 45: 17-36

Geller ES (1995) Actively caring for the environment: An integration of behaviorism and humanism. Environment and Behavior 27/2: 184-195

Geller ES, Berry TD, Ludwig TD, Evans RE, Gilmore MR, Clarke SW (1990) A conceptual framework for developing and evaluating behavior change interventions for injury control. Health Education Research 5/2: 125-137

Gessner W, Kaufmann-Hayoz R (1995) Die Kluft zwischen Wollen und Können. In: Fuhrer U (Hrsg) Ökologisches Handeln als sozialer Prozeß. Birkhäuser, Basel, S 11-25

Giesinger T (1997) Erwartungen von Umweltbewegung und Umweltpraxis an die Umweltpsychologie. Umweltpsychologie 1/1: 26-35

Glasbergen P (Ed) (1998) Co-Operative Environmental Governance: Public-Private Agreements as a Policy Strategy. Kluwer Academic Publishers, Dordrecht

Goldenhar LM (1991) Understanding, predicting, and influencing recycling behavior: The future generation. University of Michigan, Michigan

Graumann CF, Kruse L (1990) The Environment: Social Construction and Psychological Problems. In: Himmelweit HAT, Gaskell G (Ed) Societal Psychology. Sage, Newbury Park, S 212-229

Greenpeace e. V. (1997) Pressemeldung vom 29. November 1997: Weichmacher in PVC-Spielzeug. Hamburg

Grossmann G, Krueger A (1994) Economic Growth and the Environment. Working Paper No. 4634 of the National Bureau of Economic Research, Cambridge, MA

Gschwendtner H (2000) Volkswirtschaftliche Perspektiven. In: Schaltegger S (Hrsg) Studium der Umweltwissenschaften: Wirtschaftswissenschaften. Springer, Berlin, S 3-110

Guagnano GA, Stern PC, Dietz T (1995) Influences on attitude-behavior relationships: A natural experiment with curbside recycling. Environment and Behavior 27/5: 699-718

Guski R (1993) Psychische Auswirkungen von Umweltbelastungen. Bericht Nr. 42, Fakultät für Psychologie, Ruhr-Universität Bochum

Haan G d (Hrsg) (1995) Umweltbewusstsein und Massenmedien. Akademischer Verlag, Berlin

Haan G d (Hrsg) (1996) Ökologie – Gesundheit – Risiko: Perspektiven ökologischer Kommunikation. Akademischer Verlag, Berlin

Haan G d, Jungk D, Kutt K, Michelsen G, Nitschke C, Seybold H, Schnurpel U (1997) Umweltbildung als Innovation: Bilanzierungen und Empfehlungen zu Modellversuchen und Forschungsvorhaben. Springer, Berlin

Haan G d, Kuckartz U (1996) Umweltbewußtsein: Denken und Handeln in Umweltkrisen. Westdeutscher Verlag, Opladen

Haan G d, Kuckartz U (Hrsg) (1998) Umweltbildung und Umweltbewusstsein: Forschungsperspektiven im Kontext nachhaltiger Entwicklung. Leske und Budrich, Opladen

Habermas J (1997) Theorie des kommunikativen Handelns: Band 1 und 2. Suhrkamp, Frankfurt am Main

Hamid PN, Cheng ST (1995) Predicting antipollution behavior: The role of molar behavioral intentions, past behavior, and locus of control. Environment and Behavior 27/5: 679-698

Hannigan JA (1995) Environmental Sociology. A Social Constructionist Perspektive. Routledge, London

Harlacher U, Schahn J (1998) „Elektrosensitivität" – ein psychologisches Problem? In: Kals E (Hrsg) Umwelt und Gesundheit: Die Verbindung ökologischer und gesundheitlicher Ansätze. Psychologische Verlags Union, Weinheim, S 151-173

Hauff V (Hrsg) (1987) Unsere gemeinsame Zukunft: Der Brundtlandbericht der Weltkommission für Umwelt und Entwicklung. Eggenkamp, Greven

Hawley AH (1944) Ecology and Human Ecology. Social Forces 22: 398-405

Hawley AH (1967) Theorie und Forschung in der Sozialökologie. In: König R (Hrsg) Handbuch der empirischen Sozialforschung: Band I. Enke, Stuttgart, S 480-497

Hawley AH (1986) Human Ecology: A Theoretical Essay. University of Chicago Press, Chicago

Hazard BP (1998) Zum Umgang mit Angst vor Gesundheitsrisiken durch schädigende Umwelteinflüsse. In: Kals E (Hrsg) Umwelt und Gesundheit: Die Verbindung ökologischer und gesundheitlicher Ansätze. Psychologische Verlags Union, Weinheim, S 119-133

Heberlein T (1981) Environmental Attitudes. Zeitschrift für Umweltpolitik 4: 241-270

Heidelbach T (1997) Umweltberatung und Öffentlichkeitsarbeit. In: Michelsen G (Hrsg) Umweltberatung: Grundlagen und Praxis. Economica, Bonn, S 197-201

Hellbrück J, Bisping R (1998) Akustische Umwelt – Wahrnehmung, Wirkung und Gestaltung. In: Kals E (Hrsg) Umwelt und Gesundheit: Die Verbindung ökologischer und gesundheitlicher Ansätze. Psychologische Verlags Union, Weinheim, S 20-42

Hellbrück J, Fischer M (1999) Umweltpsychologie: Ein Lehrbuch. Hogrefe, Göttingen

Hellpach W (1924) Psychologie der Umwelt. In: Abderhalden E (Hrsg) Handbuch der biologischen Arbeitsmethoden. Abt. VI: Methoden der experimentellen Psychologie. Urban und Schwarzenberg, Berlin, S 109-112

Hentig H v (1991) Die Menschen stärken, die Sachen klären. Reclam, Stuttgart

Héritier A (Hrsg) (1993) Policy-Analyse, Kritik und Neuorientierung. Politische Vierteljahresschrift, Sonderheft 24, Westdeutscher Verlag, Opladen

Hey C (1998) Nachhaltige Mobilität in Europa: Akteure, Institutionen und politische Strategien. Westdeutscher Verlag, Opladen

Hey C (2000) Zukunftsfähigkeit und Komplexität: Institutionelle Innovationen in der Europäischen Union. In: Prittwitz V v (Hrsg) Institutionelle Arrangements in der Umweltpolitik: Zukunftsfähigkeit durch innovative Verfahrenskombinationen? Leske und Budrich, Opladen, S 85-100

Hey C, Brendle U (1994) Umweltverbände und EG: Strategien, Politische Kulturen und Organisationsformen. Westdeutscher Verlag, Opladen

Hilgartner S (1992) The Social Construction of Risk Objects: Or, How to Pry Open Networks of Risk. In: Short JF, Clarke L (Ed) Organizations, Uncertainty, and Risk. Westview Press, Boulder, S 39-65

Hines JM, Hungerford HR, Tomera AN (1986/87) Analysis and synthesis of research on responsible environmental behavior: A meta-analysis. Journal of Environmental Education 18/2: 1-8

Hoeger R (1999) Theoretische Ansätze und Ergebnisse der psychologisch orientierten Lärmwirkungsforschung. Umweltpsychologie 3/1: 6-20

Holzinger K, Weidner H (Hrsg) (1996) Alternative Konfliktregelungsverfahren bei der Planung und Implementation großtechnischer Anlagen. Wissenschaftszentrum Berlin für Sozialforschung, papers FS II: 96-301

Holzinger K, Weidner H (1997) Das Neusser Mediationsverfahren im politischen Umfeld: Befragungsergebnisse und -methodik. Wissenschaftzentrum Berlin für Sozialforschung, papers FS 2: 97-303

Homans G (1967) The Nature of Social Sciences. Harcourt, Brace & World, Inc., New York

Hömberg W (1993) Ökologie: Ein schwieriges Medienthema. In: Bonfadelli H, Meier WA (Hrsg) Krieg, Aids, Katastrophen: Gegenwartsprobleme als Herausforderung der Publizistikwissenschaft. Universitäts-Verlag, Konstanz, S 81-93

Homburg A (1995) Subjektive Vorstellungen zur Umweltkrise: Eine empirische Studie zum Umweltbewußtsein. Berichte des Forschungszentrums Jülich 3153, Forschungszentrum Jülich

Homburg A, Matthies E (1998) Umweltpsychologie: Umweltkrise, Gesellschaft und Individuum. Juventa, München

Hopper JR, Nielsen JM (1991) Recycling as altruistic behavior: Normative and behavioral strategies to expand participation in a community recycling program. Environment and Behavior 23/2: 195-220

Hoyos CG, Frey D, Stahlberg D (1988) Angewandte Psychologie: Zur Eingrenzung und Beschreibung einer psychologischen Disziplin. In: Frey D, Hoyos CG, Stahlberg D (Hrsg) Angewandte Psychologie. Psychologische Verlags Union, München, S 21-35

Huber J (1995a) Nachhaltige Entwicklung: Strategien für eine ökologische und soziale Erdpolitik. Edition Sigma, Berlin

Huber J (1995b) Nachhaltige Entwicklung durch Suffizienz, Effizienz und Konsistenz. In: Fritz P, Huber J, Levi HW (Hrsg) Nachhaltigkeit in naturwissenschaftlicher und sozialwissenschaftlicher Perspektive. Wissenschafts-Verlag, Stuttgart, S 31-46

Huckestein B (1999) Umweltziele und umweltpolitische Effizienz: Anmerkungen aus der Sicht der ökonomischen Theorie der Politik. In: Junkernheinrich M (Hrsg) Ökonomisierung der Umweltpolitik: Beiträge zur volkswirtschaftlichen Umweltökonomie. Analytica, Berlin, S 43-66

Hunecke M, Matthies E, Blöbaum A, Höger R (1999) Die Umsetzung einer persönlichen Norm in umweltverantwortliches Handeln: Ansätze zur Reduktion des motorisierten Individualverkehrs in einer Kleinstadt. Umweltpsychologie 3/2: 22-34

Hustedt M (2000) Strategien nachhaltiger Entwicklung in der Bundesrepublik. In: Jänicke M, Jörgens H (Hrsg) Umweltplanung im internationalen Vergleich: Strategien der Nachhaltigkeit. Springer, Berlin, S 171-181

Illich I (1975) Selbstbegrenzung: Eine politische Kritik der Technik. Rowohlt, Reinbek bei Hamburg

Inglehart R (1977) The Silent Revolution: Changing Values and Political Styles among Western Publics. Princeton University Press, Princeton

International Union for Conservation of Nature and National Resources – IUCN (1970) International Conference on Environmental Education. IUCN Publication Services Unit, Cambridge

Ittelson WH, Proshansky HM, Rivlin LG, Winkel GH (1977) Einführung in die Umweltpsychologie. Ernst Klett, Stuttgart

Jacobs HE, Bailey JS (1982/83) Evaluating participation in a residential recycling program. Journal of Environmental Systems 12: 141-152

Jänicke M (Hrsg) (1978) Umweltpolitik: Beiträge zur Politologie des Umweltschutzes. Leske und Budrich, Opladen

Jänicke M (1979) Wie das Industriesystem von seinen Missständen profitiert: Kosten und Nutzen technokratischer Symptombekämpfung: Umweltschutz, Gesundheitswesen, innere Sicherheit. Westdeutscher Verlag, Opladen

Jänicke M (1986) Staatsversagen: Die Ohnmacht der Politik in der Industriegesellschaft. Piper, München

Jänicke M (1988) Ökologische Modernisierung: Optionen und Restriktionen präventiver Umweltpolitik. In: Simonis UE (Hrsg) Präventive Umweltpolitik. Campus, Frankfurt am Main, S 13-26

Jänicke M (1990) Erfolgsbedingungen von Umweltpolitik im internationalen Vergleich. Zeitschrift für Umweltpolitik und Umweltrecht 13: 213-232

Jänicke M (1993) Ökologische und politische Modernisierung in entwickelten Gesellschaften. In: Prittwitz V v (Hrsg) Umweltpolitik als Modernisierungsprozeß: Politikwissenschaftliche Ursachenforschung und -lehre in der Bundesrepublik. Leske und Budrich, Opladen, S 15-29

Jänicke M (Hrsg) (1996) Umweltpolitik der Industrieländer: Entwicklung – Bilanz – Erfolgsbedingungen. Edition Sigma, Berlin

Jänicke M (1997) Nachhaltigkeit als politische Strategie: Notwendigkeiten und Chancen langfristiger Umweltplanung in Deutschland. BUND und Friedrich-Ebert-Stiftung, Bonn

Jänicke M (2000) Strategien der Nachhaltigkeit: Eine Einführung. In: Jänicke M, Jörgens H (Hrsg) Umweltplanung im internationalen Vergleich: Strategien der Nachhaltigkeit. Springer, Berlin, S 1-12

Jänicke M, Carius A, Jörgens H (1997) Nationale Umweltpläne in ausgewählten Industrieländern. Springer, Berlin

Jänicke M, Jörgens H (1997) Nationale Umweltpläne und Nachhaltigkeitsstrategien: Eine Bilanz internationaler Erfahrungen. In: Rennings K, Hohmeyer O (Hrsg) Nachhaltigkeit: ZEW-Wirtschaftsanalysen, Band 8. Nomos, Baden-Baden, S 137-164

Jänicke M, Jörgens H (1998) National Environmental Policy Planning in OECD Countries: Preliminary Lessons from Cross-National Comparisons. Environmental Politics 7/2: 27-54

Jänicke M, Jörgens H (Hrsg) (2000) Umweltplanung im internationalen Vergleich: Strategien der Nachhaltigkeit. Springer, Berlin

Jänicke M, Jörgens H, Koll C (2000) Elemente einer deutschen Nachhaltigkeitsstrategie: Einige Schlußfolgerungen aus dem internationalen Vergleich. In: Jänicke M, Jörgens H (Hrsg) Umweltplanung im internationalen Vergleich: Strategien der Nachhaltigkeit. Springer, Berlin, S 221-230

Jänicke M, Kunig P, Stitzel M (1999a) Umweltpolitik: Lern- und Arbeitsbuch. Dietz-Verlag, Bonn

Jänicke M, Mez L, Bechsgaard P, Klemmensen B (1999b) Innovationswirkungen branchenbezogener Regulierungsmuster am Beispiel energiesparender Kühlschränke in Dänemark. In: Klemmer P (Hrsg) Umweltinnovationen: Fallstudien zum Anpassungsverhalten in Wirtschaft und Gesellschaft. Analytica, Bonn, S 57-80

Jänicke M, Mönch H (1988) Ökologischer und wirtschaftlicher Wandel im Industrieländervergleich: Eine explorative Studie über Modernisierungskapazitäten. In: Schmidt MG (Hrsg) Staatstätigkeit: International und historisch vergleichende Analyse. Westdeutscher Verlag, Opladen, S 389-405

Jänicke M, Weidner H (Ed) (1995) Successful Environmental Policy: A Critical Evaluation of 24 Cases. Edition Sigma, Berlin

Jänicke M, Weidner H (Ed) (1997) National Environmental Policies: A Comparative Study of Capacity-Building. Springer, Berlin

Jenkins-Smith HC, Sabatier PA (1994) Evaluating the Advocacy Coalition Framework. Journal of Public Policy 2: 175-256

Johnson HD (1997) Green Plans: Greenprint for Sustainability. University of Nebraska Press, Lincoln, London

Jonas H (1979) Das Prinzip der Verantwortung: Versuch einer Ethik für die technologische Zivilisation. Suhrkamp, Frankfurt am Main

Jonas H (1990) Das Prinzip Verantwortung. In: Schüz M (Hrsg) Risiko und Wagnis: Die Herausforderung der industriellen Welt: Band 2. Veröffentlichung der Gerling Akademie, Neske, Pfullingen, S 166-181

Jörgens H (1996) Die Institutionalisierung von Umweltpolitik im internationalen Vergleich. In: Jänicke M (Hrsg) Umweltpolitik der Industrieländer: Entwicklung – Bilanz – Erfolgsbedingungen. Edition Sigma, Berlin, S 59-111

Jörgens H (1997) Strategische Umweltplanung und umweltpolitisches Staatsversagen. In: Mez L, Weidner H (Hrsg) Umweltpolitik und Staatsversagen: Perspektiven und Grenzen der Umweltpolitikanalyse. Festschrift für Martin Jänicke zum 60. Geburtstag, Edition Sigma, Berlin, S 270-279

Jörgensen K (1998) Umweltmanagement: Interdisziplinäres Studienangebot der Freien Universität Berlin: Studienkonzeption und praktische Umsetzung. FFU-Report 98-7, Berlin

Jüdes U (1996) Das Paradigma ‚Sustainable Development'. Mss.

Jungermann H, Slovic P (1993) Die Psychologie der Kognition und Evaluation von Risiko. In: Bechmann G (Hrsg) Risiko und Gesellschaft: Grundlagen und Ergebnisse interdisziplinärer Risikoforschung. Westdeutscher Verlag, Opladen, S 167-208

Kahlenborn W, Kraack M, Imbusch K (2000) Institutionelle Arrangements im Schnittfeld zwischen Umwelt- und Tourismus-Politik. In: Prittwitz V v (Hrsg) Institutionelle Arrangements in der Umweltpolitik: Zukunftsfähigkeit durch innovative Verfahrenskombinationen? Leske und Budrich, Opladen, S 293-310

Kahn J (2000) Strategische Umweltplanung in Schweden. In: Jänicke M, Jörgens H (Hrsg) Umweltplanung im internationalen Vergleich: Strategien der Nachhaltigkeit. Springer, Berlin, S 27-38

Kaiser FG, Wölfing S, Fuhrer U (1999) Environmental attitude and ecological behavior. Journal of Environmental Psychology 19: 1-19

Kals E (1996a) Umweltpsychologie. Beltz, Weinheim

Kals E (1996b) Verantwortliches Umweltverhalten. Umweltschützende Entscheidungen erklären und fördern. Beltz Psychologische Verlags Union, Weinheim

Kals E (1998) Übernahme von Verantwortung für den Schutz von Umwelt und Gesundheit. In: Kals E (Hrsg) Umwelt und Gesundheit: Die Verbindung ökologischer und gesundheitlicher Ansätze. Beltz Psychologische Verlags Union, Weinheim, S 101-118

Kals E, Montada L (1994) Umweltschutz und die Verantwortung der Bürger. Zeitschrift für Sozialpsychologie 25: 326-337

Kaminski G (1976) Umweltpsychologie: Perspektiven, Probleme, Praxis. Klett, Stuttgart

Kaminski G (1997) Psychologie im Umweltschutz. Umweltpsychologie 1/1: 8-24

Kannapin O, Pawlik K, Zinn F (1998) Prädiktormuster selbstberichteten Umweltverhaltens. Zeitschrift für Experimentelle Psychologie 45/4: 365-377

Karger CR, Wiedemann PM (1994) Wahrnehmung von Umweltproblemen. Natur und Landschaft 69: 3-8

Karger CR, Wiedemann PM (1996) Wahrnehmung und Bewertung von Umweltrisiken: Arbeiten zur Risiko-Kommunikation. Heft 59, Forschungszentrum Jülich

Kasperson RE, Kasperson JX, Turner II BL, Dow K, Meyer WB (1995) Critical Environmental Regions: Concepts, Distinctions, and Issues. In: Kasperson RE, Kasperson JX, Turner II BL (Ed) Regions at Risk: Comparisons of Threatened Environments. United Nations University Press, Tokio, S 1-41

Katzenstein H (1995) Umweltbewußtsein und Umweltverhalten: Kurseinheit Umweltverhalten: Determinanten und Strategien in der Veränderung. Fernuniversität-Gesamthochschule Hagen

Kaufmann-Hayoz R (1996) Der Mensch und die Umweltprobleme. In: Kaufmann-Hayoz R, Di Giulio A (Hrsg) Umweltproblem Mensch: Humanwissenschaftliche Zugänge zu umweltverantwortlichem Handeln. Haupt, Bern, S 7-19

Kaufmann-Hayoz R, di Giulio A (Hrsg) (1996) Umweltproblem Mensch: Humanwissenschaftliche Zugänge zu umweltverantwortlichen Handeln. Haupt, Bern

Kearney AR, DeYoung R (1995) A knowledge-based intervention for promoting carpooling. Environment and Behavior 27: 650-678

Keck O (1984) Der schnelle Brüter: Ein Lehrstück für die Technologiepolitik. Politische Vierteljahreszeitschrift 3: 296-315

Keck O (1993) Information, Macht und gesellschaftliche Rationalität: Das Dilemma rationalen kommunikativen Handelns, dargestellt am Beispiel eines internationalen Vergleichs der Kernenergiepolitik. Nomos, Baden-Baden

Kempton W (1991) Public understanding of global warming. Society and Natural Resources 4: 331-345

Kenny M, Meadowcroft J (Ed) (1999) Planning Sustainability. Routledge, London

Kern K (1997) Die Diffusion von Politikinnovationen in Mehrebenensystemen: Politikintegration und -innovation in der US-amerikanischen Umweltpolitik. Dissertation, Freie Universität Berlin

Kern K (1999) Gewerkschaften und Nachhaltigkeit: Nationale und lokale Nachhaltigkeitsdiskurse aus der international vergleichenden Perspektive. Manuskript, Wissenschaftszentrum Berlin für Sozialforschung

Kern K (2000a) Die Diffusion von Politikinnovationen: Umweltpolitische Innovationen im Mehrebenensystem der USA. Leske und Budrich, Opladen

Kern K (2000b) Institutionelle Arrangements und Formen der Handlungskoordination im Mehrebenensystem der USA. In: Prittwitz V v (Hrsg) Institutionelle Arrangements in der Umweltpolitik: Zukunftsfähigkeit durch innovative Verfahrenskombinationen? Leske und Budrich, Opladen, S 41-64

Kern K, Bratzel S (1996) Umweltpolitischer Erfolg im internationalen Vergleich: Zum Stand der Forschung. In: Jänicke M (Hrsg) Umweltpolitik der Industrieländer: Entwicklung – Bilanz – Erfolgsbedingungen. Edition Sigma, Berlin

Kern K, Jörgens H, Jänicke M (1999) Die Diffusion umweltpolitischer Innovationen: Ein Beitrag zur Globalisierung von Umweltpolitik. FFU-Report 99-11, Forschungsstelle für Umweltpolitik, Freie Universität Berlin

Klafki W (1995) ‚Schlüsselprobleme' als thematische Dimension einer zukunftsbezogenen ‚Allgemeinbildung' – Zwölf Thesen. In: Münzinger W, Klafki W (Hrsg) Schlüsselprobleme im Unterricht: Die Deutsche Schule, 3. Beiheft. Juventa, Weinheim, S 9-15

Klemmer P (1999) Innovationen und Umwelt. In: Forschungsverbund Innovative Wirkungen umweltpolitischer Instrumente – FIU (Hrsg) Innovative Wirkungen umweltpolitischer Instrumente, Band 3. Analytica, Berlin

Knaus A, Renn O (1998) Den Gipfel vor Augen: Unterwegs in eine nachhaltige Zukunft. Metropolis, Marburg

Knoepfel P, Weidner H (1980) Handbuch der SO_2-Luftreinhaltepolitik. Schmidt-Verlag, Berlin

Knoepfel P, Weidner H (1985) Luftreinhaltepolitik (stationäre Quellen) im internationalen Vergleich. Edition Sigma, Berlin

Knorr KD (1981) Die Fabrikation von Wissen: Versuch zu einem gesellschaftlich relativierenden Wissensbegriff. In: Stehr N, Meja V (Hrsg) Wissenssoziologie. Kölner Zeitschrift für Soziologie und Sozialpsychologie, Sonderheft 22: 226-245

Köck W (1997a) Umweltqualitätsziele und Umweltrecht: Die neue Umweltzieldebatte und ihre Bedeutung für das regulative Umweltrecht. Zeitschrift für Umweltrecht (ZUR) 2/1997: 79-87

Köck W (1997b) Rechtsfragen der Umweltzielplanung: Zur Diskussion um die Erstellung eines nationalen Umweltpolitikplanes; Zugleich ein Beitrag zur Nachhaltigkeitsdebatte. In: Barth S, Köck W (Hrsg) Qualitätsorientierung im Umweltrecht: Umweltqualitätsziele für einen nachhaltigen Umweltschutz. VUR Schriftenreihe des Vereins für Umweltrecht, Rhombos, Berlin, S 115-145

Kohler-Koch B (Hrsg) (1989) Regime in den internationalen Beziehungen. Nomos, Baden-Baden

Koll C (1998) Zielstrukturen von Umweltplänen ausgewählter OECD-Länder. Diplomarbeit am Fachbereich Politische Wissenschaft, Freie Universität Berlin

Krasner S (Ed) (1985) International Regimes. Cornell University Press, Ithaca

Kruse L (1974) Räumliche Umwelt: Die Phänomenologie des räumlichen Verhaltens als Beitrag zu einer psychologischen Umwelttheorie. De Gruyter, Berlin

Kruse L (1989) Le Waldsterben: Zur Kulturspezifizität der Wahrnehmung ökologischer Risiken. In: Der Rektor der Fernuniversität-Gesamthochschule Hagen (Hrsg) Hagener Universitätsreden 12. Fernuniversität-Gesamthochschule Hagen, S 35-48

Kruse L (1995a) Globale Umweltveränderungen: Eine Herausforderung für die Psychologie. Psychologische Rundschau 46/2: 81-92

Kruse L (1995b) Umweltpsychologische Forschung. Psychologische Rundschau 46/2: 115-118

Kruse L, Graumann CF, Lantermann ED (1990) Ökologische Psychologie: Ein Handbuch in Schlüsselbegriffen. Psychologische Verlags Union, München

Kuckartz U (1997) Umwelt-Goldmedaille für Deutschland – oder: Wie umweltbewußt sind die Deutschen im internationalen Vergleich? Forschungsgruppe Umweltbildung der Freien Universität Berlin, Working Paper, Freie Universität Berlin, S 97-137

Lakatos I, Musgrave A (Ed) (1970) Criticism and the Growth of Knowledge. Cambridge University Press, Cambridge

Lampietti JA, Subramanian U (1995) Taking Stock of National Environmental Strategies. Environmental Management Series Paper No. 010, World Bank, Washington

Lansana F (1992) Distinguishing potential recyclers from non-recyclers: A basis for developing recycling strategies. Journal of Environmental Education 23: 16-23

Lauer-Kirschbaum T (1996) Argumentatives Verhandeln in Mediationsverfahren. In: Prittwitz V v (Hrsg) Verhandeln und Argumentieren: Dialog, Interessen und Macht in der Umweltpolitik. Leske und Budrich, Opladen, S 111-133

Lazarus RS, Folkman S (1984) Stress, appraisal and coping. Springer, Berlin

Lecher T (1997) Die Umweltkrise im Alltagsdenken. Unter Mitarbeit von Hoff E-H, Psychologische Verlags Union, Weinheim

Lee YH (2000) Strategische Planung für eine nachhaltige Entwicklung in der Republik Korea. In: Jänicke M, Jörgens H (Hrsg) Umweltplanung im internationalen Vergleich: Strategien der Nachhaltigkeit. Springer, Berlin, S 69-87

Lehrack D (2000) Die Rolle der Umweltverbände. In: Jänicke M, Jörgens H (Hrsg) Umweltplanung im internationalen Vergleich: Strategien der Nachhaltigkeit. Springer, Berlin, S 199-202

Lemke C, Fröhlich S, Godt N (1999) Statistische Auswertung der Klimaschutzaktion nordlicht. http://www.nordlicht.uni-kiel.de/publik/form0.htm (Stand November 1999)

Lenk H (1992) Über Verantwortungsbegriffe in der Technik. In: Lenk H, Ropohl G (Hrsg) Technik und Ethik. Reclam, Stuttgart, S 112-148

Leser H, Streit B, Haase HG, Huber-Fröhli J, Mosimann R, Paesler R (1993) Wörterbuch Ökologie und Umwelt (Bd 2). DTV, München

Levine AG, Stone RA (1986) Threats to people and what they value: Residents' perceptions of the hazards of Love Canal. In: Lebovitz AH, Baum A, Singer JE (Ed) Advances in environmental psychology, Vol. 6. Lawrence Erlbaum, Hillsdale New York, S 109-130

Lewin K (1963) Feldtheorie in den Sozialwissenschaften. Huber, Bern

Littig B (1995) Die Bedeutung von Umweltbewußtsein im Alltag oder: Was tun wir eigentlich, wenn wir umweltbewußt sind? Peter Lang Verlag, Frankfurt am Main

Loske R (1996) Klimapolitik im Spannungsfeld von Kurzzeitinteressen und Langzeiterfordernissen. Metropolis, Marburg

Lovins A (1977) Soft Energy Paths: Towards a Durable Peace. Harper and Row, San Francisco

Luhmann N (1986) Ökologische Kommunikation: Kann die moderne Gesellschaft sich auf ökologische Gefährdungen einstellen? Westdeutscher Verlag, Opladen

Luhmann N (1990) Ökologische Kommunikation: Kann die moderne Gesellschaft sich auf ökologische Gefährdungen einstellen? Westdeutscher Verlag, Opladen

Luhmann N (1993) Risiko und Gefahr. In: Krohn W, Krücken G (Hrsg) Riskante Technologien: Reflexion und Regulation. Suhrkamp, Frankfurt am Main, S 138-185

Luhmann N (1995) Interventionen in die Umwelt? Die Gesellschaft kann nur kommunizieren. In: Haan G d (Hrsg) Umweltbewußtsein und Massenmedien. Akademischer Verlag, Berlin, S 37-45

Luhmann N, Schorr K-E (Hrsg) (1990) Zwischen Anfang und Ende: Fragen an die Pädagogik. Suhrkamp, Frankfurt am Main

Luitwieler F (2000) National Environmental Policy Plan 3: Dauerhafter Fortschritt durch Kontinuität und Modernisierung der Umweltpolitik. In: Jänicke M, Jörgens H (Hrsg) Umweltplanung im internationalen Vergleich: Strategien der Nachhaltigkeit. Springer, Berlin, S 15-26

Luyben P, Bailey J (1979) Newspaper recycling: The effects of reward and proximity of containers. Environment and Behavior 11: 539-557

Maloney MP, Ward MO (1973) Ecology: Let's hear from the people. American Psychologist 28: 583-586

Maloney MP, Ward MO, Braucht GN (1975) A revised scale for the measurement of ecological attitudes and knowledge. American Psychologist 30: 787-790

Martens T, Rost J (1998) Der Zusammenhang von wahrgenommener Bedrohung durch Umweltgefahren und der Ausbildung von Handlungsintentionen. Zeitschrift für experimentelle Psychologie 45/4: 345-364

Masberg D (1992) Konzeptionen einer „ökologischen Marktwirtschaft": Anmerkungen aus der Sicht einer Politik der Umweltvorsorge. In: Hauff M v, Schmid U (Hrsg) Ökonomie und Ökologie: Ansätze zu einer ökologisch verpflichteten Marktwirtschaft. Schäffer-Poeschel, Stuttgart, S 17-38

Matthies E (1994) Umweltproblem „Müll": Eine psychologische Analyse ost- und westdeutscher Sichtweisen. Deutscher Universitätsverlag, Wiesbaden

Matthies E, Krömker D (1995) Interventionen im geschlossenen Setting: Ein systemisches Interventionskonzept zur Veränderung umweltbezogenen Verhaltens. Rundbrief der Initiative Psychologie im Umweltschutz 4: 59-65

Matthies E, Krömker D (2000) Participatory planning – A heuristic for adjusting interventions to the context. Journal of Environmental Psychology 20: 65-47

Mayer-Ries JF (2000) Globales Arrangement für eine lokale Politik nachhaltiger Entwicklung: Das Klima-Bündnis. In: Prittwitz V v (Hrsg) Institutionelle Arrangements in der Umweltpolitik: Zukunftsfähigkeit durch innovative Verfahrenskombinationen? Leske und Budrich, Opladen, S 137-159

Mayer-Tasch PC (Hrsg) (1986) Die Luft hat keine Grenzen: Internationale Umweltpolitik: Fakten und Trends. Fischer-Taschenbuch-Verlag, Frankfurt am Main

Mayer-Tasch PC (1993) Jenseits von Modernisierung und Postmodernisierung: Überlegungen zur universalistischen Dimension der politischen Ökologie. In: Prittwitz V v (Hrsg) Umweltpolitik als Modernisierungsprozess: Politikwissenschaftliche Umweltforschung und -lehre in der Bundesrepublik. Leske und Budrich, Opladen, S 71-80

Mayntz R, Bohne E (1978) Vollzugsprobleme der Umweltpolitik. Kohlhammer, Stuttgart

Mayo C, La France M (1980) Towards an applicable social psychology. In: Kidd RF, Saks MJ (Ed) Advances in applied social psychology, Vol. 1. Erlbaum, Hillsdale New York, S 81-96

McCarthy JD, Mayer NZ (1977) Resource Mobilization and Social Movements. American Journal of Sociology 82: 1212-1241

McDaniels T, Axelrod LJ, Slovic P (1995) Characterizing perception of ecological risk. Risk Analysis 15/5: 575-588

Meadowcroft J (2000) Nationale Pläne und Strategien zur nachhaltigen Entwicklung in Industrienationen. In: Jänicke M, Jörgens H (Hrsg) Umweltplanung im internationalen Vergleich: Strategien der Nachhaltigkeit. Springer, Berlin, S 113-129

Meadows D, Meadows D, Zahn E, Milling P (1972) Die Grenzen des Wachstums: Bericht des Clubs of Rome zur Lage der Menschheit. Deutscher Bücherbund, Stuttgart

Meffert H, Kirchgeorg M (1998) Marktorientiertes Umweltmanagement: Konzeption – Strategien – Implementierung mit Praxisfällen. Schäffer-Poeschel, Stuttgart

Merten K, Schmidt S, Weischenberg S (Hrsg) (1994) Die Wirklichkeit der Medien: Eine Einführung in die Kommunikationswissenschaft. Westdeutscher Verlag, Opladen

Mez L (2000) Die Ökologische Steuerreform: Eine umweltpolitische Innovation im internationalen Vergleich. In: Prittwitz V v (Hrsg) Institutionelle Arrangements in der Umweltpolitik: Zukunftsfähigkeit durch innovative Verfahrenskombinationen? Leske und Budrich, Opladen, S 163-179

Mez L, Weidner H (Hrsg) (1997) Umweltpolitik und Staatsversagen: Perspektiven und Grenzen der Umweltpolitikanalyse. Festschrift für Martin Jänicke, Edition Sigma, Berlin

Michelsen G (1994) Bildungspolitische Instrumentarien einer dauerhaft-umweltgerechten Entwicklung. Metzler-Poeschel, Stuttgart

Michelsen G (1996) Entwicklung und Perspektiven der Umweltbildung. In: Knoll JH (Hrsg) Jahrbuch für Internationale Erwachsenenbildung. Böhlau, Köln, S 1-21

Michelsen G (1997) Große Herausforderung: Entwicklung, Stand und Perspektiven der Umweltbildung. Politische Ökologie 15/51

Michelsen G (Hrsg) (1997) Umweltberatung: Grundlagen und Praxis. Economica, Bonn

Michelsen G et al. (1999) Umweltkommunikation: Eine theoretische und praktische Annäherung. INFU-Diskussionsbeiträge 1/98, Lüneburg

Ministerie van Volkshuisvesting, Ruimtelijke Ordening en Milieubeheer – VROM (1993) National Environmental Policy Plan 2: The Environment: Today's Touchstone. VROM, The Hague

Ministerie van Volkshuisvesting, Ruimtelijke Ordening en Milieubeheer – VROM (1998) Third National Environmental Policy Plan. http://www.minvrom.nl/vrom/pers/986e.htm (Stand 05.02.98)

Ministry of Environment and Energy (1995) Natur-og Miljøpolitisk Redegørelse 1995. Miljø- og Energiministeriet, Kopenhagen

Ministry of the Environment (1997) Environmetal Policy for a Sustainable Development: Report to the Storting No. 58 (1996/7). Ministry of the Environment, Oslo

Ministry of the Environment (1998) Swedish Environmental Quality Objectives: A Summary of the Swedish Government's Bill 1997/98 145 – Environmental Policy for a Sustainable Sweden. Ministry of the Environment, Stockholm

Miyazaki Y (1996) Neuere Tendenzen in der japanischen Umweltpolitik unter besonderer Berücksichtigung des Umweltrahmengesetzes. In: Foljanty-Jost G (Hrsg) Ökologische Strategien Deutschland/Japan: Umweltverträgliches Wirtschaften im Vergleich. Leske und Budrich, Opladen, S 135-154

Mosler HJ, Ammann F, Gutscher H (1998) Simulation des Elaboration Likelihood Model (ELM) als Mittel zur Entwicklung und Analyse von Umweltinterventionen. Zeitschrift für Sozialpsychologie 29: 20-37

Mosler HJ, Gutscher H (1996) Kooperation durch Selbstverpflichtung im Allmende-Dilemma. In: Diekmann A, Jaeger CC (Hrsg) Umweltsoziologie. Kölner Zeitschrift für Soziologie und Sozialpsychologie, Sonderheft 36: 308-323

Mosler HJ, Gutscher H (1998) Umweltpsychologische Interventionen für die Praxis. Umweltpsychologie 2/2: 64-79

Müller E (1986) Innenwelt der Umweltpolitik: Sozial-liberale Umweltpolitik – (Ohn)macht durch Organisation. Westdeutscher Verlag, Opladen

Müller E (1999) Zum Verhältnis von Nachhaltiger Entwicklung und Organisationsstrukturen. In: Weiland U (Hrsg) Perspektiven der Raum- und Umweltplanung angesichts Globalisierung, Europäischer Integration und Nachhaltiger Entwicklung. Festschrift für Karl-Hermann Hübler, Verlag für Wissenschaft und Forschung, Berlin, S 159-173

Müller-Brandeck-Boquet G (2000) Europäische Umweltpolitik: Deutscher Umgang mit einem transnationalen Problem. In: Schneider H, Jopp M, Schmalz U (Hrsg) Neue deutsche Europapolitik, Bonn, i. E.

Müller-Rommel F (1993) Grüne Parteien in Westeuropa. Westdeutscher Verlag, Opladen

Müllert NR (Hrsg) (1978) Sanfte Technik. Rowohlt, Reinbek bei Hamburg

Münch R (1973) Kritizismus, Konstruktivismus, Marxismus. In: Albert H, Keuth H (Hrsg) Kritik der kritischen Psychologie. Rowohlt, Reinbek bei Hamburg, S 131-177

Naschold F, Bogumil J (1998) Modernisierung des Staates: New Public Management und Verwaltungsreform. Leske und Budrich, Opladen

Nitschke C (1991) Berufliche Umweltbildung – Umweltgerechte Berufspraxis: Berichte zur beruflichen Bildung. H 126, Bibb, Berlin

Noelle-Neumann E, Schulz W, Wilke J (Hrsg) (1994) Fischer Lexikon: Publizistik / Massenkommunikation. Fischer, Frankfurt am Main

Nohlen D (Hrsg) (1994) Lexikon der Politik: Band 2 Politikwissenschaftliche Methoden. C H Beck Verlag, München

Nöldner W (1984) Psychologie und Umweltprobleme: Beiträge zur Entstehung umweltverantwortlichen Handelns aus psychologischer Sicht. Psych. Dissertation, Universität Regensburg

Nordbeck R (2000) Umweltplanung als institutionelles Arrangement: Ein vergleichender Überblick. In: Prittwitz V v (Hrsg) Institutionelle Arrangements in der Umweltpolitik: Zukunftsfähigkeit durch innovative Verfahrenskombinationen? Leske und Budrich, Opladen, S 181-202

Norgaard RB (1997) A Coevolutionary Environmental Sociology. In: Redclift M, Woodgate G (Ed) The International Handbook of Environmental Sociology. Edward Elgar, Cheltenham, S 158-178

Nullmeier F (1993) Wissen und Policy-Forschung: Wissenspolitologie und rethorisch-dialektisches Handlungsmodell. Politische Vierteljahresschrift, Sonderheft 24: 175-196

O'Riordan T (1988) Anticipatory Environmental Policy: Impediments And Opportunities. In: Simonis UE (Hrsg) Präventive Umweltpolitik. Campus, Berlin, S 65-76

Oberthür S (1992) Die Zerstörung der stratosphärischen Ozonschicht als internationales Problem: Interessenkonstellationen und internationaler politischer Prozess. Zeitschrift für Umweltpolitik und Umweltrecht 2: 155-185

Oberthür S (1993) Politik im Treibhaus: Die Entstehung des internationalen Klimaschutzregimes. Edition Sigma, Berlin

Oberthür S (1997) Umweltschutz durch internationale Regimes: Interessen, Verhandlungsprozesse, Wirkungen. Leske und Budrich, Opladen

Oberthür S (2000) Institutionelle Innovationsperspektiven der internationalen Umweltpolitik. In: Prittwitz V v (Hrsg) Institutionelle Arrangements in der Umweltpolitik: Zukunftsfähigkeit durch innovative Verfahrenskombinationen? Leske und Budrich, Opladen, S 117-136

Oberthür S, Ott H (1999) The Kyoto Protocol: International Climate Policy for the 21st Century. Springer, Berlin

Olson RL (1994) Alternative Images of a Sustainable Future. Futures 26: 156-169

Organisation for Economic Co-operation and Development – OECD (1995) Planning for Sustainable Development: Country Experiences. OECD, Paris

Organisation for Economic Co-operation and Development – OECD (1998) Evaluation of Progress in Developing and Implementing National Environmental Action Programmes (NEAPs) in Central and Eastern Europe and the New Independent States: Final Report. OECD, Paris

Oskamp S, Williams R, Unipan J, Steers N, Mainieri T, Kurland G (1994) Psychological factors affecting paper recycling by businesses. Environment and Behavior 26/4: 477-503

Österreichische Bundesregierung (1995) Österreich – Nationaler Umwelt Plan. Wien

Pawlik K, d'Ydewalle G (1996) Psychology and the global commons: Perspectives of international psychology. American Psychologist 51/5: 488-495

Payer H (1997) Österreich. In: Jänicke M, Carius A, Jörgens H (Hrsg) Nationale Umweltpläne in ausgewählten Industrieländern. Springer, Berlin, S 121-139

Pearce DW, Turner RK (1990) Economics of natural resources and the environment. Harvester Wheatsheaf, New York

Peccei A, Club of Rome (Hrsg) (1979) Das menschliche Dilemma: Zukunft und Lernen. Molden, Wien

Pehle H (1997) Institutionalisierung als Erfolgsbedingung von Umweltpolitik? In: Mez L, Weidner H (Hrsg) Umweltpolitik und Staatsversagen: Perspektiven und Grenzen der Umweltpolitikanalyse. Festschrift für Martin Jänicke, Edition Sigma, Berlin, S 457-462

Pehle H (1998) Das Bundesministerium für Umwelt, Naturschutz und Reaktorsicherheit: Ausgegrenzt statt integriert? Deutscher Universitätsverlag, Wiesbaden

Perrow C (1984) Normal Accidents: Living with High-Risk Technologies. Basic, New York

Politische Ökologie (1997) Zukunftsaufgabe Umweltbildung: Auf der Suche nach neuen Perspektiven. Politische Ökologie 15/51

Porter BE, Leeming FC, Dwyer WO (1995) Solid waste recovery: A review of behavioral programs to increase recycling. Environment and Behavior 27/2: 122-152

Porter ME, van der Linde C (1995) Green and Competitive: Ending the Stalemate. Harvard Business Review September/November 1995: 120-134

Preisendörfer P (1999) Umwelteinstellungen und Umweltverhalten in Deutschland: Empirische Befunde und Analysen auf der Grundlage der Bevölkerungsumfragen „Umweltbewusstsein in Deutschland 1991-1998". Leske und Budrich, Opladen

Preisendörfer P, Franzen A (1996) Der schöne Schein des Umweltbewußtseins: Zu den Ursachen und Konsequenzen von Umwelteinstellungen in der Bevölkerung. In: Diekmann A, Jaeger CC (Hrsg) Umweltsoziologie. Kölner Zeitschrift für Soziologie und Sozialpsychologie, Sonderheft 36: 219-244

Preuss S (1991) Umweltkatastrophe Mensch: Über unsere Grenzen und Möglichkeiten, ökologisch bewußt zu handeln. Asanger, Heidelberg

Preuss S (1995) Ökopsychosomatik. Asanger, Heidelberg

Prittwitz V v (1981) Vorausgreifende Smogbekämpfung. Wissenschaftszentrum Berlin für Sozialwissenschaft, paper IIUG 81-5

Prittwitz V v (1983) Umwelt und Außenpolitik. Aus Politik und Zeitgeschichte B 42: 13-24

Prittwitz V v (1984) Umweltaußenpolitik: Grenzüberschreitende Luftverschmutzung in Europa. Campus, Frankfurt am Main

Prittwitz V v (1985) Zur Entwicklung der Umweltberichterstattung in der Bundesrepublik Deutschland. Protokolldienst der Evangelischen Akademie Bad Boll 7: 1-19

Prittwitz V v (1988) Gefahrenabwehr – Vorsorge – strukturelle Ökologisierung: Drei Idealtypen präventiver Umweltpolitik. In: Simonis UE (Hrsg) Präventive Umweltpolitik. Campus, Frankfurt am Main, S 49-64

Prittwitz V v (1989) Internationale Umweltregimes: Ein Fallvergleich. In: Kohler-Koch B (Hrsg) Regime in den internationalen Beziehungen. Nomos, Baden-Baden, S 225-243

Prittwitz V v (1990) Das Katastrophenparadox: Elemente einer Theorie der Umweltpolitik. Leske und Budrich, Opladen

Prittwitz V v (Hrsg) (1993a) Umweltpolitik als Modernisierungsprozess: Politikwissenschaftliche Umweltforschung und -lehre in der Bundesrepublik. Leske und Budrich, Opladen

Prittwitz V v (1993b) Katastrophenparadox und Handlungskapazität: Theoretische Orientierungen der Politikanalyse. Politische Vierteljahresschrift, Sonderheft 24: 328-355

Prittwitz V v (1994a) Affluence and Scarceness: The Effect of Economic and Sociocultural Capacities on Environmental Cooperation. In: Höll O (Ed) Environmental Cooperation in Europe. Westview Press, Colorado, S 71-83

Prittwitz V v (1994b) Politikanalyse. Leske und Budrich, Opladen

Prittwitz V v (Hrsg) (1996a) Verhandeln und Argumentieren: Dialog, Interessen und Macht in der Umweltpolitik. Leske und Budrich, Opladen

Prittwitz V v (1996b) Verhandeln im Beziehungsspektrum eindimensionaler und mehrdimensionaler Kommunikation. In: Prittwitz V v (Hrsg) Verhandeln und Argumentieren: Dialog, Interessen und Macht in der Umweltpolitik. Leske und Budrich, Opladen, S 41-68

Prittwitz V v (1996c) Verständigung über die Verständigung, Anmerkungen und Ergänzungen zur Debatte über Rationalität und Kommunikation in den Internationalen Beziehungen. Zeitschrift für Internationale Beziehungen 1: 133-147

Prittwitz V v (Hrsg) (2000a) Institutionelle Arrangements in der Umweltpolitik: Zukunftsfähigkeit durch innovative Verfahrenskombinationen? Leske und Budrich, Opladen

Prittwitz V v (2000b) Institutionelle Arrangements und Zukunftsfähigkeit. In: Prittwitz V v (Hrsg) Institutionelle Arrangements in der Umweltpolitik: Zukunftsfähigkeit durch innovative Verfahrenskombinationen? Leske und Budrich, Opladen, S 12-37

Prose F (1997) Sieben Schritte zur neuen Beweglichkeit: Konzept und Zwischenergebnisse der Nordlicht-Aktion zur Verminderung des motorisierten Individualverkehrs. In: Giese E (Hrsg) Verkehr ohne (W)Ende? Psychologische und sozialpsychologische Beiträge. dgvt-Verlag, Tübingen, S 317-329

Prose F, Hübner G, Kupfer D (1992) Modell zur Organisation des Energiesektors auf der Nachfrageseite. Forschungsbericht, Institut für Psychologie, Universität Kiel

Prose F, Hübner G, Kupfer D (1994) Soziales Marketing für den Klimaschutz. In: Timp DW, Günther R (Hrsg) Umweltpsychologische Berichte aus Forschung und Praxis 2/94. BDP Bundesausschuß Umweltpsychologie, S 65-75

Randolph TG, Moss RW (1986) Allergien: Folgen von Umweltbelastung und Ernährung. Müller, Karlsruhe

Raschke J (1988) Soziale Bewegungen: Ein historisch-systematischer Grundriß. Campus, Frankfurt am Main

Raschke J (1993) Die Grünen: Wie sie wurden, was sie sind. Bund-Verlag, Köln

Rat von Sachverständigen für Umweltfragen – SRU (1994) Umweltgutachten 1994: Für eine dauerhaft-umweltgerechte Entwicklung. Metzler-Poeschel, Stuttgart

Rat von Sachverständigen für Umweltfragen – SRU (1996) Umweltgutachten 1996: Zur Umsetzung einer dauerhaft-umweltgerechten Entwicklung. Metzler-Poeschel, Wiesbaden

Rat von Sachverständigen für Umweltfragen – SRU (1998a) Umweltgutachten 1998: Umweltschutz: Erreichtes sichern – neue Wege gehen. Metzler-Poeschel, Stuttgart

Rat von Sachverständigen für Umweltfragen – SRU (1998b) Grundlagen der umweltpolitischen Entscheidungsfindung. Zeitschrift für angewandte Umweltforschung 1: 27-42

Rayner S (1987) Risk and Relativism in Science for Policy. In: Johnson BB, Covello VT (Ed) The Social and Cultural Construction of Risk. Reidel, Dordrecht, S 5-23

Regeringskansliet (1998) The Environmental Code: A Summary of the Government Bill on the Environmental Code (1997/98:45). Stockholm

Regional Environmental Center for Central and Eastern Europe – REC (1995) Status of National Environmental Action Programs in Central and Eastern Europe: Case Studies of Albania, Bulgaria, the Czech Republic, Croatia, Hungary, Latvia, Lithuania, FYR Macedonia, Poland, Romania, the Slovak Republic and Slovenia. REC, Budapest

Rehbinder E (1996) Festlegung von Umweltzielen: Begründung, Begrenzung, instrumentelle Umsetzung. Vortragspapier für die 20. Jahrestagung der Gesellschaft für Umweltrecht, 1.11.1996

Rehbinder E (1997) Festlegung von Umweltzielen: Begründung, Begrenzung, instrumentelle Umsetzung. Natur und Recht 19/7: 314-328

Renn O (1984) Verheißung und Illusion: Chancen und Grenzen einer alternativen Gesellschaft. Ullstein, Frankfurt am Main

Renn O (1989) Risikowahrnehmung: Psychologische Determinanten bei der intuitiven Erfassung und Bewertung von Risiken. In: Hosemann G (Hrsg) Risiko in der Industriegesellschaft: Analyse, Vorsorge, Akzeptanz. Erlanger Universitätsbibliothek, Erlangen, S 167-192

Renn O (1996) Rolle und Stellenwert der Soziologie in der Umweltforschung. In: Diekmann A, Jaeger CC (Hrsg) Umweltsoziologie. Kölner Zeitschrift für Soziologie und Sozialpsychologie, Sonderheft 36: 28-58

Renn O, Rohrmann B (2000) Cross-Cultural Risk Perception. Kluwer, Dordrecht

Renn O, Webler T (1998) Der kooperative Diskurs: Theoretische Grundlagen, Anforderungen, Möglichkeiten. In: Renn O, Kastenholz H, Schild P, Wilhelm U (Hrsg) Abfallpolitik im kooperativen Diskurs: Bürgerbeteiligung bei der Standortsuche für eine Deponie im Kanton Aargau. Hochschulverlag AG an der ETH Zürich, Zürich, S 3-103

Resource Renewal Institute – RRI (1996) A Green Plan Primer. http://www.rri.org/index.html

Roberts KH (Ed) (1993) New Challenges to Understand Organizations: High Reliability Organizations. Macmillan, New York

Rochlin G (1993) Defining 'High Reliability' Organizations in Practice: A Taxonomatic Prolegomena. In: Roberts KH (Ed) New Challenges to Understand Organizations: High Reliability Organizations. Macmillan, New York, S 11-32

Rohrmann B (1994) Risk perception of different social groups: Australian finadings and cross-national comparisons. Australian Journal of Psychology 46: 150-163

Rohrmann B, Chen H (1999) Risk perception in China and Australia: An exploratory crosscultural study. Journal of Risk Research 2/3: 219-241

Rosa E (1997) Metatheoretical Foundations for Post-Normal Risk. Journal of Risk Research 1/1: 15-44

Rose H (2000) Risk, Trust and Scepticism in the Age of New Genetics. In: Adam B, Beck U, Van Loon J (Ed) The Risk Society and Beyond: Critical Issues for Social Theory. Sage, London, S 63-77

Rosenberg MJ, Hovland CI (1960) Cognitive, affective, and behavioral components of attitudes. In: Rosenberg MJ, Hovland CI, McGuire WJ, Abelson PR, Brehm JW (Ed) Attitude organization and change: An analysis on consistency among attitude components. Yale University Press, New Haven, S 1-14

Rotton J, Barry T, Frey J, Soler E (1978) Air pollution and interpersonal attraction. Journal of Applied Social Psychology 8: 57-71

Rotton J, Frey J, Barry T, Milligan M, Fitzpatrick M (1979) The air pollution experience and physical aggression. Journal of Applied Social Psychology 9: 397-412

Rucht D (1987) Zum Verhältnis von sozialen Bewegungen und politischen Parteien. Journal für Sozialforschung 3/4: 297-313

Rucht D (1994) Modernisierung und neue soziale Bewegungen: Deutschland, Frankreich und USA im Vergleich. Campus, Frankfurt am Main

Ruff FM (1990) Ökologische Krise und Risikobewußtsein: Zur psychologischen Verarbeitung von Umweltbelastung. Deutscher Universitäts Verlag, Wiesbaden

Ruff FM (1993) Psychische Verarbeitung von Gesundheitsgefahren durch Umweltbelastungen: Ein theoretisches Rahmenmodell. In: Aurand K, Hazard BP, Tretter F (Hrsg) Umweltbelastungen und Ängste: Erkennen – Bewerten – Vermeiden. Westdeutscher Verlag, Opladen, S 85-112

Runow KD (1994) Klinische Ökologie. Hippokrates, Stuttgart

Sabatier PA (1993) Advocacy-Koalitionen, Policy-Wandel und Policy-Lernen: Eine Alternative zur Phasenheuristik. Politische Vierteljahresschrift, Sonderheft 24: 116-148

Sabatier PA (Ed) (1999) Theories of the Policy Process. Westview Press, Boulder, Colorado

Sandbach F (1978) The Rise and Fall of the Limits to Growth Debate. Social Studies of Science 8: 495-520

Sandhövel A (1996) Umweltschutzziele im politischen Prozeß: Leitbilder, Umweltqualitätsziele, Umweltstandards, Indikatoren. Zeitschrift für angewandte Umweltforschung, Sonderheft 8: 73-87

Sandhövel A, Wiggering H (1999) Strategische Zielsetzung als neuer Ansatz der Umweltpolitik. In: Jänicke M, Jörgens H (Hrsg) Umweltplanung im internationalen Vergleich: Strategien der Nachhaltigkeit. Springer, Berlin, S 183-197

Saretzki T (1996) Wie unterscheiden sich Argumentieren und Verhandeln? Definitionsprobleme, funktionale Bezüge und strukturelle Differenzen von zwei verschiedenen Kommunikationsmodi. In: Prittwitz V v (Hrsg) Verhandeln und Argumentieren: Dialog, Interessen und Macht in der Umweltpolitik. Leske und Budrich, Opladen, S 19-39

Schahn J (1993) Die Rolle von Entschuldigungen und Rechtfertigungen für umweltschädigendes Verhalten. In: Schahn J, Giesinger T (Hrsg) Psychologie für den Umweltschutz. Psychologische Verlags Union, Weinheim, S 51-61

Schahn J (1996) Die Erfassung und Veränderung des Umweltbewußtseins. Lang, Frankfurt am Main

Schahn J, Damian M, Schurig U, Füchsle C (1999) Konstruktion und Evaluation der dritten Version des Skalensystems zur Erfassung des Umweltbewußtseins (SEU-3). Diskussionspapier 84, Bericht aus dem psychologischen Institut der Universität Heidelberg

Schahn J, Giesinger T (1993) Psychologie für den Umweltschutz. PVU, Weinheim

Schahn J, Holzer E (1990) Konstruktion, Validierung und Anwendung von Skalen zur Erfassung des individuellen Umweltbewußtseins. Zeitschrift für Differentielle und Diagnostische Psychologie 11/3: 185-204

Schemmel JP (1998) National Environmental Action Plans in Africa. FFU-Report 98-8, Forschungsstelle für Umweltpolitik, Freie Universität Berlin

Schleicher K (1997) Mehrperspektivität von Umwelt und Leitbildern. In: Schleicher K, Möller C (Hrsg) Perspektivwechsel in der Umweltbildung: Erschließung und Bearbeitung komplexer Probleme. Krämer, Hamburg, S 7-21

Schleicher K, Möller C (Hrsg) (1997) Perspektivwechsel in der Umweltbildung: Erschließung und Bearbeitung komplexer Probleme. Krämer, Hamburg

Schnaiberg A (1980) The Environment: From Surplus to Scarcity. Oxford University Press, New York

Schultz PW, Oskamp S, Mainieri T (1995) Who recycles and when? A review of personal and situational factors. Journal of Environmental Psychology 15/2: 105-121

Schulz von Thun F (1998) Miteinander reden: 2 Bände. Rowohlt, Reinbek

Schumacher EF (1973) Small is Beautiful: A Study of Economics as if People Mattered. Blond and Briggs, London

Schüßler I, Bauerdieck J (1997) Umweltwahrnehmung und Umweltverhalten aus konstruktivistischer Perspektive. In: Michelsen G (Hrsg) Umweltberatung: Grundlagen und Praxis. Economica, Bonn, S 43-54

Schuster B (2000) Strategien nachhaltiger Entwicklung in Deutschland. In: Jänicke M, Jörgens H (Hrsg) Umweltplanung im internationalen Vergleich: Strategien der Nachhaltigkeit. Springer, Berlin, S 153-161

Schwartz SH (1970) Elicitation of moral obligation and self-sacrificing behavior: An experimental study of volunteering to be a bone marrow donor. Journal of Personality and Social Psychology 15: 283-293

Schwartz SH (1977) Normative influences on altruism. In: Berkowitz L (Ed) Advances in experimental social psychology, Vol. 10. Academic Press, New York, S 221-279

Schwartz SH, Howard JA (1981) A normative decision-making model of altruism. In: Rushton JP, Sorrentino RM (Ed) Altruism and helping behavior. Erlbaum, Hillsdale New York, S 189-211

Scott A (2000) Risk Society or Angst Society? Two Views of Risk, Consciousness and Community. In: Adam B, Beck U, Van Loon J (Ed) The Risk Society and Beyond: Critical Issues for Social Theory. Sage, London, S 33-46

Scott D, Willits FK (1994) Environmental attitudes and behavior: A pennsylvania survey. Environment and Behavior 26/2: 239-260

Seiderberg PC (1984) The Politics of Meaning: Power and Explanation in the Construction of Social Reality. University of Arizona Press, Tuscon

Selman P (1999) Three decades of environmental planning: What have we really learned? In: Kenny M, Meadowcroft J (Ed) Planning Sustainability. Routledge, London, S 148-174

Shockey I (1996) The experience of nature in everyday life: A comparative study. Promotion, Brandeis University, Boston, Unveröffentlichtes Manuskript

Short JF, Clarke L (Ed) (1992) Organizations, uncertainties, and risk. Westview Press, Boulder

Shrader-Frechette K (1995) Evaluating the Expertise of Experts. Risk – Health, Safety & Environment 6: 115-126

Siebert H (1999) Pädagogischer Konstruktivismus. Luchterhand, Neuwied

Simonis UE (Hrsg) (1988) Präventive Umweltpolitik. Campus, Frankfurt am Main

Simonis U, Wätzold F (1997) Ökologische Unsicherheit: Über Möglichkeiten und Grenzen von Umweltpolitik. Aus Politik und Zeitgeschichte 27: 3-14

Spada H (1990) Umweltbewußtsein: Einstellung und Verhalten. In: Kruse L, Graumann C-F, Lantermann E-D (Hrsg) Ökologische Psychologie. Psychologische Verlags Union, München, S 623-631

Spada H, Ernst AM (1992) Wissen, Ziele und Verhalten in einem ökologisch-sozialen Dilemma. In: Pawlik K, Stapf KH (Hrsg) Umwelt und Wissen. Huber, Bern, S 83-106

Steinheider B (1998) Gesundheitliche Wirkungen von Industrie- und Umweltgerüchen. In: Kals E (Hrsg) Umwelt und Gesundheit: Die Verbindung ökologischer und gesundheitlicher Ansätze. Psychologische Verlags Union, Weinheim, S 43-61

Stern PC (1978) When do people act to maintain common resources? International Journal of Psychology 13: 149-157

Stern PC (1992a) Psychological dimensions of global environmental change. Annual Review of Psychology 43: 269-302

Stern PC (1992b) What psychology knows about energy conservation. American Psychologist 47/10: 1224-1232

Stern PC, Dietz T (1994) The value basis of environmental concern. Journal of Social Issues 50/3: 65-84

Stoltenberg U (1999) Sinn-Bildung durch Auseinandersetzung mit Arbeit und Umwelt. In: Frohne I (Hrsg) Sinn- und Wertorientierung in der Grundschule. Klinkhardt, Bad Heilbrunn, S 179 ff

Stoltenberg U, Michelsen G (1999) Lernen nach der Agenda 21: Überlegungen zu einem Bildungskonzept für eine nachhaltige Entwicklung. NNA-Berichte 12/1: 45-54

Strübel M (1989) Umweltregimes in Europa. In: Kohler-Koch B (Hrsg) Regime in den internationalen Beziehungen. Nomos, Baden-Baden, S 247-273

Strübel M (1999a) Umwelt- und Energiepolitik: Alte Lasten, aber auch neue Erfolge. In: Waschkuhn A, Thumfart A (Hrsg) Politik in Ostdeutschland. Oldenbourg, München, S 309-357

Strübel M (1999b) Demokratisierung und Europäisierung: Effizienz und Effektivität der europäischen Umwelt-, Energie- und Klimapolitik. In: Merkel W, Busch A (Hrsg) Demokratie in Ost und West. Suhrkamp, Frankfurt am Main, S 653-671

Szejnwald-Brown HS, Derr P, Renn O, White AL (1993) Corporate environmentalism in a global economy: Societal values in international technology transfer. Quorum Books, Westport

Tanner C (1998) Die ipsative Handlungstheorie: Eine alternative Sichtweise ökologischen Handelns. Umweltpsychologie 2/1: 34-44

Tanner C, Foppa K (1995) Wahrnehmung von Umweltproblemen. In: Diekmann A, Franzen A (Hrsg) Kooperatives Umwelthandeln. Ruegger, Chur, S 113-132

Tanner C, Foppa K (1996) Umweltwahrnehmung, Umweltbewußtsein und Umweltverhalten. In: Diekmann A, Jäger C (Hrsg) Umweltsoziologie. Kölner Zeitschrift für Soziologie und Sozialpsychologie, Sonderheft 36: 245-271

Tarrant MA, Cordell HK (1997) The effect of respondent characteristics on general environmental attitude-behavior correspondence. Environment and Behavior 29/5: 618-637

Taylor S, Todd P (1995) An integrated model of waste management behavior: A test of household recycling and composting intentions. Environment and Behavior 27/5: 603-630

Thorbrietz P (1991) Öko-Logik in den Medien. Journalist 2: 11-19

Triandis HC (1977) Interpersonal behavior. Brooks/Cole Publishing Company, California

Troja M (1997) Umweltkonfliktmanagement durch Mediation. In: Damkowski W, Precht C (Hrsg) Moderne Verwaltung in Deutschland: Praktische Wege zum Public Management. Kohlhammer, Stuttgart, S 427-442

Umweltbundesamt (1993) (Hrsg) Beschäftigungswirkung des Umweltschutzes: Stand und Perspektiven. Synthesebericht 93/05, Erich Schmidt Verlag, Berlin

Umweltbundesamt (1996) Vorschläge für die Definition und Verwendung der Begriffe Umweltqualitätsziel und Umwelthandlungsziel. Schriftliche Mitteilung vom 30.4.1996, UBA, Berlin

Umweltbundesamt (2000) (Hrsg) Umweltbewusstsein in Deutschland 2000: Ergebnisse einer repräsentativen Bevölkerungsumfrage. Durchgeführt von Udo Kuckartz, Philipps-Universität Marburg, Berlin

UNESCO (1975) International Survey on Environmental Education. UNESCO, Paris

UNESCO (1978) Intergovernmental Conference on Environmental Education: Final Report of the Tbilisi Conference. Paris

UNESCO (1979) Zwischenstaatliche Konferenz über Umwelterziehung Tiflis 1977: UNESCO-Konferenzbericht Nr. 4. München

UNESCO – Verbindungsstelle für Umwelterziehung (Hrsg) (1988) Internationaler Aktionsplan für Umwelterziehung in den 90er Jahren: Ergebnisse des internationalen UNESCO/UNEP-Kongresses über Umwelterziehung (Moskau 1987). Berlin, Bonn

Verlagsgruppe Bauer (2000) (Hrsg) Verbraucheranalyse 05/2000. Hamburg

Verplanken B, Aarts H, van Knippenberg A, van Knippenberg C (1994) Attitude versus general habit: Antecendents of travel mode choice. Journal of Applied Social Psychology 24: 285-300

Verplanken B, Faes S (1999) Good intentions, bad habits, and effects of forming implementation intentions of healthy eating. European Journal of Social Psychology 29: 591-604

Viinamäki H, Kumpusalo E, Myllykangas M, Salomaa S, Kumpusalo L, Kolmakov S, Ilchenko I, Zhukowsky G, Nissinen A (1995) The chernobyl accident and mental wellbeing: A population study. Acta Pychiatrica Scandinavica 91: 396-401

Vining J, Ebreo A (1990) What makes a recycler? A comparison of recyclers and nonrecyclers. Environment and Behavior 22/1: 55-73

Voß J-P (2000) Institutionelle Arrangements zwischen Zukunfts- und Gegenwartsfähigkeit: Verfahren der Netzregulierung im liberalisierten deutschen Stromsektor. In: Prittwitz V v (Hrsg) Institutionelle Arrangements in der Umweltpolitik: Zukunftsfähigkeit durch innovative Verfahrenskombinationen? Leske und Budrich, Opladen, S 227-254

Wallace D (1995) Environmental Policy and Industrial Innovation: Strategies in Europe, the USA and Japan. Earthscan, London

Weale A (1992) The New Politics of Pollution. Manchester University Press, Manchester

Weder D (2000) Noahs Arche heute: Öko-Realismus. Kreuz-Verlag, Stuttgart

Weichart P (1989) Die Rezeption des humanökologischen Paradigmas. In: Glaeser B (Hrsg) Humanökologie. Westdeutscher Verlag, Opladen, S 46-56

Weidner H (1996a) Umweltmediation: Entwicklungen und Erfahrungen im In- und Ausland. In: Feindt PH, Gessenharter W, Birzer M, Fröchling H (Hrsg) Konfliktregelung in der offenen Bürgergesellschaft. Röll, Dettelbach, S 137-168

Weidner H (1996b) Basiselemente einer erfolgreichen Umweltpolitik: Eine Analyse und Evaluation der Instrumente der japanischen Umweltpolitik. Edition Sigma, Berlin

Weidner H (1998) Alternative Dispute Resolution in Environmental Conflicts: Promises, Problems, Practical Experience. In: Weidner H (Hrsg) Alternative Dispute Resolution in Environmental Conflicts: Experiences in 12 Countries. Edition Sigma, Berlin, S 11-55

Weidner H (1999) Umweltpolitik: Entwicklungslinien, Kapazitäten und Effekte. In: Kaase M, Schmid G (Hrsg) Eine lernende Demokratie: 50 Jahre Bundesrepublik Deutschland. Jahrbuch des Wissenschaftzentrums Berlin für Sozialforschung, Edition Sigma, Berlin, S 425-460

Weigel RH, Weigel J (1978) Environmental concern – The development of a measure. Environment and Behavior 10: 3-15

Weinstein ND (1982) Unrealistic optimism about susceptibility to health problems. Journal of Behavioral Medicine 5: 441-460

Wenke M (1993) Konsumstruktur, Umweltbewußtsein und Umweltpolitik: Eine makroökonomische Analyse des Zusammenhanges in ausgewählten Konsumbereichen. Duncker und Humblot, Berlin

Werner CM, Turner J, Shipman K, Twitchel FS, Dickson BR, Bruschke GV, von Bismarck WB (1995) Commitment, behavior, and attitude change: An analysis of voluntary recycling. Journal of Environmental Psychology 15: 197-208

Westholm H (1996) Bildung als persuasives Instrument der Umweltpolitik. Zeitschrift für Umweltpolitik 1: 21-41

Wiedemann PM (1990) Öffentlichkeitsarbeit bei Krisen: Ein Leitfaden zur besseren Kommunikation. RKW-Verlag, Eschborn

Wiesenthal H (1982) Alternative Technologie und gesellschaftliche Alternativen. In: Bechmann G, Nowotny H, Rammert W, Ullrich O, Vahrenkamp R (Hrsg) Technik und Gesellschaft, Jahrbuch 1. Campus, Frankfurt am Main, S 48-78

Wiggering H, Sandhövel A (2000) Strategische Zielsetzung als neuer Ansatz der Umweltpolitik. In: Jänicke M, Jörgens H (Hrsg) Umweltplanung im internationalen Vergleich: Strategien der Nachhaltigkeit. Springer, Berlin, S 183-197

Wildavsky A (1993) Vergleichende Untersuchung zur Risikowahrnehmung: Ein Anfang. In: Bayerische Rück (Hrsg) Risiko ist ein Konstrukt. Knesebeck, München, S 191-211

Wilkinson D (1997) The Drafting of National Environmental Policy Plans: The UK Experience. In: Jänicke M, Carius A, Jörgens H (Hrsg) Nationale Umweltpläne in ausgewählten Industrieländern. Springer, Berlin, S 87-96

Windhoff-Héritier A (1987) Policy-Analyse: Eine Einführung. Campus Verlag, Frankfurt am Main, New York

Wissenschaftlicher Beirat der Bundesregierung Globale Umweltveränderungen – WBGU (1993) Welt im Wandel: Grundstruktur globaler Mensch-Umwelt-Beziehungen. Jahresgutachten 1993, Economica, Bonn

Wissenschaftlicher Beirat der Bundesregierung Globale Umweltänderungen – WBGU (1996a) Welt im Wandel: Wege zur Lösung globaler Umweltprobleme. Jahresgutachten 1995, Springer, Berlin

Wissenschaftlicher Beirat der Bundesregierung Globale Umweltveränderung – WBGU (1996b) Welt im Wandel: Herausforderung für die deutsche Wissenschaft. Jahresgutachten 1996, Springer, Berlin

Wissenschaftlicher Beirat der Bundesregierung Globale Umweltveränderung – WBGU (1998) Welt im Wandel: Strategien zur Bewältigung globaler Umweltrisiken. Jahresgutachten, Springer, Berlin

Wissenschaftlicher Beirat der Bundesregierung Globale Umweltveränderungen – WBGU (1999a) Welt im Wandel: Strategien zur Bewältigung globaler Umweltrisiken. Springer, Berlin

Wissenschaftlicher Beirat der Bundesregierung Globale Umweltveränderungen – WBGU (1999b) Welt im Wandel: Umwelt und Ethik. Sondergutachten 1999, Metropolis, Marburg

World Commission on Environment and Development – WCED (1987) Our Common Future. Oxford University Press, Oxford

World Resources Institute (1994) World Resources 1994-95. Oxford University Press, New York

Wurff P v d (1997) International Climate Change Politics: Interests and Perceptions. Academisen Proefschrift, Faculteit der Politieke en Social-Culturele Wetenschappen, Amsterdam

Wynne B (1992) Risk and Social Learning: Reification to Engagement. In: Krimsky S, Golding D (Ed) Social Theories of Risk. Praeger, Westport, S 275-297

Zellentin G, Nonnenmacher J (1979) Abschied von Leviathan. Hoffmann und Campe, Hamburg

Zieschank R, Schott P (1986) Umweltinformationssysteme im Bodenschutz: Konzeptionelle Überlegungen zu einem Erfassungs- und Bewertungsansatz der Umweltberichterstattung. Forschungsschwerpunkt Umweltpolitik, IIUG, Berlin

Zilleßen H (1996) Gutachten zur Errichtung einer Institution für Umweltmediation. Aktuell: Machbarkeitsstudie, Schriftenreihe der Arbeitsgemeinschaft für Umweltfragen e. V., Bonn, S 14-64

Zilleßen H (Hrsg) (1997) Mediation: Kooperatives Konfliktmanagement in der Umweltpolitik. Westdeutscher Verlag, Opladen

Zimbardo PG (1992) Psychologie. Springer, Berlin

Zimmermann M (Hrsg) (1988) Umweltberatung in Theorie und Praxis. Birkhäuser, Basel

Zimmermann M (1995) Einführung in die Umweltberatung: 1. Studienbrief Fernlehrgang Umweltberatung. Berlin

Zimmermann M (1998) Lokale Agenda 21 – Deutschland: Kommunale Strategien für eine zukunftsbeständige Entwicklung. Aus Politik und Zeitgeschichte B 27/97: 25-38

Zwick MM (1998a) Wahrnehmung und Bewertung von Technik in der deutschen Öffentlichkeit am Beispiel der Gentechnik. In: Gethmann F, Stahlberg H (Hrsg) Gibt es eine spezifisch deutsche Technikfeindlichkeit? Hirzel, Stuttgart, S 89-146

Zwick MM (1998b) Wertorientierungen und Technikeinstellungen im Prozeß gesellschaftlicher Modernisierung: Das Beispiel der Gentechnik. Abschlußbericht, Arbeitsbericht Nr. 106, TA-Akademie, Stuttgart

Sachverzeichnis